關於軍事學的100個故事

100 Stories of Military Science

廖文豪◎編著

前 言

戰爭，是文學的永恆主題，貫穿於人類歷史的始終。從地球上出現文明以來的五千年中，只有1/10的時間是和平的。

隨著戰爭和生產力水準的發展，做為戰爭主角之一的兵器經歷了由低級到高級，由單一到多樣，由龐雜到統一的發展完善過程。根據所用兵器的時代不同，世界軍事歷史一般可以歸結為冷兵器時代、黑火藥時代、近代兵器時代、現代兵器時代和熱核兵器時代。

冷兵器時代，其特點是使用刀、箭、矛等冷兵器和笨重盔甲近距離格鬥。

黑火藥時代，其特點是以火藥的大規模使用為起點，滑膛式兵器投入戰爭。

近代兵器時代和現代兵器時代，其特點是坦克、飛機、戰艦和現代化運輸工具已全部使用。

熱核兵器時代，其特點是大規模殺傷破壞武器——核武器出現，將火力殺傷效果的追求推到了頂點。

以戰爭做為主要研究對象的學科就是軍事學，它是研究戰爭的本質和規律，並用於指導戰爭的準備與實施的綜合性科學。本書用故事形式來講述軍事，並增設「兵家點評」和軍事家介紹等內容，以增加軍事學知識的廣度和深度。

書中一個個經典的戰例，經過歲月的沖刷，殘酷性被淡化，變得可讀、有

趣、具有教育意義，能給人思想上的啟迪。

名將的傳奇和他們的英勇事蹟，成為了後人的軍事財富、思想財富和品德榜樣。

戰爭催生的英烈和災難，可以讓你瞭解戰爭的慷慨悲壯和深重苦難。

世界範圍內的古今軍事故事，可以讓你瞭解世界格局的變化，增強視野。

總之，作者將透過100篇最具代表性的軍事故事，100位彪炳史冊的軍事家，80多場重大戰爭戰役，209幅精美圖片，將五千年世界軍事跌宕起伏的發展歷程，盡現在你的面前。

讀者在品讀故事和再現戰爭場面的同時，可以瞭解一些重大戰役在軍事史上的地位。對國內外最新的軍事理論成果，各種主要的戰略、戰術知識和各類兵種特點及兵器，也會有一個系統的瞭解。

在漫長的歷史長河中，有的戰爭綿延數百年，有的在幾個小時之內就分出勝負；無論是戰火遍佈世界，還是小規模的局部戰爭，最後的結論只有一個：戰爭就是流血，戰爭就是眼淚！那些動輒數以萬計的傷亡統計，不只是資料，更是鮮活的生命。在閱讀中最需要我們體會和思考是：我們該如何來維護世界的和平？

第一章　冷兵器時代

第二章　黑火藥時代

第三章　近代兵器時代

第四章　現代兵器時代

第五章　核兵器時代

第一章
冷兵器時代

最早有和約傳世的戰爭——
卡迭石之戰

軍事協定：國家或政治集團之間就軍事問題簽訂的契約性書面協議，是軍事條約的形式之一。

古代的敘利亞地區橫跨歐、亞、非三大洲，是當時海陸貿易的樞紐，也是兵家必爭之地。

古埃及多次出兵古敘利亞地區，並在該地確立了霸主地位。而與它比鄰的新興強國——赫梯，同樣對敘利亞虎視眈眈。赫梯人在敘利亞地區攻城掠地，嚴重損害了埃及在該地區的利益。

常言道，一山難容二虎。埃及豈能對赫梯的行為坐視不顧？西元前1290年，埃及新上任的法老拉美西斯二世召開了數次軍事會議，決定發兵敘利亞，將赫梯人驅逐出去。

為了贏得勝利，拉美西斯二世厲兵秣馬，徵糧擴軍，進行戰爭部署。他整飭了阿蒙軍團、賴軍團和塞特軍團，新組建了普塔赫軍團，並派手下將領日夜操練備兵，這些備兵分別由努比亞人和沙爾丹人組成。

在拉美西斯二世緊鑼密鼓地備戰之時，幾個身形矯健的壯年男子，騎快馬飛奔出了埃及。他們是赫梯國的軍事密探，帶著拉美西斯二世出兵遠征的絕密情報，面見赫梯國王。赫梯國王聞報，連夜召開王室會議，商討對策。

西元前1286年，埃及軍隊挺進敘利亞地區，先後佔領了別里特（現在的貝魯特）和比布魯斯，揭開了赫梯之戰的序幕。第二年，拉美西斯二世御駕親征，揚言要一舉拿下敘利亞地區的卡迭石。卡迭石位於奧倫特河上游的西岸，

是連接敘利亞地區南北的交通要道，也是赫梯王國的戰略重鎮和軍事要地。拿下卡迭石，也就恢復了對整個敘利亞地區的統治。

面對埃及大軍壓境，赫梯國王制訂了「以逸待勞、誘敵深入」的戰術，決定以卡迭石為中心，全力防守。

這一天，拉美西斯二世帶領阿蒙軍團做為前導，另外三個軍團殿後。大軍行至卡迭石以南八英里處的一個渡口時，看見兩個衣衫襤褸的男子，剛剛從對面擺渡過河，上岸後倉皇逃竄。拉美西斯二世派人將兩名男子抓來，經詢問，兩人自稱是赫梯軍營中的奴隸逃亡至此。他們告訴拉美西斯二世，赫梯的主力部隊遠在百里之外，卡迭石守備空虛，士氣低落。拉美西斯二世聞報大喜，來不及等待後面的軍團，帶領阿蒙軍團搶先來到卡迭石城下，沒想到進入了赫梯人的包圍圈。直到這時，拉美西斯二世才恍然大悟，渡口的兩個逃亡者，原本是赫梯人假扮的！

拉美西斯二世的孤軍，面對的是赫梯人三萬多輛的雙馬戰車。埃及士兵因為急行軍，早已勞累不堪，還沒有喘過氣來，就被蜂擁而來的赫梯人打得落花流水，四散逃命。拉美西斯二世的身邊，只剩下了幾名忠心耿耿的勇士和一路上陪伴他的戰獅。萬般無奈之下，拉美西斯二世命人將身邊的戰獅放出了鐵籠。飢餓難耐的戰獅飛身躍入赫梯軍中，拉美西斯二世趁亂暫時保住了性命。

就在這危難時刻，埃及人的後續兵團趕了過來，就像從天而降一樣出現在赫梯人的翼側。埃及後續兵團分為三條戰線，一線為戰車並有輕步兵掩護；二線為步兵；三線為步兵和戰車各半，一起發動了攻

偉大的領袖，勇猛的士兵，傑出的建築家，拉美西斯二世的一生得到了許多稱頌。

擊。赫梯國王急忙投入步兵和戰車，猛攻埃及中軍。

　　隨後，戰況發生了戲劇性的改變，士氣大振的埃及士兵，先後對赫梯人發動了六次猛烈進攻，將大量赫梯人驅趕進了奧倫特河。赫梯國王見狀，親自帶領守衛卡迭石的八千名精銳士兵加入戰鬥。經過一整天的慘烈廝殺，雙方勢均力敵，勝負未分。赫梯人退回了卡迭石要塞，拉美西斯二世也無力奪取，決定返回埃及，卡迭石之戰就這樣結束了。

兵家點評

　　古埃及和赫梯王國，為了爭奪對敘利亞地區的統治權，進行了數十年的戰爭。而卡迭石之戰，是最具關鍵性的一場戰爭，在古代軍事史上佔據著重要地位。運用軍事計謀調動敵軍，步兵與戰車兵協同要塞守軍出擊與野戰部隊配合等，是這次會戰的主要特點。

　　卡迭石之戰也是古代軍事史上有文字記載的最早的會戰之一。約西元前1280年，拉美西斯二世與赫梯國王哈圖西利斯三世締結合約結束戰爭。這個合約全文用象形文字寫成，鐫刻在埃及寺廟的牆壁上，成為歷史上最早有文字記載的國際軍事條約文書。合約簽訂之後，赫梯國王將自己的長女，嫁給了拉美西斯二世。

小知識：

美尼斯——史上最早的軍事家
生卒年：約西元前3100年（具體時間不詳）。
國籍：古埃及。
身分：國王。
重要功績：埃及第一王朝的開國國王，開啟了法老統治時代。

後發制人的著名戰例——
齊魯長勺之戰

戰略上的後發制人，是指不首先挑起戰爭，戰略上不打第一槍。而
一旦敵人挑起了戰爭，就應依據具體情況，採取相對的軍事行動，
去努力爭取戰爭的勝利。

　　西元前684年，齊桓公不顧管仲的勸阻，決定興兵討伐魯國，以報復魯國
一年前支持公子糾復國的宿怨。

　　魯莊公聽聞齊軍壓境，決定動員全國軍民的力量進行一場衛國戰爭。正當
魯國上下積極備戰的時候，一位名不見經傳的小人物前來拜見魯莊公，要求參
與戰事，這個人就是後來的魯國大夫曹劌。

　　在晉見魯莊公之前，鄉民們紛紛勸阻曹劌說：「這是朝廷大臣們所操心的
事情，你一介草民去湊什麼熱鬧？」

　　曹劌瞇著眼睛反駁道：「那些食肉的士大夫庸碌無能，不具備遠大的謀
略。」

　　就這樣，曹劌來到了魯國的王宮。

　　他見到了魯莊公後，問道：「大王，敵人強大，我們弱小，您憑什麼和齊
國抗衡呢？」

　　魯莊公說：「我從來不敢獨自享用食品和衣物，總是要分發給臣下。危急
關頭，君臣一定會同仇敵愾。」

　　曹劌搖搖頭說：「這些只不過是小恩小惠罷了，一般民眾無法得到，他們
是不會為你出力的。」

　　魯莊公又說道：「我平時祭祀神祇，一向都用上好豬肉，神靈一定能保佑

我打贏這場仗。」

　　曹劌說：「臨時抱佛腳是沒有用的，關鍵是你平時對老百姓怎麼樣。」

　　魯莊公沉思了一會兒說：「我對待國民，一直保持清廉和公正。對於那些民間的訴訟，雖然不敢說明察秋毫，但必定會盡最大努力來公平裁決。」

　　「那我們就有勝利的希望！」

　　聽了魯莊公這一番話，曹劌請求和魯莊公一起來到前線。在此之前，魯莊公為了避開齊軍的鋒芒，退守到了長勺，也就是現在的山東曲阜北郊一帶。

　　齊魯兩軍各自列好陣勢，戰爭一觸即發。

　　第一通戰鼓響起，齊軍率先發起衝鋒。他們實行雙車編組，從左右兩翼同時出車，絡繹壓向魯軍，以雙鰲的陣形夾攻魯陣。魯莊公命人擊鼓迎戰，曹劌勸阻道：「現在齊軍氣勢正盛，我們應該避其鋒芒，以靜制動，不能盲目出擊。」魯莊公聽取了曹劌的意見，命令魯國戰車緊密收攏，採取守勢，成圓形環陣，步卒蹲在地上，依託戰車用弓箭射擊來穩住陣腳。魯軍的箭弩像飛蝗一樣注入齊軍，齊國的戰車還沒等靠近魯陣，就先中了箭，馬仰車覆。衝鋒未果，反而遭到了強弓硬弩的攢射，齊軍戰士內心都很焦躁，逐漸變得疲憊不堪，士氣也逐漸下落。

曹劌與魯莊公討論戰事。

魯國大獲全勝，使齊桓公在對外擴張中遭遇了一次少有的挫折。

齊軍將領見第一波攻擊不能奏效，下令擂動第二通戰鼓，後續進攻的車輛，裹著掉頭回撤的戰車，又大呼小叫地向鐵桶一樣的魯方車陣淹過去了。這一次，魯軍又以箭雨和兵車抵住了對方的攻勢。

連續兩次進攻受挫，齊軍將領又命令手下敲響了第三次衝鋒鼓。曹劌看到這次齊軍儘管來勢兇猛，但和前兩次相比，氣勢已經消減了很多。他認為時機已到，就建議魯莊公反擊齊軍。魯莊公親自擂起了戰鼓，魯軍將士見狀，士氣高漲，乘坐戰車一擁而上，把隊不成列的齊軍衝得棄甲跳車，全線潰敗。

戰爭結束後，魯莊公詢問曹劌取勝的原因。曹劌說，士兵作戰，勇氣和士氣最重要，齊軍三次進攻，三次擂鼓，士氣和勇氣衰落了；而我們一鼓作氣（在古代戰爭中，擂鼓代表衝鋒前進的信號），士氣處於最盛的階段，所以能大敗齊軍。

兵家點評

長勺之戰，在政略、戰略和策略上體現了古代一些可貴的軍事辨證思想。

從曹劌戰前決策、戰場指揮和戰後分析的諸多言行裡，我們可以看到魯軍取得長勺之戰的勝利有其必然性。魯國統治者在戰前進行了「取信於民」的政

治準備，為展開軍事行動創造了有利的條件。在作戰中，魯莊公又能虛心聽取曹劌的正確作戰指揮意見，遵循「後發制人、敵疲我打、持重相敵」的積極防禦、適時反擊的方針，正確地把握反攻和追擊的時機，進而牢牢地掌握了戰爭的主動權，贏得戰役的重大勝利。

　　長勺之戰，正確地反映了弱軍對強軍作戰的基本規律和原則，一直為歷代兵家所稱道。

小知識：

姜尚——中國軍事家的鼻祖
生卒年：西元前1211～前1072年。
國籍：中國。
身分：西周的開國元勳、首席謀主、最高軍事統帥，被後世尊為「百家宗師」。
重要功績：輔佐武王伐紂成功；軍事思想著作有《六韜》。

你空城我也空城——
中國最早的「空城計」

「空城計」，就是在自己沒有能力迎戰的情況下，故意暴露自己的空虛，給敵人造成「真亦假來假亦真」的心理，使敵方產生懷疑，進而猶豫不決，此所謂「疑中生疑」。

　　西元前675年6月，楚文王暴病身亡。他的愛妃文夫人長的傾城傾國，年輕輕的就守了寡。楚國令尹（相當於宰相之職）公子元垂涎文夫人的美貌，想盡辦法來討好文夫人，企圖佔有她，可是文夫人卻無動於衷。公子元心想，如果我建功立業，文夫人一定會折服我的神勇，而獲取她的歡心。

　　經過幾年的準備，公子元決定出兵攻打國力較弱的鄭國。西元前666年，他親自率領楚國大軍，連續攻破了鄭國好幾個城池，直逼鄭國都城。

　　面對來犯的強敵，鄭國上下慌亂不堪。大臣們有的主張割地求和，有的力

蜀漢諸葛亮的「空城計」在民間流傳最廣。

主和楚國決一死戰，還有人主張堅守城池，等待齊國的援兵。鄭國上卿叔詹說：「求和要割地賠款，為下下策；決戰我們恐怕會全軍覆沒，也非良策；固守城池等待援軍，恐怕也難以支撐多久。公子元帶兵來犯，無非是為了討取文夫人的歡心，他急於求成，害怕失敗。我這裡有一計，可以使楚軍不戰自退。」

叔詹命令城內的士兵們全部埋伏起來，不能讓楚軍看到一兵一卒。城內商鋪照常營業，店門大開；街上行人如舊，不許面露驚慌。城門敞開，吊橋下落，讓楚軍認為鄭國完全沒有設防。

楚軍先頭部隊的將領看到這種情況，心中十分疑惑：「難道城中埋伏了重兵，想引誘我們進城？」於是沒有輕舉妄動，等待公子元的大隊人馬。公子元趕到後，同樣感到奇怪。他在城外的高地上向鄭國都城望去，看見城內的確沒有設防，街市熙熙攘攘，一派繁華景象，全然沒有大戰前夕的緊張氛圍。他仔細觀望，發現城頭隱隱約約有鄭國的甲士旌旗，認為必定有詐。為了搞清實際情況，他派人到城內探聽虛實。時隔不久，探子回報說城內和平時沒有兩樣，看不見軍兵聚集，鄭國人好像都不知道楚人已經兵臨城下似的。公子元聽了探子的稟報，心中更是疑惑。

這時候，鄭國的盟國齊國，已經聯合了魯、宋兩國人馬，前來救援。公子元聽到這個消息，心想：「三國聯軍一到，自己絕難取勝。好在我已經攻取了幾座城池，在文夫人面前已經很有面子了，還是見好就收吧！」於是，公子元下令楚軍連夜撤走，為了防止鄭軍趁自己撤退的時候突然出城追擊，他命令楚軍人銜枚，馬裹蹄，不得發出一點聲響，所有營寨原封不動，裡面旌旗招展，給鄭軍造成沒有撤退的假象。

第二天，叔詹登城，目視楚軍大營，高興地說道：「鄭國的危難已經解除了！」眾人見楚軍大營內旗幟招展，不明白叔詹的話。叔詹說：「你們看，楚軍大營上面盤旋著許多飛鳥，營中一定沒有人馬了。我們用『空城計』嚇走了

楚軍，而楚軍也用『空城計』欺騙我們，安全撤軍了。」

兵家點評

　　楚鄭這場來有影、去無蹤的圍城之戰，在兵法上屬於「三十六計」中的「空城計」，這也是中國歷史上第一個使用「空城計」的戰例。有趣的是，鄭國用「空城計」延緩了楚軍的攻勢；而楚軍用「空城計」悄悄撤走。

　　空城計屬於一種心理戰術，但帶有賭博性質，是一個「險策」。一旦敵人將計就計，就會給自己帶來毀滅性的打擊。

小知識：

孫武——百世兵家之師
生卒年：約西元前535年～？
國籍：中國。
身分：春秋時代的吳國上將軍。
重要功績：生平所著的《孫子兵法》被尊為世界第一兵書、兵學聖典、兵學經典之首，被視為武學的教範。

不戰而屈敵之兵——
兵家相爭的至高境界

「上兵伐謀」就是「挫敗敵人的戰略企圖」，也就是說，在敵人的戰略企圖還沒有付諸實施之前就揭露它、破壞它，使之夭折，使之失敗。

齊景公當政時，燕國和晉國組成聯軍一起進犯齊國領土。齊兵屢戰屢敗，景公甚為憂慮。

在齊國宰相晏嬰的推薦下，齊景公破格任用出身低微的田穰苴為將。田穰苴內心十分清楚，自己從一介草民平步青雲官至大將軍之位，手下的將士必定不服。做為三軍統帥，如果不能服眾，這仗是無法打的。所以，當務之急不是統兵出戰，而是如何立威。

田穰苴對齊景公說：「我出身卑賤，而您卻擢升我為三軍統帥，位列於士大夫之上。將士未必肯服從，百姓未必能信任。我人微言輕，希望派一位德高望重的大臣做監軍，幫我統領軍隊。」

齊景公聽了田穰苴的一番話，正合心意。對他而言，派一個親信做監軍，一則可以幫助田穰苴帶兵立威，二則可以隨時向自己報告田穰苴的情況。於是，他派自己最寵愛的佞臣莊賈，到軍營中做監軍。

莊賈是景公身邊的紅人，滿朝的文武大臣自然對他畢恭畢敬，禮讓三分。莊賈受命後，田穰苴辭別了齊景公，臨行對莊賈說：「請您明天午時三刻到軍營集合，準時出兵，不得有誤。」莊賈聽了田穰苴的話，漫不經心，並不放在心上。

第二天一早，田穰苴早早來到軍中，集合大隊兵馬，用沙漏計時，等待監

軍莊賈到來。莊賈倚仗齊景公的威勢，素來驕橫跋扈。親朋好友見他被任命為監軍，紛紛設宴送行。莊賈喝得不亦樂乎，對於田穰苴的「午時三刻在軍中會見」的話，早已拋到了九霄雲外。

午時三刻一過，田穰苴就命令士兵將漏壺撤掉，申明軍紀後回到大帳。

直到傍晚，莊賈才醉醺醺地來到軍營。

田穰苴儼然端坐，問：「監軍為什麼違期遲到？」

莊賈拱了拱手說：「親朋好友為我設宴踐行，我推辭不過，喝多了。」

田穰苴大怒：「國有國法，軍有軍規。現在外敵入侵，君王寢食難安，百姓身處水深火熱之中，而你還在飲酒尋歡，簡直是豈有此理！」

中國古代戰車一般為獨輈（轅）、兩輪、方形車輿（車箱），駕四匹馬或兩匹馬。車上有甲士三人，中間一人為驅車手，左右兩人負責搏殺。

　　田穰苴說完，回身問軍紀執法官：「對於遲到者，軍法應怎樣處理？」

　　執法官說：「按律當斬。」

　　田穰苴喝令士兵將莊賈推出去斬首。莊賈見狀，嚇得臉都白了，急忙派人飛馬請齊景公前來救命。景公得知消息後，急忙派另一個寵臣梁丘據手拿節杖來到大營，此時莊賈已經身首異處了。梁丘據乘坐三駕馬車，傳達齊景公的旨意。田穰苴不亢不卑，對他正言厲色：「將在外，軍令有所不受！」

　　梁丘據驕橫，還要糾纏。田穰苴厲聲說道：「軍營中嚴禁跑馬，而你等在軍營中肆意奔馳，該當何罪？」執法官說：「當斬。」

　　嚇得梁丘據抖做一團，連稱奉命而來。田穰苴說：「雖然君主使臣不可殺，但軍法不可不執行。」於是下令毀掉車子，砍殺駕車馬匹，代替使臣受法。

　　三軍將士見狀，皆領教了這位田穰苴將軍的厲害，不禁對他肅然生畏。

　　在申明軍紀的同時，田穰苴對於士卒的居住和飲食，以致生病醫藥之類的事，都非常關心，親自檢查、詢問，並將自己的軍糧、俸祿拿出來分給士卒。經過一段時間的操練和治軍，齊軍上下一心，軍紀嚴明，士氣高漲。士兵們對田穰苴既心存敬畏，又心存感激，都願意早點上戰場，報效田穰苴的恩遇。

　　田穰苴看到時機成熟了，報請齊景公，要收復被燕國和晉國佔領的城池。聽說要開戰了，全軍上下鬥志昂揚，就連生病的士兵也紛紛要求上陣殺敵。齊國出兵的消息傳到了晉軍的大營，晉軍十分害怕，還沒對陣就棄城逃跑了。燕軍看到晉軍不戰自退，軍心渙散，也慌忙渡過黃河逃走。田穰苴乘勝追擊，一舉收復了齊國的失地。

兵家點評

　　田穰苴所實行的「不戰而屈人之兵」是孫子的「全勝」戰略思想的具體體現，孫子認為：「百戰百勝，非善之善者也；不戰而屈人之兵，善之善者也。」

　　所謂「不戰而屈人之兵」的「全勝」思想，就是用不流血的鬥爭方法，迫使敵方屈從於我方的意志，達到「自保而全勝」，將用兵之害減少到最低的程度。這是用兵取勝的最上策，比百戰百勝還要高出一籌。「全勝」思想的本義，絕不是說不要武力、放棄武力或不要戰爭、反對戰爭，而是指以武力為後盾，透過施展謀略和巧妙用兵，造成強大的威勢，力爭不直接戰鬥而迫敵投降，達到「屈人之兵」、「拔人之城」、「毀人之國」的目的。

小知識：

田穰苴——文能附眾，武能威敵

生卒年：不詳。

國籍：中國。

身分：春秋時代的齊國大司馬。

重要功績：其事蹟流傳不多，但其軍事思想卻影響巨大。齊威王令大夫整理古時的
《司馬兵法》，將田穰苴所作的兵書附於其中，號為《司馬穰苴兵法》。

雅典軍隊以弱勝強的傑作——
馬拉松之戰

斜線陣，又名梯形陣，軍隊陣式的一種，亦是一種戰術思想。顧名
思義，斜線陣式是以軍隊斜線式佇列的陣形作戰，或以左至右傾前
（右斜陣式），或以右至左傾前（左斜陣式）。

西元前491年，波斯帝國皇帝大流士，派遣使臣到希臘各個城邦索取「土
和水」，實際上就是要他們無條件獻出國土。有些城邦害怕波斯帝國，立即獻
上了「土和水」，表示屈服。雅典和斯巴達卻堅決反抗，雅典人把波斯使者從
高山上拋入深淵，斯巴達人則把使者押到井邊，指著水井說：「這裡面有水，
你進去拿吧！」說罷就將他扔到井裡。消息傳到波斯，大流士氣得暴跳如雷，
於次年9月，親自率領大軍在馬拉松平原登陸，妄圖先將雅典征服，再一步一步
佔領整個希臘。

波斯大軍壓境，雅典國王急忙派「長跑能手」斐力庇第斯去斯巴達城邦求
助。不料，自私的斯巴達統治者並不想出兵支援雅典，他以祖宗規定，月不圓
不能出兵為由拒絕了雅典的求助。盟友失信，雅典人只能靠自己來挽救自己
了。名將米太亞提斯緊急動員全體雅典人民進行抗戰，甚至把奴隸也編入了軍
隊。

9月12日，雙方軍隊在馬拉松平原展開了決戰。

米太亞提斯針對波斯人善於平地作戰和慣用中央突破的特點，命令部隊在
山上紮營，扼守通往雅典的去路。這是一個三面環山的河谷，向下是一個大斜
坡，可以一眼望到駐紮在平原上的波斯軍大營。戰鬥開始之前，米太亞提斯採
用了正面佯攻、兩翼夾攻的戰術，將精銳部隊配置在兩翼。為了防止波斯騎兵

從兩翼迂迴，米太亞提斯命令陣線向兩側延伸，與兩邊的泥沼地相接，這樣就有了天然的屏障。列陣完畢後，希臘士兵開始全速衝鋒。背負四十多公斤裝備的希臘重裝步兵，表現出了極高的軍事素質，一路狂奔，隊形始終保持整齊。

　　對面的波斯士兵嚴陣以待，當希臘人衝到距離只有三百公尺的時候，波斯人開始放箭。波斯人的箭是一種三稜寬刃箭鏃，青銅質地，帶倒鉤，殺傷力強大，但穿透力不足。飛蝗般的箭雨落在高速奔跑的雅典方陣之上，如同雨打芭蕉般在雅典步兵的盔甲和盾牌上紛紛彈開，不能造成任何傷害。雅典步兵手持長矛，帶著跑動帶來的巨大慣性，刺向波斯人。只有一道盾牌防線的波斯方陣，難以抵擋如此迅猛的攻勢，陣腳漸漸出現了鬆動。前排持有盾牌的波斯小隊長，有很多都被雅典士兵的長矛連人帶盾牌刺穿。失去盾牌保護的波斯人，只得拔出彎刀對敵，但始終敵不過雅典人密集的長矛攢刺。波斯騎兵一度想從雅典人的兩翼合圍，卻苦於兩側沼澤地的阻擋。

　　戰鬥中，波斯統帥發現雅典軍隊的中央陣線比較薄弱，便集中兵力向那裡衝鋒，這一舉動恰恰中了米太亞提斯的計策。中央陣線的雅典士兵且戰且退，波斯人步步逼進。正在這時，突然殺聲震天，兩側的雅典精銳部隊發起了衝鋒，夾攻波斯軍。波斯軍三面受敵，首尾不能相顧，開始全線潰退，紛紛向海邊的艦船逃去……

　　戰爭結束後，米太亞提斯派士兵斐力庇第斯將勝利的喜訊告

古代雅典國王和士兵的畫像。

訴雅典人。他徒步一路奔跑，從馬拉松一直跑到雅典中央廣場，對著盼望勝利的人們說了一聲：「大家歡樂吧！我們勝利了！」之後就倒在地上犧牲了。為了紀念馬拉松戰役的勝利和表彰斐力庇第斯的功績，1896年在雅典舉行的第一屆奧林匹克運動會上，增加了馬拉松賽跑項目。

兵家點評

　　馬拉松戰役，標誌著過去單槍匹馬作戰方式的結束和重甲方陣戰術的開始。

　　希臘聯軍以少勝多，戰勝了當時最強大的波斯人，一方面是聯軍在地勢運用、戰術發揮上處於優勢；另一方面是希臘公民懷著滿腔愛國熱情和為保衛家園而戰的決心，士氣高昂。

　　這次勝利使希臘各城邦空前團結在一起，以前屈服於大流士的一些希臘城邦受到鼓舞，紛紛宣布獨立。此次戰役的影響，正如英國著名軍事家富勒將軍所說的那樣，這是「歐洲出生時的啼哭聲」。

小知識：

伊巴密濃達——斜形陣法的創造者
生卒年：西元前418年～前362年。
國籍：古希臘。
身分：希臘城邦底比斯的將軍與政治家。
重要功績：將希臘的政治版圖重整，使舊的同盟解體，創立新的同盟，並監察各城邦的建設；在軍事上首創新式戰法——斜線式戰術。

孔門弟子「借刀殺人」——
巧言遊說下的軍事奇蹟

「伐交」，是指透過外交鬥爭挫敗敵人的戰略企圖。

西元前484年，這一年剛剛開始，做為魯國實際統治者的季康子就面臨著一場災難。齊國宰相田常意圖謀反奪權，但害怕自己不能服眾，所以準備調兵攻打弱小的魯國，意圖藉外敵之手來消耗政治對手的實力。

孔子聽到了這個消息，召集弟子們說：「魯國是我的故土，是養育我的父母，此時正處於存亡關頭，我們應該盡力挽救。」經過討論，富可敵國的子貢接受了這個艱巨的任務。

子貢姓端木，名賜，黎國人，當時三十六歲。他的口才極為出眾，史載其

《史記·仲尼弟子》中記載：「子貢一出，存魯，亂齊，破吳，強晉而霸越。」

「利口巧辭」，在緊要關頭，他的辯才終於為孔子所倚重。

子貢首先來到齊國，見到宰相田常，說道：「魯國的國土狹窄不堪，城牆又矮又薄，國君軟弱無能，文臣武將也沒有什麼本事。您討伐這樣的國家，實在是一個不明智的舉動。」在發表了這一番顛覆常識的驚人議論後，子貢繼續說：「吳國城高池深，國君賢明，文臣足智多謀，武將英勇善戰，應該去討伐它。」

田常聽到子貢匪夷所思的建議後，顯然認為自己受到了羞辱，不由得勃然大怒：「讓我放棄容易的，去攻打難對付的，豈不是讓我損兵折將，讓其他大臣看我的笑話嗎？」

子貢這時已經完全把握了對話的主動，他從容答道：「如果您滅亡魯國來增加齊國的領土，那麼最終受益的還是齊國的君主和派兵作戰的世卿。您的君主和政敵得到好處，對你就是損害。況且您贏得軍功之後很容易凌駕於國君之上，所謂功高震主，您的政敵也會惡意中傷，那麼您就很難在齊國立足。如果去討伐難以戰勝的吳國，無論戰爭勝敗與否，都會造成齊國內部空虛。這樣，您就有可乘之機了。」

田常恍然道：「確實是好主意！不過我已經對魯國開戰了，如今撤兵討伐吳國，師出無名啊？」

子貢說：「您暫且按兵不動，在下隨即去遊說吳王，讓他興兵來救魯國，到時候您就可以帶兵迎戰吳軍了。」

子貢來到吳國後，在夫差的廟堂上慷慨陳詞：「大王，齊國即將攻打魯國，如果魯國被吞併，齊國的實力就會壯大，那麼吳國就危險了。不如聯合魯國共同討伐齊國，齊國戰敗，吳國便可以稱霸天下。」

吳王聽後深有顧慮：「越國是我的心腹大患，只有消滅越國，我才能出兵。」

子貢說：「到那個時候，魯國已經被齊國佔領了，您對魯國見死不救，會

讓人們認為您欺軟怕硬。吳越之間原本有盟約，假如你現在攻打越國，屬於失信之舉。我現在就去說服越王，讓他出兵和你一起對付齊國。」

子貢又從吳國來到越國，對越王勾踐說：「吳國要攻打齊國，如果失敗了，這就是上天賜予您的機會；如果勝利了，吳國勢必與晉國開戰，爭奪霸主地位。到那個時候，大王就可以趁虛而入，打敗吳國，一雪仇恨了。」

越王聽了，即刻派使者到吳國，答應隨吳國出兵，攻打齊國。

子貢遊說了齊、吳和越三國，達到了自己的目的。但他擔憂吳國取得霸主地位後，也同樣將兵鋒指向弱小的魯國。因此，他離開吳國後，直奔晉國而來，向晉國的君臣告警。

由於齊軍統帥故意放水，魯國終於堅持到吳國援軍的到來。齊國折損了數員大將，最後請罪求和。和子貢預料中的一樣，夫差獲勝後驕傲自滿，立刻移師攻打晉國。因為晉國早有準備，加之晉國是當時的強國之一，所以很快擊退了吳軍。就在這個時候，越國突襲了吳國的都城，俘虜太子友。九年後吳國滅亡。

兵家點評

子貢縱橫斡旋的結果，竟然一舉數得，不僅讓魯國得以保全，還促成了齊國亂、吳國亡、晉國強、越國稱霸的聯動效應。用司馬遷的話說：「子貢一使，使勢相破，十年之中，五國各有變」。如此扭轉時局的遊說本事、驚天動地的外交壯舉，簡直是前無古人。

他和老師孔子的目的很明確，就是不惜一切代價拯救魯國，哪怕因此讓其他國家滅亡。由此可見，在軍事衝突中，為了國家利益可以欺騙自己的盟友，可以讓其他國家的人民為不義之戰流血，乃至國破家亡……就像英國政治家和作家班傑明·迪斯雷利曾經說過的那句著名的話——「沒有永恆的敵人，也沒有永恆的朋友，只有永恆的利益。」

小知識：

孫臏——戰車裡的指揮家

生卒年：不詳，約活動於西元前4世紀下
半葉。

國籍：中國。

身分：戰國時代的齊國軍師。

重要功績：在作戰中運用「避實擊虛、
攻其必救」的原則，創造了著名的「圍
魏救趙」戰法，為古往今來兵家所效
法；所撰的《孫臏兵法》為後世留下了
寶貴的軍事理論遺產。

影響人類文明進程的戰役——
薩拉米斯海戰

接舷戰，是用己方船舷靠近敵方船舷，由士兵跳幫進行格鬥的海戰
方法。是最早的一種海戰戰法，一直沿用至17世紀。

一天夜裡，有幾個希臘聯軍的士兵，慌慌張張地跑到波斯大軍的營地，要
求面見主帥薛西斯。他們對薛西斯說道：「我們仰慕大軍的威儀，很早就有投
誠的心願，這一次冒死逃出來投奔，希望您能夠接納我們。」薛西斯向這些降
兵問及希臘聯軍的情況，他們說：「現在希臘人已成驚弓之鳥，正準備從薩拉
米斯向外逃跑。如果趁機把希臘人堵在海峽中，一定會取得空前的勝利。」

這些所謂的希臘降軍，其實是主帥泰米斯托克利故意派來的，意圖迷惑薛
西斯。

薛西斯聽到這些情報後陷入了沉思：「難道雅典人真不想打仗了？會不會
是給自己設下的陷阱？」他在軍帳中來回踱步。

「報告統帥，有人求見！」軍帳外傳來衛士的聲音。

「快請進來！」薛西斯眉頭頓時舒展開來。

話音剛落，兩個波斯間諜像幽靈一樣溜進軍帳，跪在地上向薛西斯口述情
報。薛西斯聽完之後，得意地笑了，因為他們的報告和希臘降軍所述的情況完
全一致。

薛西斯立即下令艦隊進行軍事部署。

到了凌晨，波斯艦隊對希臘聯合艦隊的合圍順利完成。200艘埃及戰艦已
經按時到達海峽西端，堵死了希臘聯合艦隊的退路；800多艘波斯戰艦排列成
三列，將海面遮蓋的嚴嚴實實，一條小魚也別想漏過去。薛西斯志在必得，他

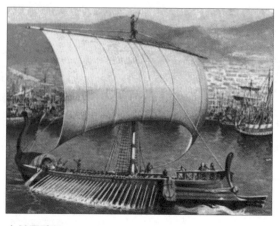

古希臘戰艦。

在皮勞斯河口旁的一個山丘上搭起帳篷，安下寶座，悠悠然準備隔岸觀戰。

此時的希臘人還在為是戰是逃的問題爭論不休，一位將領突然從門外衝進來，他氣喘吁吁地喊道：「我們被包圍了，波斯艦隊已經堵死了海峽的所有出口！」在場的將領聽到這個消息無不大驚失色。主帥泰米斯托克利卻會心一笑，因為他早已擬訂好了作戰方案：科林斯分艦隊開往海峽西端，頂住埃及分艦隊的衝擊；主力集中在海峽東端，180艘雅典戰艦在左翼，16艘斯巴達戰艦在右翼，其他城邦的戰艦在中央。

在薩拉米斯海峽的中間橫著一個叫蒲賽塔利亞的海馬狀小島，將海峽口一分為二，寬的一側有1200公尺，窄的一側只有800公尺。波斯人的戰艦體型都很龐大，不得不分成兩股從小島旁邊繞過，一次僅能通行幾十艘戰艦。戰艦前後連成長線，無法展開作戰的隊形。這個時候偏偏天公不作美，海面上颳起了大風，這些戰艦像醉漢一樣搖晃不定，幾乎要失去控制。這時，嚴陣以待的希臘聯合艦隊划起長槳，以決死的姿態朝擠成一團的波斯艦隊直衝過來。

那時木質划槳戰艦的戰鬥，主要靠船頭的沖角撞擊對方。雅典的新式三層槳座戰艦長40～45公尺，艦首的水下部分包著銅套，形成一個銳利的金屬沖角；艦首還有一根約5公尺長的包銅橫木，在對敵船作斜線衝擊的時候，可以破壞敵艦的撓槳。而波斯艦隊仍然是一些慢速度、靈活性差的老式戰艦。

面對希臘戰艦的衝擊，海灣周邊的波斯戰艦被全撞沉，而後面的戰艦這時候才掉轉船頭。狹窄的海峽內佈滿了戰艦，沒有一點空間。雅典戰艦上的重裝

步兵，趁機登上波斯戰艦，和波斯士兵短兵相接。波斯艦上的士兵全是弓箭手，沒有鎧甲，無法抵擋攻勢凌厲的重裝步兵。十幾個雅典步兵，就能輕鬆拿下一艘波斯戰艦。就這樣，裡面的波斯戰艦想往外跑，被緊隨而來的波斯戰艦堵住；外面的艦隊不知道裡面的情況，源源不斷往海峽內派遣船隻，都希望在薛西斯的眼前表現一番。波斯戰艦一批接一批進入海峽，一批接一批被消滅。最後，波斯戰艦喪失了進攻的能力。薛西斯只好帶著殘兵敗將，從陸地跑回小亞細亞。

波希戰爭到此結束，希臘人贏得了最後的勝利。

兵家點評

薩拉米海戰的結果有力地證明了海軍戰略家和理論家艾爾弗雷德‧塞耶‧馬漢的著名理論：「交通線支配著戰爭。」當時的補給必須依靠水上交通，只有海上戰鬥的勝利才能為取得陸地上的勝利創造條件。

從這以後，西方世界的文明中心，從兩河流域轉移到了地中海地區。雅典一躍上升為愛琴海地區的霸主，而波斯帝國卻至此走向衰落，最後被馬其頓所滅亡。《西洋世界軍事史》中說：「隨著這一戰，我們也就站在了西方世界的門檻上面，在這個世界之內，希臘人的智慧為後來的諸國，奠定了立國的基礎。」

小知識：

泰米斯托克利——鑄造海上利劍的雅典人
生卒年：約西元前528年～前462年。
國籍：古代雅典。
身分：雅典首席將軍，被譽為「海軍之父」。
重要功績：在薩拉米海戰中，幾乎全殲了數倍於己的波斯艦隊，取得決定性勝利。

古代世界大戰——
伯羅奔尼撒戰爭

撞擊戰，是把整個的艦體做為一種武器，對敵船實施撞擊，使其完全喪失戰鬥力。這種戰術盛行於槳船時代，並一直延續到帆船時代，直至艦船普遍裝備了固定式的滑膛炮為止。

古希臘最強大的兩個城邦雅典和斯巴達，一直以來都想擊敗對方，稱霸希臘。雅典是生意繁忙的貿易之邦，海軍力量強大，企圖控制東西方海上貿易通路，還想把盛產糧食的西西里島搶到手。斯巴達卻是一座大兵營，人人厲兵秣馬，熟諳戰鬥技巧，它聯合伯羅奔尼撒斯半島上的大多數城邦組成同盟軍，發誓要與雅典一爭長短。雅典的民主派憎恨斯巴達的軍事獨裁統治，斯巴達的貴族討厭雅典的民主制度，兩個城邦的衝突越演越烈，戰爭由此爆發。

西元前431年，以斯巴達為首的伯羅奔尼撒同盟首先挑起了戰爭，雙方互有勝負。在戰事發生的第三年，一場可怕的瘟疫突襲了雅典，一半的人口死於這場天災，更為可悲的是，他們的領袖伯里克利也不幸罹難。一位名叫亞西比得的年輕人，贏得了公眾的支持，被選為伯里克利的繼任者。

亞西比得是一個追求名利、野心勃勃的人，早就想透過一場戰爭使自己名揚希臘。於是，他極力鼓吹遠征西西里島，攻佔支持斯巴達的敘拉古城。西元前415年，在贏得大多數雅典人的支持後，他率領擁有100艘三層艦的龐大艦隊在一片祝福聲中啟航了。可是就在艦隊離開雅典不久，亞西比得卻接到了「薩拉米亞號」戰艦傳達的公民大會決議，命令他隨船回雅典接受審判。

原來，在出征的前一天，雅典城內的海爾梅斯神像全被打壞了。一些反對

遠征的人散佈謠言說，這是一向不敬重神的亞西比得指使人幹的。雅典的公民大會經過決議，要求亞西比得回來接受公開審判。正在指揮戰鬥的亞西比得聽到這個消息十分恐慌，在回雅典的路上悄悄地溜走了。雅典的公民大會隨即對亞西比得進行了缺席審判，判處他死刑。亞西比得走投無路，最後投降了斯巴達人。他向斯巴達人告發了雅典軍隊的一切軍事祕密，希望借助斯巴達人之手達到報一己私仇的目的。斯巴達人得到這些情報後，立刻派海軍去解救被雅典人包圍的敘拉古城，並派出一支強大的陸軍佔領雅典城北的狄克利亞高地，切斷了雅典的對外通道。

西西里島上的敘拉古城眼看就要被雅典人攻破，但斯巴達援軍的到來卻使戰局發生了根本性的變化。雅典人先是海軍損失了全部船隻，接著陸軍又遭到

關於伯羅奔尼撒戰爭的美術作品。

毀滅性打擊。為雅典重甲兵扛盔甲武器的奴隸率先投降了斯巴達人，重甲兵只好自己扛武器，戰鬥力受到了極大的影響。戰鬥進行了七天，雅典人在斯巴達輕甲兵和騎兵四面阻擊下，幾乎全軍覆沒，少數倖存的雅典士兵被俘後，押往錫拉庫扎的採石場做苦役，最終死於飢渴。

西西里島失敗的消息傳到雅典，引起雅典人極大的恐慌。他們積極準備重建海軍，防止斯巴達人入侵。斯巴達人認為，雅典勢力被推翻之日，就是他們在整個希臘稱雄之時，因此要全力以赴將戰爭進行到底。

西元前405年夏末，斯巴達人從海上包圍並攻佔了支持雅典的拉姆普薩科斯城。雅典人聞訊派出一支擁有180艘戰船的大艦隊，火速奔向與拉姆普薩科斯隔岸相對的羊河口。雅典人將艦隊開到斯巴達人陣前，向其挑戰。可是一連四天，斯巴達人就是按兵不動。雅典人漸漸滋長了麻痺輕敵的心理，士氣也受到影響。第5天，雅典人依然挑戰如初，喊叫之後無人理睬，便駛回駐地。雅典人剛離開船上了陸地，斯巴達人的所有艦隻，便全速衝了過來。沒費多大氣力，雅典人的空船有的被拖走，有的被損壞，龐大的艦隊頃刻間瓦解。斯巴達人登陸後，對雅典進行了長達數月的圍困，不堪飢餓之苦的雅典人最終在城頭豎起了白旗。

西元前404年4月，雙方簽訂和約，伯羅奔尼撒戰爭結束。

兵家點評

這場戰爭幾乎波及了當時整個希臘語世界，被稱為古代世界大戰。它結束了希臘的民主時代，給社會帶來了前所未有的破壞。古希臘歷史學家修昔底德說，這次戰爭「給希臘帶來了空前的禍害和痛苦。從來沒有這麼多的城市被攻陷，被破壞，從來沒有過這麼多的流亡者，從來沒有喪失這麼多的生命！」

這場戰爭在古代軍事史上佔有重要地位：雅典人海戰失敗，他們熟練應用

的撞擊戰術並沒有被以後的希臘海軍承襲下來，接舷肉搏戰成了海戰的主流。這次戰爭使整個西方海軍戰術僵化了上千年，直到在英國人打敗西班牙無敵艦隊後，海軍戰術才再次得到發展。與之相反的是，陸軍的戰術卻得到了極大的提升。奪取要塞創造了許多新方法，如使用水淹、火焚和挖掘地道等；方陣雖還是戰鬥隊形的基礎，但步兵能以密集隊形和散開隊形在起伏地機動行動；職業軍人開始出現。這些都對希臘以及西歐軍事產生了深遠影響。

小知識：

色諾芬──繆斯女神在借助他的嘴巴說話

生卒年：西元前430前～前350年。

國籍：古希臘。

身分：希臘傭兵領袖，蘇格拉底的弟子。

重要功績：所著的《遠征記》是一部不可多得的古代軍事教科書，向後人提供了古代希臘人的用兵之道及其實際戰例，影響深遠。

把戰爭帶給亞洲，把財富帶回希臘——
亞歷山大東征

> 方陣是古代軍隊作戰時採用的一種隊形，是把參戰部隊（車、步、騎兵等）按照作戰要求排列的陣式。

西元前334年春，亞歷山大繼承父業，開始了稱霸世界的軍事戰爭。他率領三萬步兵、五千騎兵和160艘戰艦，渡過達達尼爾海峽，向波斯進軍。波斯帝國在大流士三世昏庸無能的統治下，政治腐敗，軍備廢弛，根本無力抵擋馬其頓和希臘各邦的聯軍，剛一交戰就節節敗退。大流士三世不甘心國土不斷喪失，在第二年的11月，集合了六十萬大軍進入伊蘇斯，企圖切斷馬其頓軍隊的後路。亞歷山大聽到消息後，立即命令部隊回師迎戰，並在急速轉移中展開戰鬥隊形。此時，大流士三世已在皮拉魯斯河擺好陣勢。他自恃軍力龐大，將優勢騎兵集中在右翼，準備從海岸邊的平坦地帶攻擊、包圍希臘軍隊。而戰鬥力很差的雜牌步兵則放在了左翼，並在前方排列了數隊弓箭手，以掩護右翼騎兵的進攻。亞歷山大見狀，命令全部輕重騎兵集中自己的右翼，向波斯步兵發起了猛烈攻擊。波斯左翼的弓箭手剛放完第一箭，聯軍的騎兵已衝到面前。波斯的弓箭手慌忙後撤，沒想到打亂了身後的步兵方陣，波斯左翼頃刻瓦解。大流士三世見左翼瓦解，慌忙駕車逃跑，他的母親、妻子和兩個女兒全都成了俘虜。

此役過後，聯軍大獲全勝，打開了通往敘利亞、腓尼基的門戶。

為了將希臘文化推廣到亞洲，亞歷山大帶頭迎娶了大流士的女兒斯塔提拉，並鼓勵手下的將領與波斯人通婚。同時，他還下令讓3萬名波斯男童學習希臘語文和馬其頓的兵法。

西元前332年，亞歷山大揮軍南下，在攻佔敘利亞後，順利進入埃及。他自封埃及的法老，並派兵在尼羅河口興建亞歷山大城，做為東征的基地。

此圖描繪了馬其頓王亞歷山大東征的最後一場戰鬥，聯軍和古印度波魯斯王國的軍隊交戰的場景。湯姆・洛弗爾的作品，由美國國家地理學會收藏。

西元前331年春，大流士三世集結了24個部族的百萬大軍捲土重來。10月初，兩軍在底格里斯河東岸的高加米拉以西展開了激烈的騎兵戰和肉搏戰。雙方兵力相差懸殊，聯軍僅有步兵4萬，騎兵七千人。大流士三世倚仗數量優勢，命令左翼騎兵首先攻擊並包抄亞歷山大的右翼步兵。接著，又揮動右翼步兵猛攻亞歷山大的左翼騎兵。亞歷山大的軍隊雖然英勇奮戰，但戰線還是被突破了。突破戰線後，大流士立即分出相當兵力馳往戰場後方的亞歷山大營地，解救自己的母親、皇后和公主，劫掠財物糧秣。亞歷山大抓住戰機，親自率領近衛重騎兵，利用缺口迅速切入敵陣，直逼大流士大營。此舉完全出乎大流士意料，他頓時驚慌失措，調頭後逃。亞歷山大放走大流士，率軍向左右攻擊波斯軍，波斯軍再次大敗潰散。

聯軍乘勝南下奪取巴比倫，佔領了波斯都城蘇薩和波斯利斯，以及米底古都埃克巴坦那，並在城中大肆擄掠，他們用兩萬頭騾子和五千隻駱駝來馱運戰利品，波斯的古老文明遭到了野蠻的摧殘。

西元前325年，在征服整個波斯之後，亞歷山大率軍佔領印度河流域，當他準備進軍恆河流域時，他手下那些疲憊不堪、備受瘧疾和毒蛇傷害的士兵卻拒絕繼續前進，要求回家。最後，亞歷山大不得不放棄東進計畫，從印度撤兵，東征也在第二年宣告結束。

兵家點評

亞歷山大一生中從未打過敗仗，他的軍事才能和所建立的帝國面積只有後世的成吉思汗和其創建的蒙古帝國可與之相比。

在征戰中，亞歷山大創造性地發展了古希臘的軍事體制和方陣戰術，增加軍隊側翼的密度，進而提高其攻擊能力。創建了新型騎兵——「龍騎兵」，使騎兵成為軍隊的決定性突擊力量和機動力量。戰術上制訂了戰鬥隊形各組成部分的機動和相互協同作戰的原則，發揮騎兵的突擊作用。他還善於根據實際情況，集中使用兵力或把軍隊分成若干獨立的縱隊。根據亞歷山大四次最主要的戰役來看，他的主要戰術是利用重騎兵率先突擊，來打擊敵人的左翼，然後中軍巨大方陣跟進摧毀敵方中軍主力。戰鬥力較弱的左翼則咬住對方右翼，有時左翼甚至抵擋不住，但隨著右翼和中軍的勝利而反過來對敵人進行反擊，最終擊潰敵軍，獲得全面勝利。

亞歷山大的軍事藝術，對後來的西方軍事思想產生巨大影響，漢尼拔、凱撒、拿破崙這些偉大的軍事家都曾效仿過他。

小知識：

亞歷山大——古代世界最著名的征服者
生卒年：西元前356年～前323年。
國籍：馬其頓。
身分：國王。
重要功績：首創著名的「馬其頓方陣」；建立起了一個西起馬其頓，東到印度恆河流域，南臨尼羅河，北至巴比倫的龐大帝國。

無中生有——
戰國縱橫家如此開疆拓土

縱橫術，又名長短術，是指以辯才陳述利害、遊說君主的方法。

戰國時期，六國為了對付強秦，在縱橫家蘇秦的遊說下，聯合了起來，而蘇秦也成了六國的「總丞相」，身掛六國相印。

西元前328年，和蘇秦師出同門的著名縱橫家張儀，出任秦國丞相。為了打破六國結盟的局面，他假意到魏國做丞相，並對魏王說：「就連親兄弟，也會因為財產分配不均而爭執，況且是六個國家！儘管現在六個國家合在一起，但各有各的想法，這種結盟不會長久。」在張儀的遊說下，魏王放棄了和六國的結盟，轉而和秦國結盟。

戰國七雄中，秦國的國力最強，楚國的地域最廣，齊國的地理位置最優越，是七國中的三大強國。齊國和楚國結盟，對秦國威脅很大，張儀向秦王建議，要出使楚國，破壞齊楚之間的聯盟。

張儀到楚國後，首先用重金買通了楚王身邊的近臣，得以面見楚王。張儀說：「秦國願意和楚國交好，只要和齊國絕交，秦國就會出讓于、商六百里土地給楚國。」楚懷王原本是個昏庸之輩，一聽有利可圖，十分高興。他不顧屈原等大臣的反對，答應了張儀的

屈原怒斥張儀。

條件。第二天，懷王派大將逢侯醜隨同張儀來到秦國，要和秦王簽訂條約，接受于、商的土地。

一路上，張儀和逢侯醜交談飲酒，親如兄弟。兩人快到咸陽的時候，張儀假裝從凳子上摔了下來，叫苦連天，他讓左右帶領著逢侯醜暫且住在驛館內，自己匆匆忙忙去看醫生了。

張儀這個因醉酒摔成的傷病，一病就是三個月。逢侯醜多次求見張儀，都遭到了拒絕。一天又一天，逢侯醜心急如焚。逢侯醜只好上書秦王，讓他出讓于、商之地。秦王很快給逢侯醜回了話，說道：「既然張儀和貴國有約，寡人必定遵守諾言。可是我聽說楚國和齊國還沒有絕交，我害怕受到你們的愚弄。還得等張儀親自奏明，我才能決斷。」

逢侯醜再去找張儀，還是見不著人，於是向楚王奏明了這裡的情況。楚懷王明白了秦王的意思，是嫌棄自己沒有和齊國絕交。於是派出勇士，到齊國邊境，高聲辱罵齊王，來向秦王表明自己的決心。受到辱罵的齊王大怒，派人到了秦國，要和秦國結盟攻打楚國。

張儀見齊國的使臣前來拜見秦王，知道自己的目的達到了，傷病自然也就好了。他入朝覲見秦王，在朝門外恰好遇見了逢侯醜，張儀故作驚訝地問：「你怎麼還沒有回去？那片土地領受了嗎？」

逢侯醜無奈地說：「秦王專等相國病好，請您說明情況後，才出讓土地。」

張儀說：「這件事難道還要經過秦王同意嗎？我自己的封地六里，獻給楚王，我自己就可以決定了。」

逢侯醜當時的表情，可想而知，他結結巴巴地對張儀說道：「當時……當時相國說的是六……六百里土地，怎麼現在成了相國自己的封地六里了呢？」

張儀冷笑道：「楚王一定是老糊塗了。我們大秦的國土，都是將士們艱苦奮戰、流血拼殺爭取過來的，怎麼能夠輕易送人呢？」

　　逢侯醜知道中了張儀的計謀，回去稟告楚王。楚王大怒，派兵攻打秦國，結果大敗而歸。

兵家點評

　　張儀以「連橫」破「合縱」，所用的計策正是《三十六計》中的「無中生有」計。此計的關鍵在於真假要有變化，虛實必須結合，一假到底，易被敵人發覺，難以制伏。先假後真，先虛後實，無中必須生有。在實戰中，指揮者必須抓住敵人已被迷惑的有利時機，迅速地以「真」、以「實」、以「有」，也就是以出奇制勝的速度，攻擊敵方，等敵人頭腦還來不及清醒時，即被擊潰。

小知識：

李牧——匈奴剋星，步兵大兵團作戰的先驅
生卒年：？～西元前229年。
國籍：中國。
身分：戰國時代的趙國相，大將軍銜，受封武安君。
重要功績：圍殲匈奴騎兵，在戰鬥中漢族軍隊步騎車兵協同作戰的經典戰例，為日後漢政權與匈奴作戰提供了可借鏡的範本；抵禦強秦，曾兩次大破秦軍。

華夏騎兵的崛起——
趙武靈王「胡服騎射」

騎兵是陸軍中乘馬執行任務的部隊、分隊。既能乘馬作戰,又能徒步作戰。通常擔負正面突擊、迂迴包圍、追擊、奔襲等任務。

　　西元前340年,趙武靈王繼位。此時的趙國四周強鄰環視,東北是燕國,東南是強大的齊國,西面是剛剛經歷「吳起變法」的魏國,曾經攻佔邯鄲達3年之久,南方則是「超級大國」楚國。趙國處在這樣的地理位置,註定成了各國眼中的一塊「肥肉」,在和這些大國的戰爭中,不是城邑被佔,就是大將被擒。不僅如此,甚至連中山這樣的鄰界小國也時常來侵擾趙國。

　　趙國地處北邊,經常與北方的游牧民族接觸。趙武靈王對林胡、樓煩、東胡強大的射控騎兵深表嘆服,這些人身穿窄袖短褲,生活起居和狩獵作戰都十分方便;作戰時,士兵騎在馬上用弓箭進行遠距離攻擊,具有更大的靈活機動性。他不只一次對手下人說:「胡人來如飛鳥,去如絕弦,帶著這樣的部隊馳騁疆場哪有不取勝的道理!」

　　為了富國強兵,趙武靈王提出了「著胡服」、「習騎射」的主張,決心截胡人之長補自己之短。可是「胡服騎射」的命令還沒有下達,就遭到了許多皇親國戚的反對。他對軍事將領肥義說:「我想改變國家軍隊的服裝和裝備,讓士兵穿胡人的衣服,學習騎射,放棄原有的以步兵和戰車為主的作戰方式。可是有人反對,怎麼辦?」

　　肥義表示支持:「要辦大事就不能猶豫,只要對富國強兵有利,何必拘泥於古人的舊法。」

　　趙武靈王聽到後堅定了改革的信心,他說:「譏笑我的都是些蠢人,明理

趙武靈王「胡服騎射」的石雕。

的人一定會支持我！」

第二天上朝的時候，趙武靈王穿著胡人的服裝走進了王宮。大臣們見到他短衣窄袖的穿著，都吃了一驚。趙武靈王就把改穿胡服的好處向大家耐心講了一遍，可是大臣們總覺得這件事太丟臉，不願這樣做。

趙武靈王有個叔叔叫公子成，是趙國一個很有影響的老臣，頭腦十分頑固。他聽到趙武靈王要改服裝，就乾脆裝病不上朝。趙武靈王派人去請，並傳話說：「我想改變傳統的教化，改穿胡式服裝，您做為國家重臣卻不支持，我為此十分憂慮。古人說，普及教育要從平民開始，推行政令高層應該帶頭奉行。所以要仰仗您的聲望來完成胡服的變革。」

公子成回信說：「中原之國是聖賢教化、行禮作樂的地方，邊陲的少數民族無不景仰。如今大王捨棄這些傳統習俗，去因襲胡服，違背人心，老臣認為有失斟酌。」使者回去向趙武靈王報告了公子成的話。

趙武靈王於是親自去公子成處拜訪，說：「我國東面有齊國、中山國，北

面有燕國、東胡國，西面有樓煩國，並且與秦國、韓國接壤。沒有騎兵，怎能守衛？中山國雖小，但它倚仗齊國強大，屢次侵犯我國土地，俘虜我國民眾，引水圍鄗地，若無土神、穀神保佑，鄗地幾乎守不住，先君為此感到羞恥啊！所以我改革服裝以防備邊境的危難，報中山國之仇，可是叔父您遷就中原國家的習俗，不穿胡服，忘了鄗地恥辱，這不是我期望的啊！」公子成終於被說服了。趙武靈王趁熱打鐵，立即賞給他一套新式胡服。次日朝會上，文官武將一見公子成也穿起胡服來上朝了，都沒有話說，只好改穿胡服了。

緊接著，趙武靈王又號令兵士學習騎馬射箭。不到一年，就訓練出一支強大的騎兵。次年春，趙武靈王親自率領騎兵隊打敗鄰近的中山國，又收服了林胡和西北方的幾個游牧民族。到了實行「胡服騎射」後的第三年，中山、林胡、樓煩都被收服了。趙國從此興盛強大起來，可以與其他的強國分庭抗禮了。

位於河北邯鄲市區的「武靈叢臺」，相傳是趙武靈王觀看歌舞和軍事操演的地方。

兵家點評

　　趙武靈王推行的「習騎射」，推動了整個中原騎射的發展，標誌著中國由車戰的時代進入騎戰時代。騎射的推廣，在為趙國贏得赫赫戰功的同時，也開創了中國古代騎兵史上的新紀元。從此，中原地區在車兵、步兵和舟兵之外，開始出現騎兵這一嶄新的兵種。「著胡服」的措施，使胡服成為中國軍隊最早的正規軍裝，以後逐漸演變改進為後來的盔甲裝備。

　　晚清梁啟超對趙武靈王尤為推崇，他說：「商周以來四千餘年，北方少數族世為中國患，華夏族與戎狄戰爭中勝者不及十分之一，其稍為歷史之光者，僅趙武靈王、秦始皇、漢武帝、宋武帝四人。」他甚至稱趙武靈王為黃帝以後的第一偉人。

小知識：

白起——戰國第一名將
生卒年：？～西元前257年。
國籍：中國。
身分：戰國時代秦國上將軍，被封為武安君。
重要功績：征戰沙場達37年之久，戰勝攻取者七十餘城，殲敵百萬，未嘗敗績；指揮的長平之戰，是中國歷史上最早、規模最大、最徹底的圍殲戰。

雄主、名將和昏君、庸才之間的
慘烈對決——
長平冤魂

殲滅戰，是指全部或大部殺傷、生俘敵人，徹底剝奪敵人戰鬥力的
一種作戰方式。

戰國時期，趙國為了阻止秦軍進入上黨郡，傾全國之兵，聚集了四十多
萬大軍駐守在長平地區。趙軍的首領，就是威名遠揚的廉頗。

秦軍遠離國土，糧草輜重的補給都很困難；趙軍卻能夠以逸待勞，隨時補充所需的給養。為此，廉頗制訂了「固守防線、拒不出兵」的策略，以期達到「持久疲敵」的目的。面對秦軍的挑戰，廉頗按兵不動。就這樣，廉頗利用長平地區的有利地形，和秦軍拖延了三年之久。

秦軍統帥王齕，知道這樣拖延下去，勢必對秦軍越來越不利。事實上，三年過去了，秦軍的軍需補給已經日漸艱難，再拖延下去將不

名將廉頗在中國傳統戲曲中的淨角形象。

戰自敗。正當局勢朝著趙國有利的方向發展時，年少無能又心浮氣躁的趙孝成王登上了王位，他認為廉頗拒不迎戰，是臨陣怯敵，對他十分不滿。秦朝抓住時機，在西元前262年夏天，秦相范雎派間諜悄然潛入邯鄲，用重金收買了趙王身邊的幾個大臣，讓他們散佈流言說，秦軍最怕的人，不是廉頗，而是趙括。謠言達到了預期的效果，秦王實現了他的目的。

趙王召來趙括，問道：「你能為趙擊退秦兵嗎？」

趙括說：「如果武安君白起為將，我或許要思量一下，可是眼前這個王齕不足道也！」

趙王聽完趙括一番年輕氣盛的高談闊論之後，立即決定拜趙括為將，賜黃金彩帛，再增兵二十萬，替換廉頗。

重病在身的藺相如聽聞趙王易將，大吃一驚，不顧重病上朝面君，苦勸趙王收回成命，趙王拒不採納。趙括的母親也知道兒子無法擔此重任，憂心忡忡地對趙王進諫，希望趙王罷免趙括。她說：「常言道，知子莫若父，先夫趙奢曾經和我說過，兒子趙括才學雖然過人，但始終侷限於書本，和實際應用還有很大距離。將來趙國征戰，不選趙括，則是趙國之幸；重用趙括，乃是趙國之大災！」

趙王對趙括母親的話十分反感，執意不聽。無奈之下，趙夫人說道：「既然您不納忠諫，老婦也沒有辦法。只希望一旦長平兵敗，不要連累趙氏家族。」

趙王應允。

趙國易將，對秦國而言是一個天大的好消息。為了確保此次戰鬥的勝利，秦朝也做出了相對的調整，讓名將白起擔任主帥，原來的統帥王齕成了副手。

西元前260年，趙括正式取代了廉頗。他一上任，就廢除了廉頗的固守戰術，並且隨意更換將領。針對趙括年少氣盛的特點，白起決定用一小簇部隊誘敵深入，然後將趙軍分成數段，分割圍殲。當年八月，戰鬥打響。白起首先派出一小部分軍兵，引誘趙軍。趙括不明虛實，貿然迎戰。秦軍假裝不敵，且戰

長平古戰場遺址。

且退。趙括見狀大喜，命令大軍全力追殲，卻遭到了秦軍兩翼伏兵的攔截，被分割包圍。白起命兩萬五千名騎兵繞到趙軍的背後，將趙軍的退路切斷。趙軍無奈，只好堅守，等待援兵。而秦軍則不斷出動機動靈活的輕騎兵，騷擾趙軍。

　　雄才大略的秦王，也在國內積極配合秦軍的作戰部隊。他下令秦國境內十五歲以上的男丁全部從軍，源源不斷向前線補充兵源。

　　趙軍在艱苦卓絕的環境下，頑強堅持了46天。因為糧草斷絕，軍中開始殺人充飢。與此同時，趙軍分成四隊，有組織的輪番突圍。在戰鬥最慘烈的武訖嶺上，白起指揮弓箭手向趙軍攢射，趙括被亂箭射死，四十多萬趙軍投降。白起將其中二百四十人放歸趙國報信，其他降兵全部被坑殺。

兵家點評

　　長平之戰，是先秦歷史上最大規模的殲滅戰。一方面是知人善任的秦王和戰國第一名將白起；另一方面是昏聵無能的趙王和誇誇其談的趙括。孰勝孰敗，分曉已定。

　　但白起坑殺四十萬趙軍降卒，卻是難以饒恕的罪惡和戰略失誤。它是古今中外戰爭史上規模最大、手段最殘暴的一次殺降。此次殺降堅定了趙國殊死反抗的決心，秦國自長平之戰即殲滅趙國主力並獨霸天下，卻事隔32年後才最終滅趙，又過了7年才統一海內。目標和手段發生混淆，秦國的勝利成本空前加大了。更為嚴重的是，白起協助秦王開創了一個以暴制暴、以毒攻毒，乃至以狡詐毒辣對殘忍無信的歷史進程。

小知識：

廉頗──壯心未已空餘恨

生卒年：西元前327年～前243年。

國籍：中國。

身分：戰國時代趙國的上將軍。

重要功績：長平之戰前期，以固守的方式成功抵禦了秦國軍隊；長平之戰後，擊退了燕國的入侵，並令對方割五城求和。

規模宏大、慷慨悲壯的衛國戰爭——
邯鄲保衛戰

軍事戰略主要指籌劃和指導戰爭全局的方略。按作戰類型和性質，分為進攻戰略和防禦戰略。

秦趙長平之戰後，秦國坑殺了趙國四十萬降卒，趙國乞降，割地求和。但是趙國內部對求和條款產生了巨大的分歧，最後趙王決定不履行合約，積極備戰。為此，趙國在邯鄲囤積了大量糧食和軍用物資，並積極開展外交，遊說楚國和魏國一同對抗秦軍。

趙國的舉動激怒了秦昭襄王。西元前259年，秦軍一路攻城掠地，將趙國都城邯鄲包圍。圍困邯鄲的是秦國的中路軍，大多數是步兵和弓箭手，總兵力約三十萬，以五大夫王陵為統帥。趙國為了保衛都城，實行「堅壁清野」策略，放棄周邊的小城鎮，將全國的人力和物力集中到了邯鄲。趙國的青壯年男子在長平之戰中幾乎損失殆盡，此次對抗秦兵的主力大多都是四十歲左右的老人（在古代，四十多歲就屬於老人了）和十三到十八歲的體弱少年，年輕力壯的士兵不足十萬。

當年十月，秦軍開始了第一次猛烈攻城。他們首先動用了雲梯，在後方弩兵密集火力的掩護下發起衝鋒。秦軍弓弩手在不到四個小時的時間裡，就向邯鄲城發射了數十萬支箭，攻城的步兵分為兩隊，一隊肩扛雲梯強行攀援城牆，另一隊士兵推衝車撞擊邯鄲的城門。城頭的趙軍冒著密集的箭雨進行頑強抵抗，首先用弓箭還擊，隨後用長竹竿推倒秦軍的雲梯，在城頭用滾木、礧石打擊登城秦軍，同時用大鍋將滾水潑向敵軍。戰鬥持續了一個月，在趙軍的殊死抵抗下，秦軍僅校官就戰死五名，傷亡近兩萬人，只得暫停休整。與之相反的

是，趙軍則不斷在夜間派出精銳步兵或少量騎兵，突襲秦軍大營，使秦軍不得不日夜防備，弄得疲憊不堪，士氣大為低落。

秦昭襄王接到前線傳來的戰報，十分震怒，一邊組織援軍開赴前線，一邊催促王陵加緊攻城。當年十二月，在凜冽的寒風中，秦軍開始了第二次大規模攻城。這時候秦軍已經疲憊不堪，在趙軍弓弩的攢射下，傷亡五千多人。趙兵出城追擊，秦軍退出數十里之外。主帥王陵上書秦昭王，要嘛撤退，要嘛增援。

西元前258年正月，秦朝大將王齕帶領十幾萬援軍，以及大批糧草、器械，到達邯鄲。在秦王的督促下，王陵組織秦兵發動了第三次攻城，這次攻城

反映中國古代攻城戰的圖片。

55

的規模之大，超過以往。秦軍動用三萬人以上的弓箭手進行掩護射擊，並出動新型攻城塔配合攻城。攻城塔下面是一個巨大的四輪底座，由人力推動前進。上部是一座高大的塔樓，塔樓裡面是多層盤旋而上的雲梯，外面由厚木板掩護，頂端前部是一個可以開合的吊橋門。士兵在裡面可以得到保護，當接近城牆後放下吊橋門，士兵可以直接從塔內衝出登城作戰，避免了以往雲梯傷亡大的缺點。在危機時刻，老將廉頗不顧生死親自上城指揮作戰，趙王和城裡的婦孺也加入了戰鬥，這讓趙軍士氣大振。秦軍的攻城塔在趙軍火箭和巨石的輪番攻擊下，不是被焚毀就是被擊碎。第三次攻城持續了一個多月，秦軍傷亡慘重，士卒們多有怨氣。秦王一怒之下，免去了王陵的主帥之職，讓王齕代理。但是，王齕率軍連續攻打邯鄲近五個月，仍沒有絲毫進展。同年10月，秦昭王命鄭安平率軍五萬攜帶大量糧草支援王齕。此時的邯鄲城外的秦軍超過了三十萬，而城內的趙軍卻是死者、傷患遍地皆是，糧食已經耗盡，軍民到了吃死人肉的地步，邯鄲城岌岌可危。

就在此時，楚國派出的十萬大軍，和魏國派出的八萬大軍來到了邯鄲周邊，增援趙國。秦軍在內外受敵的情況下，全線崩潰。秦朝大將鄭安平帶領的兩萬秦兵，在邯鄲城南被趙軍圍困。他們內無糧草，外無援軍，最後全部投降。而潰敗的秦軍則逃往河西，三國聯軍趁機收服了河西六百里失地，趙國的衛國戰爭，取得了偉大勝利。

兵家點評

邯鄲保衛戰是戰國時期東方諸侯國合縱抗秦取得的第一次大勝，直接導致秦國以往執行的全面打擊政策的失敗。

長平之戰中，白起坑殺四十萬趙軍，造成趙國幾乎每家喪子、喪夫或喪父，在「報仇雪恨」的口號下，趙國上下同仇敵愾。加之趙國的民眾普遍有強烈的尚武情節，從漢朝起就有「天下精兵盡出趙地」的說法，極大地保證了趙

軍的戰鬥力。同時，趙國優秀的軍事指揮人才如廉頗等卓越的指揮部署，以及平原君的外交策略也對戰爭勝利起到了至關重要作用。

從軍事角度看，秦國在邯鄲保衛戰打響前就已經犯下一系列錯誤。秦昭王僅僅從單純的兵力比對出發，武斷認為秦強趙弱，不顧大臣反對堅持攻趙，這已經是戰略性失誤。而在初戰失利、屯兵堅城之下時，仍一意孤行不斷增兵邯鄲而不顧南線強大的魏、楚援軍更是重大失誤。這些都直接導致秦軍的失敗。

趙國的這次衛國戰爭，其悲壯慘烈程度，絲毫不亞於史達林格勒保衛戰和柏林戰役。趙國在經歷了長平之戰的重大慘敗後，依然能夠取得衛國戰爭的偉大勝利，簡直就是戰爭史上的奇蹟。

小知識：

王翦──智而不暴、勇而多謀

生卒年：不詳。

國籍：中國。

身分：戰國時代秦國上將軍。

重要功績：吞滅趙、魏、楚、燕、齊五國。

少數包圍多數的合圍範例──
漢尼拔揚威坎尼

合圍，從不同方向向敵方實施攻擊或機動，達成四面包圍的作戰行動。

　　北非古國迦太基與發祥於義大利半島的羅馬，為了爭奪地中海的控制權，先後進行了三次戰爭，史稱「布匿戰爭」。

　　西元前218年，迦太基人推舉二十五歲的漢尼拔為主帥，企圖從羅馬手中奪回失去的土地。當年四月，漢尼拔帶領步兵九萬人，騎兵一萬兩千人，戰象三十七隻，對義大利發起了遠征。經過了33天的長途跋涉，遠征軍越過庇里牛斯山脈，到達義大利的波河平原。並用了四天三夜的時間，奇蹟般地穿過齊胸深的沼澤地，迂迴進入通往羅馬的大道。當羅馬軍隊趕來時，漢尼拔已經選好了戰場。在迦太基人的前後夾攻下，羅馬人全軍覆沒。

　　一年之後，不甘失敗的羅馬人再次向迦太基人挑戰，雙方軍隊集結在坎尼地區。羅馬人為這場戰爭投入的兵力有步兵八萬，騎兵六千；而漢尼拔手下只有四萬步兵，一萬四千騎兵，總兵力比羅馬少很多。但是，漢尼拔為這場戰役做好了充分的準備：迦太基戰線的前列是投石手與輕長矛手，左翼部署著伊比利亞與高盧騎兵，旁邊是半數的非洲重步兵；在戰線中央，交替排列著穿紫邊白麻布短軍服的伊比利亞步兵，與慣於赤膊作戰的高盧步兵；他們旁邊是另一半非洲步兵，處在右翼的是努米底亞騎兵。佈好戰陣以後，漢尼拔命令中路的伊比利亞與高盧步兵向前挺進，使其戰線中段呈新月形前凸。羅馬軍團依然是慣用的三線戰鬥編隊，騎兵在右，同盟騎兵居左，輕裝步兵也按常規部署在主戰線前方。羅馬統帥瓦羅發現迦太基軍利用河灣地形至少使其左側面得到保

護，便下令各中隊正面收攏以加長其縱深，並使行列之間的距離縮小，以一種完全生疏的新隊形投入戰鬥。

瓦羅一聲令下，羅馬軍團率先發起衝鋒，當接近迦太基主陣地時，雙方步兵從戰線的空隙中後撤，騎兵戰在了一處。迦太基的西班牙與高盧騎兵很快就壓倒了衝上前來的羅馬騎兵，將其殲滅了大部分，並沿河道追殲殘部。在迦太基戰線右翼，數量居於劣勢的努米底亞騎兵勇敵羅馬軍左翼同盟騎兵，雙方的戰鬥一時難分勝負。戰線中段，高盧兵與伊比利亞兵緩慢後退，將先前的凸形戰線變成凹形。衝鋒的羅馬士兵卻越來越多地向中心湧入，擠在一起，連揮動武器都有困難。這正是漢尼拔所希望的，他命令左右兩側的重武裝非洲步兵向中央壓迫。在此同時，凱旋的西班牙與高盧騎兵從背後攻擊與努米底亞部隊交戰的羅馬左翼同盟騎兵，羅馬騎兵落荒而逃。就這樣，羅馬人陷入了漢尼拔精心設計的包圍圈中，擠成一團，任人宰割。大約七萬羅馬人陣亡，只有三百多名騎兵逃了出來，得以生還。

坎尼一戰，漢尼拔威名遠揚。

兵家點評

坎尼之戰，是西方軍事史上第一次合圍戰爭，也是少有的以少數包圍多數並全殲敵人的光輝範例。在此次會戰中，漢尼拔對羅馬軍團實施了「鉗形包圍」，將衝鋒的羅馬士兵擠壓在狹小的空間裡，使之無法施展戰鬥力。這種戰術影響深遠，以致後來凡是包圍並全殲敵軍的大會戰都被稱為「坎尼」。直到1914年第一次世界大戰前，德國將軍馮‧施里芬還在研究這套戰術並試圖重現坎尼一幕，可見漢尼拔戰術的不朽魅力。

小知識：

漢尼拔——西方戰略之父

生卒年：西元前247年～前183年。

國籍：北非古國迦太基。

身分：將軍、行政官。

重要功績：坎尼之戰，是西方軍事史上第一次合圍戰爭，也是全球史上在單日中傷亡最嚴重的戰役之一。

置於死地而後生——
井陘口韓信背水一戰

士氣是維持意志行為、具有積極主動性的動機，外在表現為勇氣、
耐心、操心三種心理狀態，內在表現為自覺性、凝聚力和競爭心理
三種心理狀態。

西元前204年，漢朝大將韓信在張耳的協助下，帶領數萬漢軍來到井陘，
準備攻打趙國。

聽到韓信帶兵前來的消息，趙王命令大將陳餘帶領大軍二十萬，在井陘口
駐紮阻擋。井陘口是一道極其狹窄的山口，易守難攻，旁邊一條大河流過。趙
國謀士李左車向陳餘獻計說：「韓信乘勝而來，一路上搶關奪寨，勢不可擋。
但漢軍經過長途跋涉，必定糧草不足。我們井陘地方的山路很窄，車馬很難通
過。我倒有個主意，可派三萬精兵從小路截獲漢軍的糧車，然後將溝挖得深
些，牆疊得高高的，固守營寨，不與他們交戰。這樣一來，他們前不得戰，後
不得退，用不了十天，漢軍就會不戰自敗。」

陳餘是個書呆子，他對李左車說：「兵法上說，兵力比敵人大十倍，就可
以包圍敵人；兵力比敵人大一倍，就可以和敵人對陣。現在漢軍號稱數萬人，
其實不過幾千人，況且遠道而來，疲憊不堪。我們的兵力超過漢軍許多倍，難
道還不能把他們消滅掉嗎？如果今天避而不戰，別人會譏笑我膽小的。」

陳餘的作戰意圖，被韓信手下的探子獲知。韓信聞之大喜，下令士兵們在
距離井陘三十里處休息。半夜時分，他親自挑選輕騎兵兩千人，命令每人帶一
面紅旗（漢軍旗幟為紅色），趁著夜色到井陘口隱蔽起來。韓信告誡這些士兵

說：「明天我將親自帶兵和趙軍對陣，交戰不久就會假裝敗退。趙軍見我大軍後退，必然傾巢出動來追，你們要立即衝入趙軍營壘，拔去趙旗，換上漢旗。」接著，他對諸將說：「明天破趙以後一起設宴慶祝！」諸將不信，但不好反對，只是表面迎合。韓信又說：「趙軍佔據有利地形，易守難攻，必須將他們引出來。」於是，又派出一萬漢軍作先頭部隊，沿著河岸擺開陣勢。

陳餘得知韓信兵馬沿河佈陣，哈哈大笑說：「這個鑽人家胯下的小子實在是浪得虛名！背水作戰，不留後路，簡直是自己找死！」

第二天，韓信帶領一部分漢軍，高舉大將軍儀仗，大張旗鼓地向井陘口殺來，趙軍立刻出城迎戰。交戰後，漢軍假裝敗退，拋棄旗鼓，向河岸陣地退去。陳餘不知是計，指揮趙軍拼命追擊。這時，埋伏在井陘口的漢軍兩千騎兵，闖入趙軍大營，拔掉了趙軍的旗幟，插上了漢軍的紅旗。而在水邊背水一戰的漢軍，則拼死抵抗。趙軍見無法取勝，急忙返回營地，卻發現軍營裡面全是漢軍的紅旗，以為軍營被漢軍佔領了，軍心頓時渙散，士卒四散奔逃。漢軍兩面夾攻，趙軍主將陳餘被殺，趙王被活捉。

兵家點評

韓信攻趙國，在後勤保障困難的情況下，千里奔襲，外線作戰。因此，必須速戰速決，不能進行攻堅戰和消耗戰；必須全殲敵軍，不能形成擊潰戰。所以此次作戰中，韓信採取了以下軍事策略：

①誘敵出戰，使趙軍主力捨棄有利地形，與漢軍進行運動戰。

②選擇河岸做為的主戰場，利用地形抵消趙軍兵力上的優勢，還可以進行側翼包抄作戰。

③背水列陣，用來麻痺趙軍，促使其輕敵，產生驕傲情緒，以為勝利在

望，誘使其傾巢出動。而更重要的目的是激勵漢軍，後退無路，只有死戰才有生路。在背水列陣的同時，預先埋伏一支奇兵，趁趙軍傾巢而出，內部空虛之際，趁虛而入，拔趙旗換漢旗，給趙軍造成心理上的威懾，然後裡外夾攻。

陳餘則希望以堂堂之陣，一戰而擊敗韓信，手刃張耳。而且要勝得乾淨俐落，進而震懾諸侯。在對陣中沒有憑險據守，而是盡遣主力貿然就進攻，這恰恰落入了韓信的圈套，使漢軍最終大獲全勝。

雖說「背水一戰」、「置之死地而後生」是此次戰役的關鍵點，但不具備戰役的決定性。決定此次戰役成功的是：間諜戰、心理戰、迂迴包抄作戰的綜合運用。透過「用間」獲得敵方關鍵資訊；利用趙軍主帥輕敵的心理，誘敵成功並牢牢拖住敵人，虛張聲勢擾亂敵方軍心；進行腹背夾攻，一戰而勝。

小知識：

韓信——用兵多多益善的軍事奇才
生卒年：約西元前228年～前196年。
國籍：中國。
身分：西漢上大將軍、開國功臣、楚王，中國軍事思想「謀戰」派代表人物。
重要功績：暗度陳倉、背水一戰；垓下之戰將西楚霸王項羽打敗。

靠「枕邊風」求生的大漢皇帝——
白登之圍

戰役，是指軍團為達成戰爭的局部目的或全局性目的，在統一指揮
下進行的由一系列戰鬥組成的作戰行動。

漢朝開國之初，匈奴多次侵犯漢朝邊界。西元前200年，冒頓單于領兵包
圍了晉陽。剛剛平定天下、心懷豐功偉業的漢高祖劉邦，豈容匈奴如此囂張，
他親率兵馬，趕到晉陽和匈奴決戰。

漢軍到達晉陽時，已經是寒冬了。天寒地凍，還下起了大雪。士兵們大多
自幼生長在中原地區，從來沒有承受過如此嚴寒，加上衣服鞋襪準備不足，一
時間凍死、凍傷了不少人，有的人連鼻子和手指都凍掉了。

如此慘狀並沒有動搖漢高祖進擊匈奴的信心，他決定發動一次大規模攻

金冠展露出匈奴尚武本色。

勢，一舉將匈奴殲滅。他事先派出特使去
匈奴偵察虛實，冒頓單于識破了劉邦的用
意，他事先將精銳部隊和肥壯的牛馬全部
藏匿，只把老弱殘兵與羸弱的牲畜展示給
漢朝的特使看。劉邦派出十次特使，所見
到的情況都一樣。漢高祖還是心懷疑惑，
又派親信婁敬前去打探。可是還沒等婁敬
回來，他就迫不及待地下令全軍出擊，
三十二萬人的龐大軍團，向北推進。

前鋒剛越過句注，婁敬回來了，他急
忙勸阻劉邦說：「陛下，我們絕對不能採

取軍事行動！按照常理，兩國交戰，雙方一定會顯示自己的強大，可是我在匈奴那裡看到的卻全是老弱殘兵。冒頓的用意十分明顯，要引誘我們攻擊，然後伏兵四起。」這時漢軍已經完成了戰略部署，箭在弦上不得不發。劉邦兩眼冒火，咆哮道：「他媽的，你這個齊國死囚，靠著兩片嘴皮，當上高官，今天又站在這裡胡說八道，擾亂軍心，還不給我住嘴！」他下令把婁敬囚禁廣武監獄，親自率領大軍，出城追趕匈奴。

漢軍剛到平城，突然間，四下出現了無數匈奴兵。他們一個個體格彪悍，精神抖擻，戰馬更是嘶鳴有力，奔跑如飛，原來那些弱兵瘦馬全都不見了！匈奴兵將漢軍攔腰切斷，劉邦見狀，心下大驚，急忙殺出一條血路，跑到平城東面的白登山，所帶人馬死傷無數。冒頓單于調集三十萬匈奴兵馬，將白登山團團圍住，揚言要生擒劉邦，南下掃平漢朝。劉邦站在白登山上四下觀望，但見匈奴的戰馬分成四色，極其雄壯齊整。西方盡白馬，東方盡青驪馬，北方盡烏驪馬，南方盡騂馬。漢軍整整被圍困了七天七夜，人馬缺水缺糧，衣被單薄，情形之慘，難以言狀。

白登之圍。

　　最後，劉邦之所以能化險為夷，全身而退，是沾了「枕邊風」的光。他身邊的謀士陳平，派使者給匈奴王后閼氏送去了大量黃金、珠寶，請她幫忙說服單于。至於閼氏是如何說服單于的，成了歷史之謎。

　　在閼氏的斡旋下，冒頓單于答應放劉邦一條生路，命令匈奴兵馬給劉邦讓開一條通道。藉著漫天濃霧，劉邦在弓箭手的護送下，撤離白登山。他快馬加鞭，狼狽逃回廣武。

兵家點評

　　白登之圍，說明漢朝還沒有力量和匈奴對抗。在婁敬的建議下，劉邦對匈奴採取了屈辱性質的「和親」政策，把宗室女做為公主，嫁給匈奴單于。從漢高祖到文帝、景帝，沿用六、七十年，但始終無法解除匈奴對西漢王朝的威脅。一直到武帝時期，才真正將匈奴打垮。

小知識：

衛青——中國騎兵戰的天才將領

生卒年：?～西元前105年。

國籍：中國。

身分：西漢大將軍。

重要功績：七次率兵出擊匈奴，本部無一敗績。

奴隸覺醒的悲壯史詩——
斯巴達克斯起義

軍事思想，是關於戰爭與軍隊問題的理性認識。主要揭示戰爭的本質和基本規律，研究武裝力量建設及其使用的一般原則，反映從總體上研究軍事問題的理論成果。

「看，拿匕首的那個多雄健！我敢打賭他肯定能贏。」

「我保證拿長劍的能勝，我敢賭30塔倫。」

賽場上兩名年輕的角鬥士用盾牌護著身子，手握武器伺機刺向對方。場下羅馬貴族們興奮地爭論著。

突然，拿長劍的被刺中，鮮血順著手臂流了下來。

「太棒了！」「快，再補兩刀！」貴族們瘋狂地吼叫著。

最終，拿長劍的倒下了。

此時，臺上的女巫站起身來，戰敗者的存亡就在女巫的彈指一揮間。她大拇指朝上，戰敗者活；朝下，戰敗者則當場斃命。大家都瞪大眼睛盯著她，只見她伸出拳頭，大拇指朝下，瞬間，戰敗者躺在血泊之中。臺下一陣刺耳的歡呼。

這就是羅馬每年都要舉行的野蠻活動——角鬥。角鬥士沒有自由，一切行動都被密切監視，還要帶著腳鐐。他們都是身強體壯的奴隸，被選進角鬥士學校培訓，然後在賽場上與猛獸或彼此搏鬥，成了貴族們一種取樂的方式。

西元前73年，一個寂靜的深夜。

「啊！」一聲可怕的慘叫突然從卡普亞城角鬥士居住的鐵窗內傳出，叫聲劃破夜空讓人心驚膽顫。四名士兵聞聲來到鐵窗前吼道：「找死啊？老實睡

覺！」

「死人了。你們管不管？」

士兵拎著油燈一照，果然如此。

就在開門準備看個究竟時，幾個高大威猛的角鬥士迅速跨到門口將四名士兵打暈，帶頭衝出牢門。

「兄弟們，向維蘇威跑啊！」伴隨一聲高呼，所有的角鬥士蜂擁而出，消失在卡普亞城的夜色中。

斯巴達克斯就是這次暴動的領袖。他本是希臘色雷斯人，在一次反抗羅馬入侵中被俘，被選進角鬥士學校。他時刻不忘鼓動角鬥士們起來反抗，爭取自由。逃出後，斯巴達克斯率起義軍駐紮在維蘇威山中，奴隸們紛紛加入到隊伍裡，很快就發展到一萬餘人。羅馬元老院派三千兵馬前來鎮壓，封鎖維蘇威山，打算將起義軍困死在山中。斯巴達克斯命人用葡萄藤編成梯子，下放到懸崖邊緣，突擊隊順梯下山，從敵軍背後發起猛攻，將他們打得落荒而逃。

西元前72年秋天，斯巴達克斯大敗瓦里尼率領的羅馬軍，控制了南義大利的許多地區。雖然如此，斯巴達克斯深知自己的實力仍不能與羅馬抗衡，決定向阿爾卑斯山進軍。阿爾卑斯山，終年積雪，氣候惡劣，翻越十分困難。當大軍來到阿爾卑斯山下的時候，戰士們強烈要求斯巴達克斯改變原定計畫，帶他們直搗羅馬。斯巴達克斯只得順應民意，決定南下。

起義軍再次出現在亞得里亞海岸，讓羅馬統治者驚恐萬分，立即宣布國家處於緊急狀態。元老院選出大奴隸主克拉

斯巴達克斯起義。

蘇擔任執政官，率領六個兵團的兵力去對付起義軍。為了提高戰鬥力，克拉蘇恢復了義大利軍隊殘酷的「什一抽殺律」，但仍無法阻止斯巴達克斯的進軍。需要一提的是，起義軍勢力不斷擴大，給局面的控制帶來了困難，在此期間，起義軍內部曾出現兩次分裂，在一定程度上影響了軍隊的戰鬥力。

西元前71年冬，斯巴達克斯起義軍與克拉蘇的羅馬軍團進行了最後的決戰。斯巴達克斯騎著黑色駿馬，帶領起義軍馳騁殺場，拼殺八、九個小時，在殺死兩名羅馬軍官後，大腿不幸被擊中而落馬。受傷的斯巴達克斯一條腿跪在地上，手拿長劍和盾牌，面對包圍上來的群敵，他酷似憤怒的雄獅，頑強拼殺。終因勢單力薄，倒在眾多敵人的劍下……

起義軍兵敗後，嗜血成性的克拉蘇殘酷地把六千名戰俘全部釘死在從卡普亞到羅馬城沿路的十字架上。

兵家點評

斯巴達克斯起義能夠建立較強大的軍事組織，多次打退羅馬精銳部隊，在軍事上有許多成功之處，如在戰鬥行動中力求奪取和掌握主動權；組織步兵和騎兵的協同，力主進攻；在戰區內巧妙地機動部隊；行軍隱蔽迅速，設置埋伏，實施突襲；善於各個殲滅敵人。這些對後來的奴隸起義戰爭提供了許多有益的經驗。

小知識：

費邊——拯救羅馬的「拖延者」
生卒年：？～西元前203年。
國籍：古羅馬。
身分：執政官。
重要功績：首創「費邊戰術」，用一種拖延迂迴的方法，拖垮迦太基軍隊。

羅馬從共和邁向帝制的奠基石——
自由高盧之戰

士兵，一般被用作對軍士和兵的泛稱。這一詞源自義大利文「錢幣」和「薪餉」，它做為軍事術語最早出現於15世紀的義大利，當時指領取軍餉的雇傭軍人。

這天夜裡，被羅馬軍隊圍困在阿萊西亞城內的維欽托利做出了一個超乎尋常的決定：鑑於城內僅剩下一個月的存糧，他命人將城內的老幼婦孺全部驅趕出去。這些人不得不走向羅馬軍隊，苦苦哀求做他們的奴隸，卻遭到了無情地拒絕。這些可憐的人前行無路，後退無門，只好在兩軍之間的無人地帶露宿風餐，幾天之後悲慘地凍餒而死。

這是自由高盧之戰中的一個畫面。

此時的羅馬士兵，在距離阿萊西亞一英里之外，像螞蟻一樣緊鑼密鼓地修建防禦工事。他們修建的，是古今罕見的軍事土木工程——大型雙環防禦工事，目的是為了對付不斷聚集而來的高盧援軍。

這場仗打還是不打？凱撒一時難以決斷。即便全軍撤退，對他的政治前途毫無影響。再者，面對城外不斷聚集的高盧援軍，兩線作戰乃是兵家之大忌！但是，雄心萬丈的凱撒在稍事猶豫之後，即刻決定：這場仗非打不可！而此刻，維欽托利也站在阿萊西亞城外的山坡上，望著近在咫尺的羅馬大營，同樣心情複雜：一方面慶幸羅馬人的行動，十分符合自己的戰略意圖；另一方面，擔憂高盧援軍不能突破凱撒的周邊陣地。

西元前59年，凱撒出任高盧總督。他用了五年的時間，先後攻破了高盧的多個城邦，最後將高盧地區全部控制。凱撒在總督職務到期過後，為了防止政

敵奪權回到了羅馬。他手下的軍隊，被分散到高盧各處。維欽托利看到羅馬軍隊群龍無首，便領導高盧人發動了起義。

維欽托利領導的起義軍，採用游擊戰術，從來不和羅馬人正面交戰，令羅馬人羞惱不已。凱撒在羅馬得到高盧起義的消息後，騎快馬返回高盧，迅速將分散在各地的羅馬軍隊集結起來。

維欽托利知道羅馬軍隊每到一處，都是就地籌集糧草。於是採取了堅壁清野的「焦土抗戰」政策，將羅馬領地附近的農田和村莊全部燒毀。阿瓦利肯是高盧一座美麗富饒的城市，起義軍不忍心將其燒毀，他們拒絕執行維欽托利的命令。無奈之下，維欽托利只好死守阿瓦利肯，並且和羅馬人進行了第一次正面交鋒。

西元前52年，凱撒帶領羅馬大軍，兵臨阿瓦利肯城下。為了攻城，羅馬軍隊修建了一座寬三十公尺、斜面長度達一百公尺的雲梯，又建造了兩座高達二十五公尺的攻城高塔。經過二十七天的攻防戰，羅馬人進入阿瓦利肯，將城裡的四萬居民，屠殺殆盡。

驍勇善戰的羅馬軍團。

　　時隔不久，維欽托利在日爾戈維亞再次和凱撒交手，取得了一場勝利。幾個星期後，凱撒重整旗鼓，帶領一支六萬餘人的大軍再次南下。維欽托利帶領起義軍在中途設伏，準備截獲羅馬人的輜重物資，結果遭到了重創。維欽托利只好帶領殘兵敗將，退居到了阿萊西亞要塞。在凱撒的大軍合圍之前，維欽托利派出大批親信，到高盧各部落四處求援，希望用內外夾攻的辦法，將凱撒大軍一舉殲滅。

　　凱撒修建的防禦工事，正是針對高盧援軍設立的。兩條環形防線，構造相同，都是寬5公尺、深達2.5公尺的深溝，兩個深溝相距10公尺，中間佈滿了用尖木樁建構的、形如鹿角的障礙物；深溝外面，全是陷阱，裡面放置了尖銳的樹樁，陷阱口用雜草和樹枝覆蓋。緊鄰的第二道塹壕，是一道高達4公尺的土牆，土牆後面每隔100多公尺，就有一座高樓，上面有弓箭手把守。

　　從高盧各部落趕來的援軍不斷聚到阿萊西亞城外，僅兩個月就達到了二十五萬人之多。這天清晨，在驚天動地的咆哮聲中，高盧援軍狂風暴雨般地向羅馬人的防線湧去，卻被羅馬人攢射過來的弓箭、標槍和深溝擋住。當天夜裡，高盧人攜帶大量樹枝，填進了塹壕，到達羅馬人修築的土牆之下。土牆上佈滿了削尖了的樹樁，高盧人難以攀援上去。戰爭整整持續了一夜，高盧人死傷慘重，只好再次撤退。

　　第二天，在高盧人的精密部署下，一支由精銳部隊組成的夜襲團，在夜幕遮掩下來到羅馬防線的北側。次日中午時分，這支奇兵從天而降，向羅馬防線最薄弱的部分發起了猛攻。與此同時，高盧援軍從西面也發起了進攻；維欽托利率軍從城內衝出。羅馬軍隊的多個防線被突破。身披猩紅色斗篷的凱撒，在戰線上往返奔波，總是在第一時間趕到最危急的地區。他每到一處，士氣大振。下午時分，凱撒孤注一擲，命令一直沒有參戰的日耳曼騎兵出戰。儘管只有幾千人，但極大瓦解了高盧人的意志。一時間，高盧人亂作一團，凱撒率領步兵趁機反攻，高盧人被打得一敗塗地。

維欽托利在阿萊西亞之戰後向凱撒投降。

會戰的結果是羅馬人大勝，高盧人請降。維欽托利成了凱撒的階下囚，高盧人有組織的反抗運動，也到此為止。西元前46年，維欽托利在羅馬被絞死。

兵家點評

凱撒在自由高盧之戰中，創造了一個軍事奇蹟，古往今來，圍城的人被前來增援的軍隊反包圍，不得不進行前後兩條線作戰的戰例不勝枚舉，但只有凱撒取得了勝利。戰爭的結果是凱撒征服了整個高盧，為建立個人的獨裁政權鋪平了道路，高盧之戰也成了羅馬從共和邁向帝制的轉捩點。

凱撒先後在高盧打了八年的仗，大約有一百萬高盧人死在刀劍之下，還有一百多萬人被賣做奴隸。自由高盧之戰後不久，做為凱爾特民族的一支，高盧人徹底消失了。

小知識：

凱撒——我來了，我看到了，我征服了
生卒年：西元前102～前44年。
國籍：古羅馬。
身分：執政官、高盧總督、獨裁官。
重要功績：用八年時間征服了高盧全境；佔領羅馬，打敗名將龐培。

白鵝示警救羅馬——
卡皮托利亞山之戰

戰役機動，是指為達成一定的戰爭目的而組織實施的兵力、兵器移動。基本樣式包括戰爭包圍、戰爭迂迴、戰爭穿插、戰爭退卻等。

　　西元前4世紀前期，羅馬透過幾個世紀的征戰，成了義大利中部最大的強國。許多城邦和部落，都尊羅馬為盟主，屢戰屢勝的羅馬軍隊也被人們稱為「鐵鷹」。與此同時，波河北面的高盧部落也不斷發展和強大起來。這些被羅馬人稱為蠻族的高盧人，不斷侵擾羅馬北部的伊特魯里亞地區，擄掠足夠財物後便撤軍北去。

　　西元前390年春，布倫努斯率領高盧各部落組成聯軍，又一次浩浩蕩蕩地南下攻掠。高盧人一路燒殺擄掠，最後圍攻了羅馬的一個重要附屬國克路西烏姆城邦。面對高盧軍隊大兵壓境，克路西烏姆人立刻派出使節向羅馬求援。

　　羅馬元老院起初對高盧人的搶掠行徑並不怎麼重視，以為這些蠻族部落還會像往常一樣掠得一定數量的財物之後就會退走。不過在接到求救報告後，還是派出了一個外交使團前去斡旋，勸說布倫努斯退兵。

　　布倫努斯對克路西烏姆城邦的頑強抵抗甚為惱火，他仗著自己兵強馬壯，一門心思地想攻破城池，劫掠財物，對羅馬使節的勸說置若罔聞。羅馬使節見勸說無效，惱羞成怒之下便加入克路西烏姆人一方，與高盧人作戰。戰鬥中，一位羅馬使節親手將高盧人的一個部族酋長斬於馬下。這下闖了大禍，布倫努斯派出使者前往羅馬，向元老院提出強烈抗議，要求交出兇手由他們處置。

　　羅馬元老院不僅沒有道歉，還把那位被高盧人看做是兇犯的使節，選為下一年度的保民官。此舉激怒了布倫努斯，他一改過去不與羅馬人直接交鋒的慣

74

例，徑直率領七萬大軍浩浩蕩蕩殺奔羅馬城。

自以為強大無比的羅馬軍隊，立即北上迎敵。布倫努斯在探明了羅馬軍隊的行蹤後，親自率領主力部隊在阿里亞河岸邊祕密設下埋伏，等待羅馬軍自投陷阱。同時，派出小股部隊分頭襲擾鄉鎮和農村，來分散羅馬人的注意力。7月18日，傲慢的羅馬軍隊進入了設伏圈。以逸待勞的高盧人在大楯的掩護下，高舉長劍衝向羅馬軍隊，羅馬人猝不及防，一部分被射死，一部分被趕到河中，一部分落荒竄入山谷，剩下很少的一部分狼狽逃回了羅馬城。這些驚慌失措的羅馬逃兵在退入城中時，忙亂之中連城門也忘了關閉。高盧士兵追趕到羅馬城下，見城門洞開，便毫不猶豫地衝了進去。他們見人就殺，搶後即燒，在短短的幾天裡，羅馬城變成了一片廢墟。羅馬的一些年輕元老，帶領一部分軍隊固守在城中的卡皮托利亞山和朱庇特神廟中，誓死與羅馬城共存亡。這些勇敢的羅馬人憑險扼守，嚴密監視著高盧人的行動，時刻準備隨時出擊。

卡皮托利亞山陡峭險峻，易守難攻，高盧人多次進攻都被打退。布倫努斯

古羅馬遺址。

改變策略，實行長期圍困，企圖用飢餓、缺水來逼羅馬人投降。就這樣，卡皮托利亞山成了一座孤山，糧食補給全部斷絕。元老們在情勢危急之下，被迫採取了一個冒險行動，派一個年輕人在深夜從山上攀援而下出城搬救兵。年輕人攀崖成功了，但他攀登的痕跡，也被高盧的巡邏兵發覺了。布倫努斯獲悉後，立即派人組成突擊隊，在當天晚上循著羅馬人攀登的路線，悄悄地往上攀登。

山崗上靜極了，卡皮托利亞山上的羅馬守軍都已進入夢鄉。高盧人眼看就要上到山頂，突然傳來了一陣「嘎、嘎……」的鵝叫聲，刺破了萬籟俱寂的夜空。

這些白鵝是羅馬人奉獻給山上女神廟的。雖然山上食物短缺，但大家還是你省一口我省一口地用口糧餵牠們。聽覺靈敏的白鵝最早聽到高盧人上山的動靜，就驚叫起來。

羅馬前執政官曼里烏斯的家正好住在神廟，他聽到白鵝的叫聲後立刻警覺起來，拿起武器就向懸崖邊跑去，邊跑邊大聲疾呼，將熟睡的羅馬士兵喚醒。他和羅馬士兵們用石塊、長矛、投槍，將爬上崖頂和貼壁攀登的高盧人一個個打下了山谷。山崗得救了，羅馬人得救了。

黎明時，曼里烏斯將戰士們召集起來，向大家敘述說了白鵝的功勳，大家紛紛把糧食拿出來獎賞白鵝。從此白鵝在羅馬人心目中變成了「聖物」，每年這一天被定為「白鵝節」。每當這一天來臨的時候，羅馬人就給白鵝戴上裝飾華麗的項圈，披掛彩帶，抬著牠遊行，街上的民眾紛紛向牠歡呼致敬。

高盧人攻佔不了卡皮托利亞山，也就控制不了羅馬城。卡皮托利亞山上的要塞，始終由羅馬士兵扼守著。羅馬城外的軍民，在執政官卡米魯斯領導下也不斷進行反擊。7個月後，高盧人自己打了退堂鼓，他們要求和羅馬人談判，並撤離了羅馬。

兵家點評

羅馬人和高盧人雙方經過談判，最後達成協議：羅馬付出1,000磅黃金做為贖金，高盧軍撤出整個羅馬地區。後來，羅馬執政官卡米魯斯率軍在險要地段襲擊了高盧軍隊，把那1,000磅黃金全部搶奪回來。

經過幾個月的敵軍蹂躪，使羅馬人飽嚐了異族搶掠的苦頭。於是，他們重新訓練軍隊，加修羅馬城防，大力進行軍事改革，逐步完善了早期羅馬的軍事組織。這一切對於後來完成統一義大利的大業起了重大的作用。

小知識：

屋大維──躋身於神靈行列的君王

生卒年：西元前63～14年。

國籍：古羅馬。

身分：皇帝。

重要功績：在阿克圖海戰打敗安東尼，消滅了古埃及的托勒密王朝。

堅守待援與內外攻擊戰術的
靈活運用——
昆陽大捷

兵力機動有翼側機動、沿正面機動、由後向前的機動和由前向後的
機動。突擊、包圍、迂迴、退卻等都是兵力機動的樣式。

西元23年，劉玄稱帝，改年號為更始元年。長安城中的新朝皇帝王莽聽到
這個消息後，氣得七竅生煙，立刻命令大司徒王尋、大司空王邑，調遣四十萬
精銳部隊向南陽進軍，妄圖一舉消滅更始政權。

新軍打頭陣的將領是個怪人，名字叫巨無霸，來自東海蓬萊，身長一丈，
腰圓十圍，史書上說他「軺車不能載，三馬不能勝，臥則枕鼓，以鐵箸食」。
他所帶領的部隊除了士兵之外，還有一支由老虎、獅子、豹、大象、犀牛這些
猛獸組成的特種部隊，簡直是駭人至極。

更始軍首領劉縯此時正率軍攻打宛城，得知王莽的新軍已經浩浩蕩蕩地開
到南陽，不由得頭皮一陣陣發麻：如果不盡快拿下宛城，就得成為王莽的下酒
菜。為了爭取攻城的時間，劉縯命令昆陽城的守將王鳳和王常想盡一切辦法拖
住新軍主力。

五月中旬，王尋、王邑率領新軍開進了陽翟，戰旗輜重，千里不絕。主帥
王尋拒絕聽從納言將軍嚴尤提出的先救宛城的正確建議，下令主力部隊向昆陽
挺進，想一舉拿下這座彈丸之城。

漢偏將軍劉秀聽到消息後，急忙策馬直奔昆陽城報信。情勢危急，昆陽守

將王鳳和王常緊急召開軍事會議，商議對策。可是商量來商量去，也無非就是棄城逃跑，守在這裡只有死路一條。

這時，探子急報：「新軍綿延數百里，已經殺到昆陽城北門了！」

王鳳急忙與劉秀商議對策，劉秀主張死守昆陽，並慷慨請命，願意帶幾個弟兄冒死突圍去搬救兵。然後裡應外合，大破新軍。

當天夜裡，劉秀和驃騎大將軍宗佻、五威將軍李軼等十三人以及隨從騎兵，騎著快馬衝出昆陽南門，趁新軍先頭部隊立足未穩之際，突圍而出。王尋聽說有人逃走，大罵守將無能，下令新軍將昆陽城團團圍住，一隻麻雀也不許放過。為了攻城，新軍在大營的空地上豎起十餘丈高的樓車來俯瞰城中，並用強弩向下攢射。箭如飛蝗，城中守兵傷亡慘重，就連居民取水做飯，都得頂著門板出來打水。王尋又下令士兵挖掘地道攻城，用衝輣撞城。此時的昆陽城猶如驚濤駭浪裡的一葉扁舟，隨時都有可能被巨浪吞沒。王鳳、王常見援兵遲遲不到，糧草斷絕，於是派出使者乞降。可是王尋和王邑卻拒絕了他們的投降請求，命令新軍繼續猛攻。

「既然守是死，降也是死，還不如拼個魚死網破！堅

漢光武帝劉秀的畫像。

守下去，說不定還有一絲生還的希望。」王鳳和王常一咬牙，帶著弟兄們在城上頑強死守。

雙方僵持了半個月左右，到了六月下旬，劉秀率領援軍趕到。王邑根本沒把劉秀當回事，隨便點了幾千人出營和他們交戰。沒想到這支更始軍作戰非常頑強，大破新軍，劉秀還親手斬殺了幾十個敵軍。見劉秀如此英雄，同行的將領無不交口稱讚：「我們以前總認為劉將軍膽小如鼠，沒想到你居然還有這等本事，真是讓人心服口服！」

王邑仗著人多勢眾，下令諸營不得妄動，自己和王尋等人在城西依水列陣。劉秀派出三千敢死隊，不顧生死，衝進敵陣。新軍雖然兵多，卻沒有鬥志，被殺得七零八落。王尋試圖上前攔截，被劉秀大喝一聲，嚇退三步。劉秀的士兵知道對方是敵營大將，一擁而上，你一刀，我一槍，把王尋砍落馬下，立時斃命。王邑見王尋被殺，無心戀戰，只好退走。更始軍膽氣漸壯，喊殺聲震動天地，昆陽城內的守軍看見救兵來了，興奮地大叫著，打開城門配合援軍攻擊已經成為無頭蛇的新軍。

新軍的前鋒巨無霸聽說王尋陣亡，王邑已經敗走，不由得咆哮起來，當即驅出猛獸，掩殺過來。更始軍哪見過這樣的陣勢，一個個嚇得手忙腳亂，紛紛敗退。這時，突然雷聲大震，大雨傾盆而下，溢川河水暴漲，搖搖欲洩。又颳起一陣怪風，將豺、狼、虎、豹捲進巨無霸的隊伍。巨無霸沒辦法，也只好向後退走，一不小心墜入水中。他身體又笨重，哪裡還爬得上來，一眨眼就無影無蹤了。巨無霸一死，各營士兵開始棄營亂跑，猛獸們也四散逃竄。王邑、嚴尤、陳茂等人知道這回全完了，保命要緊，騎著快馬踩著新軍的屍體勉強渡河逃去，奔回洛陽。

兵家點評

昆陽之戰，以更始軍大獲全勝而結束，王莽覆滅已成定局。

在這場事關義軍前途命運的大決戰中，劉秀雖然只是個小小的太常、偏將軍，卻在大決戰中承擔起了實際上的統帥職責。他善於觀察敵我情勢，善於分析，面對強敵，制訂了堅守待援與內外夾攻的靈活戰術，表現出了一個卓越軍事家的非凡膽識和勇氣。他還善於鼓舞士氣，能夠調動部下的積極性，以弱勝強，最終扭轉了敗局。

小知識：

班超——以夷制夷的行家裡手

生卒年：西元32～102年。

國籍：中國。

身分：西域都護。

重要功績：完成了東漢王朝對塔里木盆地的征服。

古典時代的大決戰——
羅馬與匈奴的沙隆之戰

軍事家，是指具有對軍事活動實施正確指引，或是擅長具體負責軍事行動的實施人。一般能被稱為軍事家者，多為軍隊最高統帥或高級將領，戰略家、戰術家和軍事理論家都可稱之為軍事家。

西元451年9月20日，古典時代歐洲歷史上最大規模的戰役——沙隆之戰在「阿提拉營地」拉開了序幕。

會戰打響後，在密集如螞蟻的箭雨掩護下，驍勇善戰的匈奴騎兵風馳電掣般地衝向羅馬聯軍，很快將羅馬陣線攔腰斬斷。羅馬聯軍方面，由末代名將埃裘斯親率羅馬軍團組成左翼，西哥德軍隊在右翼，而中央是阿蘭人和其他蠻族。阿提拉帶領騎兵全力進攻西哥德人，因為他知道，以大量重裝騎兵為核心的西哥德人戰鬥力最強，只要將其打敗，此次戰役就能穩操勝券了。

但是，西哥德人並不是人人都可以捏的軟柿子，他們最終力挽狂瀾，為羅馬帝國贏得了這場會戰的勝利。戰鬥中，西哥德國王中箭落馬，被戰馬踩死，可是在王子的帶領下，失去首領的西哥德士兵僅僅混亂了片刻，就開始了反攻。遭到頑抗的匈奴人開始向埃裘斯領導的左翼軍團突圍，卻遭到了羅馬士兵標槍密集的攢射，無數匈奴人喪生在標槍之下。匈奴人大規模潰敗，沙隆之戰的勝負已見分曉。

經過拼死衝殺，阿提拉率領殘兵突圍而出，在馬恩河附近的一個小山包下，臨時挖建營壘負隅頑抗。匈奴人的戰鼓一刻不停地敲擊，羽箭呼嘯而下，打退了西哥德人一次又一次進攻。此時的阿提拉也做好了陣亡的準備，他命令手下將馬鞍堆積在一起，將臨陣帶著的嬪妃和金銀珠寶堆積在馬鞍上，如果羅

馬軍隊攻進來，他就引火自焚。

可是戲劇性的一幕出現了。經過幾次軍事聯席會議之後，西哥德人自動撤離了戰場，羅馬聯軍頓時勢單力薄，士氣也沒那麼高漲了，拖了幾天之後，遂撤圍而去。

就這樣，阿提拉死裡逃生。

兵家點評

沙隆之戰是一次歐亞之間的衝突，歐洲人暫時捐棄私怨和舊嫌，來對抗一個共同的強敵。

阿提拉是古代匈奴人最偉大的領袖和皇帝，史學家稱之為「上帝之鞭」。

阿提拉僥倖逃生後，僅僅多活了兩年。西元453年，阿提拉在自己的婚宴上暴病而亡。他死後僅一年，東哥德人和其他蠻族就紛紛反叛，匈奴帝國土崩瓦解。

沙隆之戰使埃裴斯的事業如日中天，他也因此居功自傲。西元454年的一天，在與皇帝瓦倫丁尼安的一場爭執中，被亂劍砍死。這件事公布以後，整個歐洲為之震驚，無論埃裴斯的朋友還是敵人都扼腕嘆息。失去了頂樑柱的西羅馬帝國，苟延殘喘了二十年後就被東哥德人滅亡了。

小知識：

龐培——羅馬共和國的衛道士

生卒年：西元前106～前48年。

國籍：古羅馬。

身分：執政官。

重要功績：在幼發拉底河上游擊潰了米特里達提六世的軍隊，結束了米特里達提戰爭；使東方一些國家處於羅馬的奴役之下，成為東方一些國家的「王中之王」。

南北朝軍事史上最艱苦的
城池攻防戰——
玉璧之戰

火力機動，一般是透過改變射擊方向或射擊距離完成的。適時而靈活地實施機動，是殲滅敵人、取得作戰勝利的極其重要的條件。

西元546年，東魏政權的實際掌控者高歡，帶領大軍向西魏的軍事要地玉璧發起了進攻。當年九月，東魏軍將玉璧包圍，營帳連綿數十里。十月，開始了大規模的攻城。

鎮守玉璧的是南北朝時期的名將韋孝寬。東魏大軍在玉璧的城南，修築高坡土山，要居高臨下攻打玉璧。玉璧城上原本就有兩個高樓，韋孝寬指揮軍民，用木頭加高城樓，使城樓的高度，始終高於東魏軍臨時修築的土山，東魏軍不能得逞。高歡見修築土坡不成，又心生一計，在城南挖掘十幾條地道，並且派人在城北日夜攻城。韋孝寬派人死守北城，在城南挖掘橫向長溝，將魏軍縱向的地道切斷，並且派出人馬駐守。當東魏軍挖到地溝時，一舉將其擒殺。西魏軍還在溝外堆積了大量木柴，點火後投入地道，地道中的東魏軍許多都被烈焰濃煙燒死或嗆死。

高歡又命人建造「攻車」，攻車撞擊城牆，力量強大猛烈，無堅不摧。韋孝寬令士兵們將布匹做成帳幔，懸掛在城牆上，隨著攻車的方向張開。攻車撞擊過來，鼓脹的帳幔消除了攻車的力量，城牆就無法被損壞了。高歡見自己的攻車戰術被破解，命人用繩子將乾燥的柴草松枝綁在長杆上，用膏油浸泡，意圖點火焚燒帳幔和城樓。韋孝寬讓士兵們也手拿長杆，杆上捆綁鋒利的鉤鐮

刀。當東魏軍的火杆攻擊時，就用鉤鐮刀削斷火杆。無計可施的高歡，命人在城四周深挖二十條地道，然後用木樁支撐，地道裡灌上油脂。點燃油脂燒斷木樁後，玉璧城牆有一部分坍塌掉。韋孝寬令人用柵欄將坍塌的地方全部堵住，東魏軍始終無法進入城內。

古代攻城圖。

高歡技窮，派人勸降。使者對韋孝寬說道：「你們後無救兵，為什麼還要死守呢？不如投降吧！」

韋孝寬說道：「我軍城池堅固，糧草豐盈，根本不需要救援。再說，本將軍乃堂堂關西男兒，豈有投降之理！」

高歡讓人往城內射箭，箭上寫有書信：「如有斬殺守將者，封萬戶侯，賞金帛萬疋。」

韋孝寬在勸降信後面寫道：「誰能斬殺高歡，我也有同樣的賞賜！」

無計可施的高歡，最後將韋孝寬的侄子押到城下，鋼刀壓頸，威脅韋孝寬說：「如不盡早投降，我即刻殺了他！」韋孝寬神情慷慨悲壯，不為所動。他手下的士卒見了，人人都堅定了誓死力戰的決心。

東魏兵攻城五十多天，士卒戰死及病亡者約計七萬人，屍首埋成一座小山。高歡「智力皆困，因而發疾」，只好解圍而去，到晉陽後不久病死。

兵家點評

玉璧保衛戰，是歷史上一次著名的以少勝多、以弱勝強的經典戰例，也是南北朝歷史上最艱苦的攻城戰。

東魏未能攻下玉璧的原因如下：高歡盲目輕敵，而且吏治腐敗，對於戰前的佈署和戰中的善後工作都沒做到位；選擇冬日攻城，氣候寒冷，士兵又缺衣少食，給攻城戰造成許多客觀的困難；將領們不體恤士兵們的生死傷痛，視其為草芥。這樣的軍隊，其士氣和戰鬥力必定大打折扣。

反觀西魏方面，由於國力貧弱，所以認真對待每次戰鬥，從極小的勝利累積到較大的勝利，實力和士氣逐漸增加。最重要的是，西魏的吏治清明，軍紀嚴格。王思政是據守玉璧的主將，曾經有人行賄他30斤黃金，他悉數封存上交；韋孝寬是當時的名將，沉著應變，而且廣得民心；長史裴俠也是一個愛民如子的良吏。兩相比對，西魏贏得玉璧之戰，也就不足為奇了。

在這場南北朝時期最經典的戰役中，高歡的攻城術和韋孝寬的守城術，內容豐富，戰術齊全，涉及到了金、木、水、火、土，可謂五行俱全，達到了古代戰爭無所不用其極的程度。

小知識：

諸葛亮──忠臣與智者的代表
生卒年：西元181年～234年。
國籍：中國。
身分：蜀漢丞相、武鄉侯。
功績：七擒孟獲，六出祁山。

北擊突厥——
隋朝成為亞洲強國

戰爭形態，是指由主戰武器、軍隊編成、作戰思想、作戰方式等戰
爭諸要素構成的戰爭整體。其中，主戰武器是戰爭形態最顯著和最
重要的標誌。

　　隋朝建國初年，惡敵環伺：北有突厥、南有陳朝、西有吐谷渾、東有高寶
寧，威脅著隋朝的統治。隋文帝楊堅審時度勢，冷靜地制訂了應對策略：陳朝
偏安南方，國力微弱，加上內部矛盾重重，不足為慮；吐谷渾文明程度較低，
沒有先進的軍事作戰經驗，也非強敵。唯獨突厥驍勇善戰，野心勃勃，雙方必
定有一場惡戰。

　　西元583年3月，隋文帝派兵平定了陳朝，陳後主割地求和。與此同時，
隋文帝派兵西征吐谷渾，雙方惡戰數日，最後將吐谷渾打得一路潰敗，舉國震
驚。除去南方和西方的大患，隋文帝開始集中精力對付突厥了。

　　西元582年春天，突厥遭受了歷史上最大的自然災害，經濟受到了極大摧
毀，民不聊生。突厥首領沙缽略決定南侵隋朝，以期緩解國內的經濟危機。他
調集兵馬四十萬，大舉南下，一舉進入長城。東北部的高寶寧也蠢蠢欲動，配
合突厥發難。到了10月，西北長城沿線諸多重要城鎮州府紛紛落入突厥人手
中。突厥乘勝前進，越過六盤山，挺進渭水河畔，大有一舉拿下長安之意。面
對這樣的威脅，隋文帝指派虞慶為大元帥，前往現在的甘肅慶陽縣阻擋突厥的
進攻。虞慶下令行軍總管達溪長儒率領騎兵兩千迎敵，達溪長儒的騎兵很快被
突厥兵包圍，隋軍面露驚懼之色。達溪長儒激勵士兵們要捨生忘死，馬革裹
屍。他將軍隊排列成陣，且戰且退，艱守了三晝夜。士兵們在達溪長儒的激勵

下，拼死相搏，刀劍折斷、彎曲，就赤手空拳，打得手腳露出了白骨，也毫不退縮。達溪長儒更是身先士卒，身上五處受傷，身體前後被長槍刀劍貫穿兩處。正是隋軍的這種頑強抵抗，區區兩千騎兵殺死突厥兵萬餘人，最後生還的僅一百多人。

面對隋軍的殊死反擊，突厥人銳氣盡失，放棄了南侵計畫，自動撤兵而去。但隋文帝心裡明白，突厥人絕對不會善罷甘休的。果然，西元583年春天，突厥人又開始對隋朝邊境進行騷擾。隋文帝決定主動北出突厥，給其毀滅性的打擊。

四月，隋文帝發兵數萬，討伐突厥。中路軍在今內蒙古呼和浩特市西北部，和突厥軍隊短兵相接。數以萬計的重型騎兵，在廣闊的大草原上馳騁廝殺。這次戰役，突厥兵大敗，沙缽略身受重傷，勉強撿回一條性命。突厥人喪失了大量的牛羊馬匹和糧草輜重，全軍只能以草根和獸骨充飢，境遇悽慘萬分。

隋文帝派出的西路軍，同樣戰果纍纍。西路軍由大將竇榮帶領，步兵、騎兵各三萬，出兵涼州，在高越原和突厥可汗阿波帶領的突厥兵相遇，在戈壁灘上對峙。隋軍遠道而來，準備不足，所帶的水很快喝光了，只好殺馬飲血，不斷有人渴死。沒想到天無絕人之路，正當竇榮心生退意之時，下起了一場及時雨，全軍士氣大振。隋軍大將史萬歲出陣，刀斬突厥勇士首級，隋軍趁機掩殺，突厥大敗而逃。

兵家點評

在隋朝建立之前，突厥的勢力是很強大的，波及到了中亞地區，「控弦數十萬，中國憚之。」隋文帝之所以能克敵制勝，除了出色的政治軍事才能之外，還採取了以下三個策略：

①停止進獻歲貢給突厥，削弱了突厥的經濟基礎。

②積極建構防禦體系，徵發民工修建了東至黃河、南到勃出嶺的長城，總長700里。

③利用突厥內部可汗之間的爭鬥，做了大量反間工作。

隋文帝打敗突厥，導致突厥分化成東西突厥，兩突厥之間兵連禍結，自此一蹶不振。隋朝遂成為亞洲的強國，東亞世界也出現了新的格局。

小知識：

陳慶之——剛柔並濟的文雅儒將

生卒年：西元484～539年。

國籍：中國。

身分：南朝梁武威將軍。

重要功績：親自率領七千騎兵殺入了洛陽，攻陷47座城池，北魏數十萬大軍皆潰。

以伊斯蘭的名義——
阿拉伯對外擴張戰爭

國防，是國家的防務，是指為捍衛國家主權、領土完整，防備外來侵略和顛覆，所進行的軍事及與軍事有關的政治、外交、經濟、文化等方面的建設和鬥爭。

西元7～8世紀，阿拉伯帝國為了擴充地盤，進行了擴張活動。其擴張過程可分為兩個階段。

第一階段（西元634～656年），穆罕默德的繼承者在他死後繼續執行「伊斯蘭遠征」軍事擴張計畫。在西元633年的秋天，派兵翻越敘利亞沙漠長驅直入巴勒斯坦和敘利亞，一舉攻破了拜占庭和波斯帝國。636年，這幾支軍隊由瓦立德率領進軍伊拉克，先後攻克了加薩尼王朝都會巴士拉、外約旦的斐哈勒，並乘勝進軍大馬士革，激戰了六個月，攻下此城。東羅馬帝國調五萬精兵前來解救大馬士革，瓦立德寡不敵眾，被迫撤兵。後來，他指揮手下的二萬五千士兵巧用以逸待勞的戰術，重新收復大馬士革。耶路撒冷見阿拉伯軍隊的氣勢逼人，於638年自動請降。633年，阿拉伯軍隊侵入伊朗，在對方戰象的突擊下，遭到了重創。但隨後獲得增援並調整了戰術，於637年6月1日，取得卡季西亞會戰勝利，佔領了波斯首府泰西豐。接著又攻佔了摩蘇爾和訥哈範德，將伊朗併入阿拉伯帝國的版圖。639年底，突襲埃及，先後攻克皮盧希恩、亞歷山大裡亞，進入昔蘭尼加，使埃及臣服。643年攻佔利比亞，647年又侵入突尼斯、阿爾及利亞和摩洛哥等地。阿拉伯還徵集小亞細亞沿岸居民，組建一支海軍隊伍，迅速佔領了地中海幾個有戰略意義的島嶼。到7世紀50年代，阿拉伯軍隊分別向北非部分省分、印度邊境和亞美尼亞以北進軍，控制了拜占庭在

記載拜占庭人在海戰中使用「希臘火」的藝術作品。

近東的大部分領地，成為一個橫跨亞、歐、非的新帝國。659年，由於阿拉伯貴族內部衝突，阿拉伯軍隊停止了擴張行動。661年，以敘利亞為基地的伊斯蘭教阿拉伯帝國的第一個王朝倭馬亞王朝建立。內亂平定後，阿拉伯人又向拜占庭發起了新一輪的進攻。

第二階段（西元668～750年），阿拉伯軍隊的第一目標是拜占庭的沿海城市，派艦隊在基齊庫斯城建立軍事基地。673年到677年這四年間，阿拉伯艦隊四次進攻君士坦丁堡。拜占庭軍隊防衛有力，採用被稱為「希臘火」的液體燃燒劑，擊退了阿拉伯艦隊的進攻，迫使他們於677年6月撤離君士坦丁堡。在撤軍途中，海軍遭到風暴襲擊，再加上希臘艦隊的阻截，差點全軍覆沒。與此同時，陸軍在小亞細亞也遭到了慘敗。678年，阿拉伯國家與拜占庭簽訂合約，被迫向該國進貢。在北非，阿拉伯軍隊進展順利，打退拜占庭實現了對北非的統治。709年，阿拉伯軍隊抵達大西洋沿岸。711年春，佔領了庇里牛斯半島大部分地區。在庇里牛斯半島民眾的頑強抵抗下，內部矛盾重重的阿拉伯軍隊於8世紀中期退出高盧，結束了向歐洲的進軍。705～715年，阿拉伯軍隊為了佔領中亞細亞的費爾干納、喀布爾地區，與突厥族游牧部落和中國人交過戰。712年，阿拉伯軍隊侵入印度，將印度河谷納為阿拉伯帝國。717年，阿拉伯水陸

大軍再次進攻君士坦丁堡，拜占庭軍隊防守得力，重創阿拉伯軍隊，使其長達一年零一個月的圍攻以失敗告終。此戰之後戰略形勢發生了轉變，拜占庭轉為戰略進攻，阿拉伯轉為戰略防禦。746年，拜占庭擊潰強大的阿拉伯艦隊，奪回賽普勒斯。8世紀後半期，拜占庭把阿拉伯人趕回小亞細亞東部，重振了「帝國」的聲威。

從此之後，阿拉伯對外擴張的步伐開始逐漸停止下來。

兵家點評

阿拉伯人的對外擴張戰爭之所以能不斷成功，得益於其高明的戰略戰術。阿拉伯是游牧民族，軍隊以騎兵和駱駝兵為主，主要武器是投槍，擅長沙漠作戰。部隊軍紀嚴明，行動迅速，能隨時發動突然性的攻擊，在一定程度上彌補了武器裝備的不足。戰鬥隊形沿正面和縱深分為前衛、中軍、左翼、右翼和後衛幾部分。兩翼用騎兵掩護，並掌握強大的預備隊。當佔上風時，可以迅速將主力投入戰鬥；追擊敵人時，兩翼的騎兵可以第一時間衝上前去，不斷擴大戰果。

小知識：

古斯塔夫二世——西方戰史上最具影響力的帝王悍將
生卒年：西元1611～1632年。
國籍：瑞典。
身分：國王。
功績：歷史上首次將「職業化」、「正規化」和「現代化」引入了軍隊和戰爭，其軍事創新成為歐洲軍隊的標準和楷模，其「全新戰術」影響西方軍事達一個多世紀之久。

亞洲兩大帝國的第一次正面交鋒—— 唐與大食塔拉斯之戰

國際戰略格局是世界各主要國家或地區在一定時期內相互關係的基本結構。它是國際戰略環境的總體框架，表現了世界力量的分布、組合和比對。

天寶九年（西元750年），大唐安西都護府大都督高仙芝奉命討伐石國。石國的國王見唐軍兵力強盛，不敢與之交戰，請求化干戈為玉帛，並向大唐帝國俯首稱臣。高仙芝一開始允諾和好，但不久就撕毀了合約，派兵攻破石國的都城，將其國王俘虜，還在城中大肆燒殺劫掠。石國王子逃走，向大食及其他鄰國求援。早就對大唐這塊肥肉垂涎三尺的大食人，聽到這一消息後立刻進行軍事動員，並相互約定，誰先踏入大唐境內，誰就是大唐的總督。西域各國也對高仙芝的欺誘貪暴甚為憤怒，決定組成聯軍襲擊唐王朝的安西四鎮。高仙芝

交河故城是世界上唯一的生土建築城市，唐西域最高軍政機構——安西都護府最早就設在這裡。

決定先發制人，親自率軍進攻大食。

天寶十年（西元751年）四月十日，高仙芝率軍由安西都護府出發，直奔蔥嶺。為了保證後勤補給，他命令唐軍將士每人配備三匹馬，用來駄運物資。經過了三個月的長途跋涉，唐朝大軍深入大食境內七百餘里，並於七月十四日到達了大食人控制下的塔拉斯城。阿拔斯王朝的哈里發接到塔拉斯城的求援信，立即調集二十四萬大軍前去解圍。雙方在塔拉斯河兩岸展開了決戰。

大食軍隊率先發起了衝鋒，他們騎著高大的阿拉伯戰馬，狂熱地揮舞著阿拉伯彎刀，嗷嗷喊叫著衝了上來。以為只要一次衝鋒，就可以將這些黃皮膚的東方人衝個七零八落，任人宰殺。他們絕沒有想到，此時的唐軍無論在裝備、素質、士氣還是將帥能力都達到了冷兵器時代的一個高峰。在野戰中，唐軍經常採用「鋒矢陣」，輕裝步兵手執陌刀（一種雙刃的長柄大刀）衝在隊伍的最前面，列陣時「如牆而進」，肉搏時威力不減。騎兵緊隨其後，輕重結合，手持馬槊和橫刀，負責突擊。弓弩手壓住陣腳，彎弓仰射負責掩護。在唐軍整齊有序的陣型和強弓硬弩的技術優勢下，大食人一味依賴輕騎兵突擊的弱點再次暴露無疑，前後七次衝鋒都被打退。在戰鬥中，唐軍所使用的伏遠弩尤其讓大食人膽寒，這種弩箭射程可達三百步開外，正面射擊時甚至可以一箭穿透幾個敵人。

雙方激戰了五天，依舊不分勝負。然而就在兩軍相持不下的重要時刻，形勢卻發生了突變。唐軍陣營中的葛邏祿部的傭兵被大食人買通，在第五天傍晚的激戰中突然臨陣倒戈，從背後將唐軍步兵包圍，切斷了他們與騎兵之間的聯繫。失去了弓弩手支援的唐軍陣腳頓時大亂，大食軍趁機出動重騎兵主力突擊唐步兵。在阿拉伯騎兵與葛邏祿部的兩面夾攻下，連日征戰的唐軍再也無法支撐下去，終於潰敗，高仙芝在夜色掩護下單騎逃脫。大將李嗣業、段秀實也收攏殘兵敗將向安西逃遁，與盟軍拔汗那的軍隊中途相遇，造成兵馬車輛擁擠堵塞道路。李嗣業擔心大食追兵將至，不惜大打出手，命令士卒揮舞大棒斃殺百

餘名拔汗那軍士，殺開一條血路後逃之夭夭。

此役唐軍損失慘重，兩萬人的精銳部隊幾乎全軍覆沒，只有千餘人得以逃脫。但唐軍也重創了大食軍隊，殺敵七萬餘人。大食人懾於唐軍所表現出的驚人戰鬥力，並沒有乘勝追擊。而唐朝方面由於數年後爆發了安史之亂，國力大損，也失去了雪恥的機會。

兵家點評

在整場戰役中，唐軍勞師襲遠，面對數量六倍於己的敵人而不處下風，終因傭兵反叛，受內外夾攻而潰敗，仍給對方造成重大傷亡。僅就戰術而言，唐軍雖敗猶榮。

塔拉斯之戰最重要的後果，是阿拉伯帝國完全控制了中亞，許多自漢朝以來就已載入中國史籍的古國，均落入阿拉伯人手中，中亞開始了整體伊斯蘭化的過程。另外一個眾所周知的後果就是中國的造紙術西傳。唐帝國此役戰敗，共計一萬餘唐兵成為戰俘，其中包括一些造紙工匠。中國四大發明之一的造紙術，由此傳入阿拉伯，並進一步流入歐洲。

小知識：

李靖——戰績與理論俱豐的軍事家

生卒年：西元571年～西元649年。

國籍：中國。

身分：唐朝尚書僕射、衛國公。

重要功績：滅東突厥，大敗吐谷渾；首創了縱隊戰術（堅陣）的理論，專用於對付恃仗險固、頑固抵抗的敵軍；著有《李靖六軍鏡》等兵書多部，後人編輯的《唐太宗李衛公問對》成為中國古代兵學寶典。

古代軍事史上最著名的奇襲戰——
李愬雪夜入蔡州

冷兵器是不帶有火藥、炸藥或其他燃燒物，在戰鬥中直接殺傷敵人，保護自己的近戰武器裝備。廣義的冷兵器則指冷兵器時代所有的作戰裝備。

　　唐朝歷史上有過一段較長的藩鎮割據時期。唐憲宗即位後，立志要削平藩鎮，並首先拿淮西節度使吳元濟開刀。可是四年過去了，唐軍始終沒有平定淮西。為了盡快結束戰事，唐憲宗派裴度赴前線督戰。負責西線作戰的唐朝名將李愬，決定偷襲淮西軍防備空虛的蔡州。他將計畫上報裴度，得到了裴度的全力支持。

　　西元817年農曆十月十五日，風雪交加，淮西守軍放鬆了警惕。李愬命令李佑、李忠義率領突擊隊三千人做先鋒，自己率領三千人做為主力軍，李進誠率領三千人在中軍後面壓陣，兵分三路攻襲蔡州。這次奇襲行動十分祕密，除了李愬等少數將領外，沒人知道具體的行軍路線和時間。大軍在夜裡到達張柴村，由於天氣寒冷，守軍都躲在大帳中取暖，毫無防備。李愬派兵迅速攻入，將叛軍一網打盡，並留下五百士兵，封鎖四周重要通道，切斷了吳元濟與其他叛軍之間的聯繫。隨即，李愬傳下命令：向蔡州急速前進！將士們聽到後臉都嚇白了，這樣惡劣的天氣如何急行軍？對方人多勢眾，豈不是自投羅網？可是軍令難違，無奈只好加速前進。

　　當時天氣寒冷，朔風凜冽，旗幟都吹破了，人、馬凍死的隨處可見。從張柴村到蔡州的路，沒人知道怎麼走，幾乎所有人都認定此次偷襲必定全軍覆沒。只是害怕李愬，都不敢違抗而已。到了半夜，雪越下越大。部隊走了七十

里，到達蔡州城。靠近城邊有個養鵝的池塘，李愬命令士兵轟趕鵝群來隱蓋軍隊行動的聲響。自從吳少誠割據以來，蔡州城有三十多年沒有唐軍來過了，守軍根本沒做防備。四更天，先頭部隊到達城下，李佑、李忠義在城牆壁上鑿出一個個坑兒，用腳踩著爬上了城牆，士兵們跟著也爬了上去。看守城門的淮西士兵正在熟睡，全部被殺死，只留下打更的

李愬雪夜入蔡州圖。

人，讓他照常打更。接著打開城門，讓大隊人馬進入。

雞叫的時候，大雪停了，李愬帶兵進入吳元濟的外衙。淮西士兵急忙向吳元濟稟報，說唐軍來了。此時，吳元濟還沒有起床，他笑著說：「這是俘虜的囚徒在作亂吧！天亮以後殺死他們就是了。」緊接著又有人來稟報：「蔡州已經被攻陷了！」吳元濟仍不以為然，認為是附近的守軍來向他索取寒衣。等到他起床後，聽到外面傳達唐軍的將令，才知道唐軍真的就在眼前了，急忙率兵到牙城抵抗，可是大勢已去。

黃昏時，吳元濟被迫投降。

兵家點評

李愬雪夜襲蔡州的祕訣就在於以奇用兵。戰後，他向手下的將士解釋自己的作戰意圖時說：「我之所以選擇風雪嚴寒之日攻取蔡州，是因為此時敵兵守

備鬆懈，烽火不能相傳，並利用這一機會切斷吳元濟與其他叛軍之間的聯繫；我方孤軍深入，面臨生死之戰，不戰則死，戰則有生，軍兵一定會誓死而戰，無所畏懼。」

李愬所部急行軍一百三十里，一舉攻入蔡州。這種遠端奔襲的戰法，與十六國以來騎兵的大量使用以及游牧民族騎兵慣用的戰法有關。唐朝時，騎兵數量大增，成為戰場上的主力。而騎兵的重要特點之一就是機動能力強，對其而言，「百里而爭利」已非兵家大忌。

從客觀來說，唐憲宗和裴度始終未改其平定淮西的決心，又能集中力量對吳元濟用兵，甚至撤去監陣中使，而北線唐軍則牽制、吸引了淮西的主力，這都為奇襲的勝利創造了有利的條件。

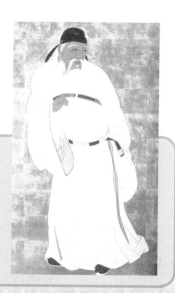

小知識：

郭子儀──「不戰而屈人之兵」最出色的理論實踐者
生卒年：西元697～781年。
國籍：中國。
身分：唐朝朔方節度使、中書令、汾陽郡王。
重要功績：平定「安史之亂」，居功至偉。

教皇鼓吹下的跨世紀掠奪── 十字軍東征

西方古代戰術是由斯巴達方陣戰術到馬其頓方陣戰術，再是由馬其頓方陣戰術到古羅馬軍團戰術，最後是由羅馬軍團戰術到重甲騎兵戰術。

　　1095年11月的一天，成群結隊的教士、封建主和老百姓早早地來到克萊蒙郊外的空地上集合，在初冬的寒風中等候著教皇來臨。

　　上午10點左右，伴隨著一陣號角和鼓聲，一輛裝飾華美的馬車駛進人群。在人們的歡呼和吶喊聲中，教皇烏爾班二世走下車來，手執《聖經》登上空地中央的高臺。與此同時，兩百多名全副武裝的護衛，手持長矛在高臺四周肅然環立。

　　這時候，人群安靜下來，所有人都將視線集中到這場宗教大會的主角身上。

　　教皇環顧一下人群，挺一下身子，把手中的《聖經》高高舉起，用充滿磁性的嗓音說道：「虔誠的信徒們，你們可曾想到，在東方，穆斯林已經佔領了我們的『聖地』，還在迫害我們的東正教兄弟。現在我以基督的名義命令你們，迅速行動起來，到耶路撒冷把那邪惡的種族從我們兄弟的土地上消滅乾淨！凡是為解放聖墓而戰鬥過的人，他的靈魂將升入天國！」

　　人群騷動起來，狂熱的信徒們大聲喊道：「消滅異教徒！」、「拯救東方兄弟！」

　　教皇烏爾班二世接著說：「信徒們，耶路撒冷遍地都是牛乳、羊乳和蜂蜜，黃金、鑽石更是俯拾皆是。在上帝的引導下，勇敢地踏上征途吧！你們

就是『十字軍』，染紅的十字架就是你們的榮光，主會保佑你們無往而不勝的！」

在宗教信仰和物質利益的雙重刺激下，人們爭先恐後地擁上前，向教皇的隨行人員領取紅布做的十字。只有戴上這塊十字紅布，才可以成為十字軍的一員，走上「主的道路」。

教皇的號召不脛而走，很快傳遍了西歐各地。封建主、大商人和羅馬天主教會在「上帝的引導下」，打著從「異教徒」手中奪回「聖地」耶路撒冷的旗號，紛紛成立十字軍。

1096年春，來自法國北部、中部和德國西部窮苦農民組成的十字軍先鋒隊，沿萊茵河、多瑙河向東行進，拉開了東征的序幕。他們衣衫襤褸，沒有給養，沿途只能靠搶劫、偷竊、乞討來維持生活，但每個人的心裡都懷著發財的夢想。

當這批「窮人十字軍」歷盡艱辛到達小亞細亞草原時，迎接他們的是塞爾柱土耳其人裝備精良的鐵騎。一場惡戰之後，「窮人十字軍」大部分被殲滅。

1096年秋，真正意義上的十字軍開始了第一次東征。隊伍由裝備精良、作戰勇敢的騎士組成了，在封建主的帶領下從法國、德意志和義大利出發，一路搶掠，一面東進。他們同樣遭到了塞爾柱土耳其人的輕騎兵襲擊，但這支十字軍非「窮人十字軍」可比，將土耳其人打得落花流水。到了1098年，十字軍攻佔了底格里斯河與幼發拉底斯河上游的埃德薩和地中海岸的安條克。

十字軍在東方節節勝利的消息傳到歐洲，西歐的商人紛紛傾囊相助，每天有大批的物資運抵地中海東岸。

1099年7月，耶路撒冷被攻佔。十字軍把城中居民都視為「異教徒」，逢人便殺，見物即奪。在阿克薩清真寺裡，有一萬多名無辜的平民被殺害，鮮血匯成了河流。整座城市被洗劫一空，十字軍將士一夜之間變成了富翁。攻佔耶路撒冷後，十字軍在西亞土地上建立起幾十個國家，其中最大的是耶路撒冷王

拉瑞威爾描繪十字軍遠征的畫作——《阿什克倫之戰》，現藏於凡爾賽城堡博物館。

國。然而，這些國家並不穩固。1144年，愛德沙伯國被塞爾柱土耳其人消滅，其他十字軍國家也風雨飄搖，危若累卵。

1147年，法國國王與德國皇帝親自統兵進行第二次十字軍東征，歷時兩年，宣告失敗。

1187年，經過精心準備，英國、法國和德國的君王共同發動了第三次十字軍東征，由於內部矛盾分化，再次失敗。

1202年，在教皇鼓動下，法國、義大利和德意志的封建地主們進行了第四次遠征，並將侵略的矛頭指向了埃及。但是在威尼斯商人的慫恿下，十字軍改變了最初的計畫，在1204年4月，佔領了東羅馬帝國的君士坦丁堡。這批歐洲騎士將收復「聖地」的聖諭拋在腦後，毫不留情地洗劫了這個信奉同一個「十字」的國家，拜占庭帝國近千年的文化藝術珍品遭到徹底的搶劫和破壞。

第五次十字軍東征是1217年～1221年，第六次是1228年～1229年，第七次是1248年～1254年，第八次在1270年。但這幾次已是十字軍東征火焰的迴光返照而已。

　　1291年，十字軍最後一個陸上據點阿克城被穆斯林攻克，至此，延續200年的東征徹底告終。

兵家點評

　　在軍事上，十字軍遠征總體上是失敗的。這些東征參戰者社會成分複雜，所使用的武器裝備極不統一。通常採用一線隊形作戰，騎兵在前，步兵在後。戰鬥一開始，即分為小股部隊或單兵進行決鬥。騎兵和步兵之間很少協同作戰，對步兵的作用重視不夠。與十字軍作戰的土耳其和阿拉伯軍隊的主要兵種是輕騎兵，武器裝備有弓弩和馬刀。其戰鬥素質和機動能力都優於十字軍的重裝騎兵。交戰時，他們先用箭擊潰十字軍的部隊，然後將其分割包圍，加以殲滅。另外，自然條件也有助於土耳其和阿拉伯軍隊，身披鐵甲的十字軍人馬承受不住灼日曝晒，往往中暑倒斃。

　　但是，十字軍遠征卻在一定程度上刺激了西方軍事學術和軍事技術的發展。西方人學會了製造燃燒劑、火藥和火器；懂得使用指南針；海軍也有新的發展，搖槳戰船為帆船所取代；重裝騎兵的地位下降，輕騎兵和步兵開始復興。

小知識：

沃邦——史上最厲害的工程兵
生卒年：西元1633～1707年。
國籍：法國。
身分：元帥。
重要功績：首創「平行塹壕逐次攻擊法」和「炮兵跳彈射擊法」；建築了被譽為「歐洲最好的要塞」的新布利薩克要塞；著有《論要塞的攻擊和防禦》、《築城學論文集》等。

重裝甲馬的衰亡—— 宋軍郾城、潁昌大捷

中國古代戰術是由車陣戰術到步陣戰術，再由步陣戰術到騎陣戰術，最後由騎陣戰術到輕騎兵機動襲擊戰術。

　　紹興十年（西元1140年），南宋名將岳飛指揮「岳家軍」連戰連捷，收復了洛陽一線至陳州、蔡州等地，對駐紮在開封的金軍主力部隊形成東西夾攻之勢。為了吸引金軍主力南下決戰，岳飛命部將王貴率宋軍主力集結於潁昌地區，自己帶領一支精銳部隊駐守在河南郾城。

　　金軍統帥兀術早在十年前就吃過「岳家軍」的苦頭，他痛恨岳飛已久，日夜都想復仇。當聽到岳飛孤軍深入的消息後，認為有機可趁，決定在「岳家軍」立足未穩之時，佔得先機。於是，他即刻率領一萬五千名精銳騎兵殺奔郾城，準備與岳飛一決雌雄。

　　七月初八日，兩軍對陣於郾城以北10多公里的郊外。兀術所率的重甲騎兵號稱「鐵浮圖」和「拐子馬」，而岳飛手下只有背嵬軍和一部分游奕軍。兀術一聲令下，「鐵浮圖」從正面發動攻擊，只見金軍人和馬都身披雙層重甲，三匹馬為一組，用皮索相連，排山倒海般撲了過來。「岳家軍」精銳步兵早有準備，在大將岳雲和楊再興的帶領下，每人持麻扎刀、提刀和大斧三件兵器，衝入敵陣。宋軍士卒用大斧猛砍金軍戰馬，只要一條馬腿被砍斷，三匹馬就動彈不得，隨後宋軍連撕帶拉，揮刀猛砍馬上金軍，「鐵浮圖」損失慘重。

　　大將楊再興是北宋楊家將的後人，驍勇無比，在敵陣中幾進幾出，所到之處無人能敵。兀術不由得心生怯意，急忙向後退避。楊再興奮勇當先，單騎闖入敵陣，幾乎將兀術生擒活捉。失魂落魄的兀術急忙命令「拐子馬」分左右翼

103

迂迴側擊，「拐子馬」也是重甲騎兵，是兀術最精銳的騎兵預備隊，善於關鍵時刻包抄衝陣。無奈幾次衝鋒過後，「拐子馬」也被擊潰。

在戰局膠著之時，岳飛帶領四十名精銳親兵突出陣前，手挽三百斤的重弓躍馬衝出，用箭射擊金軍。「岳家軍」將士看到統帥親自出馬，頓時全力死戰。從早晨殺到黃昏，兀

杭州岳王廟「郾城大捷」壁畫。

術全軍潰敗逃走。這一戰使兀術賴以制勝的「鐵浮圖」損失殆盡，金軍驚恐萬分。兀術哀嘆道：「自海上起兵，皆以此勝，今已矣！」

兩天後，金軍增援部隊趕到，兀術重整旗鼓再次向郾城殺來。岳飛率騎兵出城迎敵，騎射驍勇的金軍自侵宋以來，正面衝殺從未敗過，這次遇上「岳家軍」，才算真正棋逢對手。鏖戰了3天之後，金軍被迫撤退。

郾城之戰，宋軍獲得大勝。

七月十三日，岳飛命令大將張憲率背嵬軍、游奕軍、前軍等主力進入臨潁縣。楊再興率領三百騎兵為前哨，當抵達臨潁南的小商橋時，與兀術的主力部隊猝然相遇。面對金兵如飛蝗般的箭雨，楊再興毫無懼色，身上每中一箭，就隨手折斷箭桿，將鐵箭頭留在肉中繼續衝殺，最後馬陷泥中，被亂箭射死，手下的將士也無一倖免。同樣，金軍也付出了慘重的代價，光陣亡的就有兩千多人，其中包括萬夫長、千夫長、百夫長、五十夫長等百餘人。兀術不敢再戰，留下部分兵力，率主力轉攻潁昌。

七月十四日晨，雙方軍隊在潁昌城下展開大戰。二十二歲的岳雲率領八百

名背嵬軍當先衝鋒，與金軍「拐子馬」進行激戰。宋軍以步兵結成大陣，盾牌兵在前，弓箭手壓陣，刀手、槍手在中間，向金軍壓去。岳雲前後十多次出入敵陣，身受百餘處創傷。出城決戰的「岳家軍」更是殺得「人為血人，馬為血馬」，無一人肯退後。激戰到中午，守城的宋將董先和胡清分別率踏白軍和選鋒軍五千餘人出城增援，金軍本已力疲，以為岳飛大軍趕到，立刻向後潰退。宋軍趁勢追殺，共殺敵五千多人，俘虜兩千多人，繳獲戰馬三千餘匹，殺死金將數十人，將金軍逼到開封西南的朱仙鎮。

潁昌之戰又一次以宋軍大勝而告終。

兵家點評

郾城、潁昌之戰是宋金在中原地區進行的兩場最大規模的步騎交戰，也是南宋恢復故國江山的唯一機會。此後，宋朝偏安江南已成定局。

在孤軍奮戰的情況下，岳飛能適時掌握對方作戰企圖，針對金軍騎兵多而強的特點，發揮己方士氣旺盛、軍隊訓練有素的優勢，巧妙使用兵力，經過激烈的戰鬥，最終以少勝多，重創金軍主力，取得了輝煌的勝利。使金軍統帥兀術真正領教了「岳家軍」的威力，發出了「撼山易，撼岳家軍難」的哀嘆。

小知識：

岳飛——精忠報國的抗金名將

生卒年：西元1103～1142年。

國籍：中國。

身分：南宋湖北、京西路宣撫使。

重要功績：在郾城、潁昌之戰中，打敗金軍。

第二章

黑火藥時代

火藥、火器的第一次大規模應用——
宋金唐島之戰

熱兵器又名火器，古時也稱神機，與冷兵器相對。指一種利用推進
燃料快速燃燒後產生的高壓氣體推進發射物的射擊武器。傳統的推
進燃料為黑火藥或無煙炸藥。

紹興二十三年（西元1153年）九月，金國的水師在工部尚書蘇保衡和益都
尹完顏鄭家奴的指揮下，從山東膠州灣出航，直取南宋的杭州灣。當年打著岳
飛旗號抗金的名將李寶主動請纓，親自率領水軍沿海北上迎擊金軍海路部隊。

十月下旬，李寶的艦隊駛抵石臼山。他從前來投誠的金國漢族水兵那裡得
到可靠情報，金國水師正停泊在距離石臼山只有30餘里的唐島港口。表面上，
金軍兵力強大，有戰船600多艘，水軍七萬餘人，李寶的艦隊卻只有戰船120餘
艘，三千名弓箭手。但在造船技術和遠端武器裝備上，宋軍卻遠遠超過金軍。
裨將曹洋第一個請求出戰，他認為金軍士卒大多為北方人，不習水戰，很多人
都無法在搖搖晃晃的甲板上久立，只能匍匐在船艙中，如果進行突襲，必獲全
勝。李寶聽後深表贊同，當即決定先發制人，火攻破敵。於是，他率領艦隊向
唐島火速挺進，水軍將士個個摩拳擦掌，士氣高昂。此時，唐島的金軍水師毫
無防備，大多數金軍都窩在船艙裡睡覺，根本沒有想到宋軍會遠航奔襲至此。

十月二十七日清晨，海面上颳起南風，宋軍利用風向和海船的性能優勢發
起了突襲。金軍慌忙張帆迎戰，這正中宋軍下懷。宋軍發射的火箭不僅箭頭燃
火，尾部還採用了火藥驅動，借助風勢，射程極遠。金軍的船艦多用油布做
帆，沾火即燃。他們畢竟不熟海戰，像無頭蒼蠅般亂作一團。李寶指揮艦隊從
容靠近，進入遠射程時，宋軍用霹靂炮和火毬炮這些世界上最早的火藥，驅動

南宋戰艦的模型圖。

重武器來轟擊金軍船艦；推進至中距離射程時，弓弩兵用神臂弓、克敵弓向金艦進行集中攢射；到了近距離後，宋軍又亮出獨門的武器——「猛油火櫃」，這是一種巨型噴火器，利用石油為燃料，可以噴出長長的火舌，非常適用於木船時代的海戰。在炮火的轟擊下，加上已經被火箭引燃的風帆，金軍艦隊烈焰飛騰，陷入一片火海之中。

宋軍還利用船艦體積龐大、裝甲堅實、動力強勁的優勢，趁著南風猛衝金軍艦隊，撞沉不少敵艦。金軍艦隊的戰略部署被徹底打亂，很難進行有效的抵抗。一些倖免炮火攻擊的敵艦仍想負隅頑抗，但宋艦已經接舷，宋軍將士紛紛跳上敵艦甲板，與金軍展開白刃戰。那些受壓迫的金艦隊漢族水兵，此時也紛紛倒戈起義。

結果，金軍水師除蘇保衡隻身逃脫外，全軍覆沒。

兵家點評

　　唐島之戰，李寶創造了中國古代海戰史上以少勝多、以弱勝強的光輝戰例。宋軍之所以獲勝，首先得益於先進的造船技術和優良的武器裝備，這是取勝的技術保證。其次，李寶不斷瞭解敵情，採取了「出其不意、隱蔽接敵、先發制人、火攻破敵」的正確戰法，也是取勝的一個重要因素。

　　此次戰役，火藥和火器第一次大規模應用於海戰。在此之前，水軍只是陸軍的補充，主要用於內河防禦、跨海運兵和在敵後登陸包抄。此戰後，海軍成為一個獨立的主戰兵種，在戰爭中發揮越來越重要的作用。

小知識：

歐根親王——相貌很醜很無奈，打仗很猛很有才

生卒年：西元1663年～1736年。

國籍：生於法蘭西，揚名於奧地利。

身分：奧地利陸軍元帥。

重要功績：第二次奧土戰爭中，在彼得瓦爾代因大敗土軍，攻佔貝爾格萊德，迫使土耳其議和。

草原上「活動的城」——可汗橫掃亞歐大陸

十三世紀，蒙古族成吉思汗發揮游牧民族精騎善射的特長，在便於騎兵機動的地形上作戰，並綜合魚鱗、鶴翼、長蛇各陣為大魚鱗陣，標誌著騎兵戰術發展到鼎盛時期。

十字軍遠征東方失敗後，歐洲也同樣遭到了蒙古人的侵擾，成吉思汗和他的子孫先後進行了三次大規模西征。

西元1219年，成吉思汗以花剌子模的守將殺害蒙古商隊和使臣為由，親自率領二十萬騎兵，分四路進攻花剌子模諸城。為了切斷花剌子模新舊二都之間的聯繫，使其首尾不能相顧，成吉思汗制訂了「掃清邊界，中間突破」的戰略方針。在攻破訛答剌城後，成吉思汗為了給被殺的商隊和使臣報仇，派人將融化了的銀液灌在守將亦納乞克的眼睛裡。

面對蒙古人強大的的攻勢，花剌子模國王摩訶末一開始並沒有將其放在眼裡，認為他們只不過是一群野蠻的異教徒，騎著像兔子一樣矮小的馬，根本不堪一擊。當他與者別率領的蒙古先頭部隊遭遇的時候，才領略了蒙古人的戰鬥力。蒙古士兵騎術高明，行動迅速，武器裝備除了弓箭以外，還會使用火炮和飛火槍等新式武器，打起仗來像狂風驟雨般迅猛。初次交戰，摩訶末就被嚇破了膽，再也不敢主動出擊，命令手下的將領堅守不出。當蒙古大軍日益逼近都城時，他又第一個率眾逃跑，從未進行過一次像樣的抵抗。成吉思汗命令大將哲別、速不臺要像獵犬一樣咬住自己的獵物不放，即使其躲入山林、海島，也要像疾風、閃電般追上去。最後，躲入山林的禿兒罕王后被迫投降，逃往海島的摩訶末也悲慘地死去。

蒙古兵入侵俄羅斯。

蒙古軍在滅掉花刺子模國之後，繼續西征。在迦勒迦河一帶，他們在力量比對懸殊的情況下，採取各個擊破的戰法，大敗突厥與俄羅斯聯軍，俄羅斯諸王公幾乎全部被殺。

成吉思汗死後，更大規模的西征由他的孫子拔都繼續進行。

從西元1235年起，拔都率領大軍遠征歐洲。像草原上颳起了不可阻擋的狂風，蒙古大軍在短短的時間裡就佔領了莫斯科、弗拉基米爾、烏克蘭，蒙古人在莫斯科進行了野蠻的屠城，有二十七萬的俄羅斯人死在了屠刀之下。隨後，蒙古軍隊又攻佔了波蘭、捷克、匈牙利、奧地利和南斯拉夫。西里西亞王亨利二世集結的波蘭、日耳曼和條頓騎士團的聯軍，也被打得大敗。蒙古人一直打到了亞得里亞海邊，已經遙望到了義大利的威尼斯城。到了西元1242年，半個歐洲的土地都被蒙古鐵騎征服了。

西元1253年，拖雷之子旭烈兀率軍第三次西征，目標指向西亞。10月，旭烈兀率兵侵入伊朗西部，他的軍隊裝備了大批石弩和火器以及一千名拋石機手，於次年6月抵達木刺夷國境內。西元1256年，蒙古兵攻破了木刺夷都城阿刺模式堡，木刺夷國首領魯克那丁和他的族人全部被殺。第二年冬天，旭烈兀指揮軍隊分兵三路圍攻黑衣大食首都巴格達，中原的各種火藥、武器在戰鬥中發揮了巨大的威力。黑衣大食的謨思塔辛哈裡發被迫率眾投降，蒙古軍隊在巴格達城中大掠七天，阿巴斯王朝滅亡。隨後，蒙古軍隊進入敘利亞，直抵大馬

士革，勢力深入到西南亞。由於蒙古軍隊被埃及軍隊打敗，旭烈兀才停止了西進。

兵家點評

　　蒙古的三次西征，開疆拓土，建立了橫跨歐、亞的蒙古大帝國。版圖之大，在中國歷代王朝中前所未有。

　　成吉思汗曾夢想讓「藍天之下都成為蒙古人的牧場」，他和他的子孫對農業和城市的破壞和摧毀是毫不吝嗇的。在三次西征中，許多城池被夷為平地，大量良田變得荒蕪。由於蒙古鐵騎連下數城，佔領多個國家，歐洲君主十分恐慌，稱其為「黃禍」。

　　同時，西征也使各民族間的經濟、文化交流得到了進一步發展。西元1260年，埃及馬木路克王朝素丹拜爾斯在大馬士革一戰中，擊敗了蒙古西征軍，俘虜了一些製造火藥的匠師，繳獲了大量火器，從此，中國的火藥與火器技術更直接大規模地西傳。火藥的西傳，使歐洲中世紀王公貴族的城堡，在掌握了火器武器的資產階級革命武裝面前，變得不堪一擊。與此同時，紙幣、活字印刷術也因蒙古西征而傳入歐洲；西方的天文、醫藥傳入中國，促進了東西方的陸路交通和文化交流，對社會的發展起了推動作用。

小知識：

馬爾勃羅──小白臉打慘太陽王
生卒年：西元1650～1722年。
國籍：英國。
身分：將軍、公爵。
重要功績：在布萊尼姆戰役中大敗路易十四的法軍。

滯留蒙古鐵騎的固守與攻堅——
襄樊之戰

戰陣是中西方古代戰術的最初形態，但陣的組成單位和內部結構卻有較大不同。古代中國早期戰陣是車陣，以戰車為主排列而成；而古希臘人早期戰陣是步陣，以重甲步兵為主排列而成。

襄陽、樊城居漢水上流，東達江淮，西臨關陝，跨連荊豫，歷來是兵家必爭之地。南宋更是視其為朝廷根本，在這裡開府築城，儲糧屯軍。

咸淳三年（西元1267年），忽必烈任命蒙將阿術為征南都元帥，徵調十萬兵馬，與劉整所部一起攻取襄樊。在發動進攻之前，阿術遣使以玉帶賄賂鎮守鄂州的南宋京湖制置使呂文德，讓他同意在樊城外設立榷場。進而以保護榷場裡的貨物為由，沿漢水修築了許多堡壘，這等於在襄樊城外埋下了釘子，將襄樊的供給線切斷。

襄陽、樊城的守將是呂文德之弟、京西安撫副使呂文煥。他得知元軍將攻襄樊的消息後，立刻派人報告呂文德，可是呂文德壓根沒放在心上。阿術與劉整利用宋軍不作防備的機會，建造了5,000艘戰艦，訓練了七萬水軍，整日進行實戰操練。

咸淳四年（西元1268年），元軍正式進圍襄陽與樊城。雙方剛一交戰，南宋的水師就連連敗退。次年三月，宋京湖都統張世傑在樊

元世祖忽必烈行獵圖。

城作戰中失利而退。七月，沿江制置副使夏貴率水師馳援襄陽，在虎尾洲遭到伏擊，損失兩千餘人，戰艦50艘。呂文德的女婿、殿前副都指揮使范文虎前來支援夏貴，也為所敗，另駕輕舟才得逃生。

咸淳六年（西元1270年），李庭芝接任京湖安撫制置使一職，將督師解圍視為第一要務。可是范文虎卻獨領一軍，從中制肘。指揮集團內部不和，大大削弱了宋軍合力抗元的力量，襄樊成了糧援不繼的孤城。

咸淳七年（西元1271年），范文虎親自率領十萬水師解襄樊之圍，被夾江而陣的元軍擊敗，損失戰艦百餘艘，士兵傷亡不計其數。

咸淳八年（西元1272年）五月，李庭芝招募的三千敢死隊在民兵領袖張順、張貴的帶領下，舟載鹽、布補給襄陽。此時的襄陽城被元軍圍困已達四年之久，城中食鹽、布匹極度短缺。張順率領船隊趁著月色起錨，每隻船都安裝火槍、火炮，準備強弓勁弩，張貴在前，張順在後，突圍而出。船隊到達磨洪灘時，被密佈江面的元軍戰艦阻擋，無法通過，張貴率軍強攻，先用強弩射向敵艦，然後用大斧砍斷橫江鐵鏈，元軍被殺溺而死者不計其數，戰鬥中，張順力戰而亡。黎明時分，他們抵達襄陽城下。

張貴進入襄陽後，派人到郢州向范文虎求援，使者回來報告說，范文虎將派五千兵趕來。張貴又從原路殺回，準備接應後續的援兵。沒想到范文虎派出的援兵因風雨狂暴，沒有按期到達。張貴陷入元軍的包圍圈中，終因寡不敵眾而被俘。他寧死不降，元軍將其殺死，抬到襄陽城下，說：「這就是矮張！」守城宋軍一片哭聲。援襄努力，至此徹底失敗。

咸淳九年（西元1273年）正月，元軍兵分五路，向樊城發起總攻。統帥阿術命人用鐵鋸截斷襄、樊之間的江中木柱，將浮橋焚毀，使襄陽城中援兵無法救援。元將阿里海牙命人架起回回炮，用巨石轟破樊城西南角城牆，劉整率元軍水師攻入城內，樊城終被攻破。

樊城失陷，襄陽難保。守將呂文煥多次派人到南宋朝廷告急，但終無援兵。襄陽城中軍民拆屋作柴燒，陷入既無力固守，又沒有援兵的絕境。

二月，元將阿里海牙命士兵用回回炮轟擊襄陽城，一炮擊中譙樓，聲震如驚雷，城中軍民人心動搖，將領紛紛出城投降。呂文煥無可奈何，遂與其折箭為誓，獻城出降。

至此，長達六年之久的襄樊之戰宣告結束。

宋朝鐵甲重裝騎兵圖。

兵家點評

在這場圍城與攻堅戰中，元軍在戰略上處於主動地位，其水上作戰與攻堅作戰能力都大為提高，軍事實力已明顯超過南宋。南宋的將帥軟弱無能、見利忘義，呂文德的失策，使元軍佔據了襄陽有利地位；在反包圍戰過程中，指揮集團相互掣肘，步調不一等原因犯了一系列戰術錯誤，作戰中基本上執行消極防禦策略，最終導致了失敗。

小知識：

成吉思汗——彎弓射鵰的一代天驕
生卒年：西元1162～1227年。
國籍：中國。
身分：可汗。
重要功績：建立了世界歷史上著名的橫跨歐、亞兩洲的大帝國。

長弓利箭穿鎧甲──
法國騎士兵敗克雷西

西方「戰術」一詞即源於當時古希臘文takti-ra，意為尋求戰機與佈
陣的藝術。

西元1346年8月26日，英國國王愛德華三世指揮的英軍和法國國王腓力六
世的法軍在克雷西附近進行的一場大戰。

雙方的兵力相差懸殊。法軍有六萬人，包括六千名熱那亞十字弩手，一
萬二千名重騎兵，一萬七千名輕騎兵，其餘的是軍紀較差的所謂「公社徵募
兵」。而英軍士兵的人數僅僅兩萬，但與法軍相比，英軍有更為完善的組織、
隊形和裝備。英國步兵裝備有紫杉長弓，三百步外能穿透騎士的胸甲。

戰鬥開始前，愛德華三世精心佈署了戰場，並將自己的軍隊平均分成了三
個部分。大名鼎鼎的「黑太子」指揮右翼部隊，部署在靠近克雷西城和牧師峽
谷的地方，並以梅葉河做為其屏障。諾薩姆頓伯爵帶領左翼部隊，佈陣於瓦迪
庫而特村的前方，利用樹林和防禦工事做為掩護。愛德華三世親自率軍坐鎮中
央。

佈陣情況整體來說就是排成兩翼前出的倒V字陣型。在每個部分的中央是
由大約一千名騎士組成的方陣，這些騎士全都不騎馬，這樣可以在敵人接近時
讓長弓手退到其後減少損失。長弓手被佈署在側翼，按梯隊的形式向前排列。
如此一來長弓兵就會將進攻中央的法軍套進這個倒梯形的陷阱中。每個方陣的
後面還集結著一些重騎兵預備隊，在陣前挖掘了許多陷阱。

8月26日的下午六點左右，法軍排成冗長的縱隊來到了戰場。法王菲力普
六世不僅沒有做必要的戰前準備，甚至連對手的虛實都沒有摸清楚，就一頭撞

向了英軍的防線。

　　法軍的十字弩手站在隊伍的最前面，在距離英軍方陣150碼的地方停了下來，向英軍進行了齊射。由於這些弩手距離英軍較遠並直接面對午後熾熱的陽光，大多數的箭都沒有射中目標。熱那亞的十字弩手們見英軍毫髮無傷，決定將距離再拉近，正當隊伍向前移動時，位於坡地上面的英軍長弓手萬箭齊發，鋪天蓋地的箭雨傾灑在十字弩手的頭上。英軍幾次齊射就使得熱那亞人潰不成軍，紛紛敗退，與後面衝上來的法國騎兵擠在了一處。原來，法軍那些「士氣高漲」的騎士們在弩兵行動後不久就擅自發動了進攻。許多弩兵都被自己這一方的騎兵踐踏而死，經過了一陣混亂之後，法國騎兵最終衝到了英軍的陣前。這些法國騎兵不斷地突擊、衝鋒，用自己的英勇行為在英軍面前證明了自己是歐洲最難對付的騎士。一開始，戰鬥似乎向著有利於法軍的方向發展，但是英軍果斷地出動了留在陣後的重騎兵預備隊阻止了法軍的衝擊。兩翼的長弓手也不斷地進行著射擊，法軍不斷有士兵中箭倒地。

克雷西會戰（Battle of Crécy），英軍以長弓手大破法軍重甲騎士與十字弓兵。

殘酷的戰鬥一直進行到了深夜，法軍的十六次衝鋒全部被擊退。

天亮後，傷亡慘重的法軍被迫撤退。英軍僅僅損失了兩名騎士、四十名重騎兵和長弓手、一百名左右的威爾士步兵，就獲得了空前的勝利。

兵家點評

克雷西之戰是英法百年戰爭中的一次經典戰役，此戰過後，長弓成為英國軍隊在未來一個世紀裡主要的作戰武器。

在本次戰鬥中，英國人取勝的關鍵是讓下馬作戰的騎兵，與弓箭兵互相掩護，和騎在馬上的騎兵緊密結合，進而把投射兵器的殺傷力、防禦的耐久力與機動突擊性靈活的結合起來。步兵做為步、騎聯合兵種編隊的主要成分，在戰役的整個過程中發揮了重要的作用，充分證明了步兵在騎兵面前並不是不堪一擊的。

小知識：

托爾斯藤森——野戰炮兵之父

生卒年：西元1603～1651年。

國籍：瑞典。

身分：陸軍元帥。

重要功績：世界近代史上第一支正規炮兵團的總指揮，他的部隊是全歐洲火炮最多的軍隊，也是全歐洲戰鬥力最強的軍隊。

中國古代水戰史上的典範——
鄱陽湖之戰

十四世紀中葉，舷炮戰術問世。戰艦的兩舷開始裝上滑膛炮，戰鬥時首先在較遠的距離進行舷炮戰，接近後，再以撞擊和接舷擊敗對方。

西元1356年，朱元璋帶兵攻佔了集慶，並將其改名為應天。這次勝利對朱元璋來說雖然是件好事，但形勢依舊不容樂觀。應天南面駐紮著元將八思爾不花的隊伍，東北面是張明鑑的起義軍，東南方的張士誠虎視眈眈，西面的陳友諒更是不懷好意。朱元璋擠在這些家大業大的鄰居們中間，就好像寄人籬下的打雜工。而這些鄰居中對朱元璋威脅最大的就是陳友諒，此人漁民出身，當上最高統帥後，大肆擴充兵力，僅水軍力量就10倍於朱元璋。陳友諒的存在成了朱元璋平定江南最大的一塊絆腳石，雙方的戰爭不可避免。

在決戰之前，為了把陳友諒困在鄱陽湖中，朱元璋派出兩路兵馬分別把守在南湖嘴和涇江口，切斷陳友諒的歸路；調信州兵屯於武陽渡，以防陳軍逃跑。自己則親率水師由松門進入鄱陽湖，形成關門打狗之勢。

西元1363年7月21日，鄱陽湖戰役正式開始。

朱元璋將水軍分成11隊，每隊配備大小火炮、火銃、火箭、火蒺藜、大小火槍、神機箭和弓弩等。命令各隊接近敵船時，先發火器，再射弓弩，靠近後短兵格鬥。部署完畢，大將徐達、常遇春、廖永忠等率軍衝向敵陣，一時間喊殺聲震天，炮聲隆隆，箭如雨下。徐達身先士卒，將陳友諒的前軍擊潰，斃敵一千五百人，繳獲巨艦1艘，軍威大振。未幾，俞通海乘風發炮再敗陳友諒軍，焚毀敵船20餘艘。為扭轉不利戰局，陳友諒手下的驍將張定邊，率部猛攻朱元

璋所乘的旗艦，常遇春、俞通海等人拼死抵擋，朱元璋才得以脫險。激戰到太陽落山，各自才鳴金收兵。

22日，陳友諒率全部巨艦出戰，朱元璋利用對方巨型戰艦體積大、機動性差的特點，用小、巧、快的突襲戰術給陳友諒製造了不小的麻煩，但由於己方船小不能仰

明朝水師。

攻，連戰三日均告失敗。此時陳友諒卻犯了一個致命的錯誤，為了發揮戰船的長處，保證行進速度一致構成集群突擊，他居然下令將船隻用鐵鏈連起來。當年曹操在赤壁就吃過火燒連營的虧，誰想到陳友諒又出了這麼一個昏招。正在苦苦支撐的朱元璋看到被鐵鏈拴在一起的戰艦時，喜出望外。他命人準備7艘小船，滿載火藥，紮上草人，穿上甲冑，並持兵器，由勇士駕駛，偷襲陳軍。黃昏時，7艘小船被點燃，順風駛向陳友諒的水軍基地，頃刻之間數百艘巨艦燃起了大火，湖面上烈焰飛騰，湖水盡赤。陳軍死傷過半，陳友諒的兩個兄弟及大將陳普略均被燒死。朱元璋趁勢揮軍猛攻，斃敵兩千餘人。

23日，雙方又有交鋒，陳友諒的水軍擊沉了朱元璋的旗艦，由於事先換乘他艦，朱元璋又一次脫險。

24日，陳軍的先頭部隊由於戰船機動困難，遭到朱軍圍攻，全部被毀。戰鬥中，俞通海等人率領6艘戰艦突入陳軍艦隊，如入無人之境，陳軍再次大敗。陳友諒被迫收攏殘部，轉為防禦。

雙方相持了1個月後，陳友諒糧草斷絕，在無計可施之下，只得在8月26日率樓船百餘艘，冒死突圍，剛行至湖口，就鑽進了朱元璋佈下的口袋陣，在對方舟船、火筏的四面猛攻下，陳軍一片混亂，爭先奔逃。逃至涇江口又遭到伏擊，陳友諒中箭而死，殘部五萬餘人投降。

兵家點評

　　鄱陽湖之戰前後歷時37天，其時間之長、規模之大，投入兵力和戰船之多、戰鬥之慘烈都是空前的，在中國水戰爭史上佔有重要的地位。

　　朱元璋在戰後分析取勝的原因時指出，「陳友諒兵雖眾，人各一心，上下猜疑，矧（何況）用兵連年，數敗無功」，而我「以時動之師，威不振之虜，將士一心，人百其勇，如鳥鷔搏擊」，所以取勝。另外，朱元璋部署得當、指揮正確也是取勝的一個重要因素。他針對己方船小，機動性好，便於靈活地打擊陳軍，但有仰攻困難，不耐衝擊，難以正面突防等弱點，制訂了揚長避短，以長擊短的戰法，先是以分隊多路進攻，充分發揮火器作用，連續突擊陳軍，後又火攻破敵，最終以少勝多。

　　陳友諒的失敗，首先是由戰略上的錯誤造成的。一開始，陳友諒並沒有選擇攻打應天，抄朱元璋的後路，而是把進攻矛頭指向難以攻克的洪都城，致使數十萬水陸大軍被置於狹小地域，難以展開；又沒有派兵扼守江湖要津，置後路於不顧，結果被朱元璋堵殲於鄱陽湖內。此外，陳友諒剛愎自用，暴躁多疑，內部分崩離析，士氣低落；指揮笨拙，戰法單一，連舟佈陣，機動困難等等，也都是陳友諒失敗的原因。

小知識：

徐達──大明開國的第一功臣
生卒年：西元1332～1385年。
國籍：中國。
身分：明朝中書右丞相，被封為魏國公。
重要功績：揮軍攻克大都（今北京），滅掉元朝。

用劍來保衛上帝的正義——
胡斯揭竿而起

戰略威懾，是指在和平時期，顯示武力、透過軍事威懾來體現政治意圖，是最常見的非戰爭軍事行動方式。

「那些殘酷的德國教士抽乾了我們的血汗。不信，你們瞧，那無恥的教士神甫要搜刮掉一個貧苦多病的老婆婆最後一個銅板。我們的錢都花在什麼上了？不是懺悔，就是彌撒，要嘛就是祈禱和喪禮。不管是花在哪裡，總之最終都歸入了教會的大錢袋。這些教士神甫們，比強盜還兇惡，比小人還狡猾、還卑鄙！」

這些公開痛斥教會的話語，出自捷克民族英雄胡斯之口。

胡斯出身貧苦，對民間疾苦深切關注，後經努力奮鬥成為布拉格大學校長。他認為，最受尊敬的應該是勞苦大眾，而非那些肥頭大耳的主教。對付這些披著宗教聖衣的強盜就要改革教會的制度，把教會強佔的土地都分給農民，不能再用傳教的方法收攬錢財。1412年，羅馬教皇派代表到捷克出售「贖罪券」，宣稱民眾要想死後靈魂進入天堂，必買「贖罪券」。捷克百姓在胡斯思想的感召下，在首都布拉格舉行了反「贖罪券」的大遊行。在這次大遊行中有兩位化裝表演諷刺德國教會的大學生竟被處死，這激怒了捷克的民眾，更激怒了胡斯。他開始公開批判教皇的惡行，宣布與教會徹底決裂，為此他的校長之職被撤銷。

1414年，羅馬教皇在德國舉行宗教會議，勒令胡斯參加。胡斯知道這是羅馬教皇為他設下的陷阱，但他毫不畏懼的前往羅馬。果然，在會議上他不僅沒有申訴的機會，反而被強行逮捕。1415年7月，在康斯坦茨廣場上，教會以

捷克布拉格胡斯廣場的胡斯雕像。

「異端分子」的罪名，將胡斯活活燒死在火刑柱上。

此舉徹底激怒了捷克的民眾，1419年7月，爆發了農民大起義，史稱「胡斯戰爭」。

起義軍以農民和城市貧民為主，這些人自稱「塔波爾派」，以捷克南部的塔波爾城為主要根據地。另外一部分是以布拉格大學師生為領導核心的布拉格市民，被稱為「聖杯派」。

教皇曾組織五次十字軍，鎮壓、圍攻起義軍長達十年之久。「塔波爾派」和「聖杯派」在約翰·傑斯卡的領導下，採用他發明的「大車戰術」，與十字軍抗衡。起義軍在用鐵鏈連一起的大車上安裝輕便火炮，各車聯合出擊，炮火齊發，持鐵甲長矛的十字軍騎士根本無力抵抗，五次全被打退，但傑斯卡卻在一次戰鬥中犧牲。而後由大普羅可普和小普羅可普率領「塔波爾派」乘勝追擊，攻入德國境內，直到波羅的海沿岸。此時，起義軍內部卻出現了分裂，「聖杯派」認為他們的目標基本上實現了，而且他們當中的有產者對起義軍感到畏懼。德國人看準時機，允諾「聖杯派」俗人用聖杯的要求，也不再追究沒收的教會財產。因此，「聖杯派」被德國人拉攏，成了起義軍的敵人。

第二年，「聖杯派」竟然和「塔波爾派」展開了決戰，還在「塔波爾派」策動了一些動搖分子，大普羅可普和小普羅可普兩位領袖在激戰中都不幸犧牲，「塔波爾派」起義軍全線潰退，兇殘的「聖杯派」竟殺掉一萬三千多傷兵。胡斯戰爭就在「聖杯派」這種卑劣的叛變中以失敗告終。

兵家點評

　　胡斯黨人在長期戰爭中建立了一支新型軍隊,在軍隊建設和軍事學術上有所創新。胡斯軍以步兵為主力,還擁有車載兵(乘車步兵)、騎兵和輕型炮兵等。首創的車載兵和戰車工事在對付敵人重裝騎士騎兵方面發揮了重大作用。每輛戰車有一名指揮官,下轄十八～二十名士兵。每十輛戰車編為一個十車隊,由十車長指揮;數個十車隊組成一個戰車隊,所有戰車隊均由戰車統領統一指揮。情況需要時,以戰車相互聯結成各種戰車工事。此種工事通常配置在兩翼有天然障礙的高地,火炮配置在戰車工事中央,步兵和騎兵隱蔽在工事內,戰車保護士兵不受重裝騎士騎兵的襲擊,並在敵軍接近時予以重創。此外,胡斯軍善於在野戰中大膽機動,勇猛進攻,正確選擇主攻方向和有利戰場,集中使用兵力,重視各兵種協同動作等軍事原則。在野戰中大量使用輕炮兵也是軍事史上的新發展。

小知識:

蒂利——身披鎧甲的修道士
生卒年:西元1559～1632年。
國籍:巴伐利亞。
身分:將軍。
重要功績:他是歐洲歷史上所向披靡的「傭兵」頭子,拿手的「西班牙戰陣」連打勝仗,威名遠揚,備受尊崇。

英法百年戰爭中的奧爾良少女──
聖女貞德

騎士（Knight、Cavalier），是歐洲中世紀時受過正式的軍事訓練的
騎兵，後來演變為一種榮譽稱號，用於表示一個社會階層。騎士的
身分往往並不是繼承而來的，也與貴族身分不同。

從西元1337到西元1453年，英國和法國進行了歷史上著名的「百年戰
爭」。在戰爭後期出現了一位著名的人物，她就是被後人尊稱為「聖女」的奧
爾良少女──貞德。

西元1425年，十六歲的貞德面見法國統帥，要求領兵抗擊侵略，遭到嘲笑
後拒絕。第二年，她再次面見法國統帥，自稱在她十六歲生日那天，在大樹下
看見過天使，並且得到上帝的啟示，要求她帶兵收服法國失地。她還預言奧爾
良附近的法軍一定會戰敗，並且說出了一些絕密的軍事情報。

時隔不久，前線傳來消息，證實貞德的所有預言都是準確的，於是她獲得
了面見法國王儲的資格。在王宮中，王儲查理七世身穿士兵服裝，混雜在親信
中間，而讓另外一個人身穿太子的服飾。從未和查理七世謀面的貞德，沒有對
身穿太子衣服的人行禮，而是直接來到了查理七世的面前，並且說出了查理七
世不久前和大臣們密談的內容。查理七世對貞德的言行深表驚訝，認為她是一
個有才能的人，應允她參戰。

西元1429年4月27日，王太子授予貞德「戰爭總指揮」的頭銜。她全身甲
冑，腰懸寶劍，捧著一面大旗，上面繡著「耶穌馬利亞」字樣，跨上戰馬，率
領四千軍隊，向奧爾良進發。4月29日晚上8時，貞德騎著一匹白馬，在錦旗
的前導下進入了奧爾良，全城軍民燃著火炬來歡迎她。奧爾良解放之鐘聲敲

響了！貞德身先士卒，親身投入每一場戰鬥，並一改法軍將領們謹小慎微的戰略戰術，對英軍的堡壘發起了正面攻擊。在屢次受創之後，英軍放棄了其他堡壘，集中力量防守土列爾堡壘。土列爾堡壘全部由巨石壘成，堅固異常，位於一座橋樑之上，是控制奧爾良對外聯絡的樞紐。在交戰中，貞德被箭射中了肩部，被抬離現場。當她甦醒過來後，立刻將箭拔了下來，重返戰場繼續作戰。貞德的英勇激勵了法國士兵，一向疲軟、屢戰屢敗的法軍士氣高漲，很快拿下了土列爾堡壘。5月8日，被英軍包圍209天的奧爾良終於解圍了。

十九世紀法國古典藝術大師安格爾的畫作——《聖女貞德在查理七世的加冕禮上》，創作於1851～1855年，現藏法國羅浮宮。

奧爾良大捷後，法軍士氣高漲。在貞德的帶領下，繼續向敵佔區推進。在歷次的戰鬥中，貞德都表現出了非凡的軍事才能和膽識。在一次攻城中，貞德在雲梯上被石頭擊中頭盔，從半空中跌落下來，但她毫不畏懼，爬起來繼續戰鬥。還有一次她被石弩擊傷了腿部，她堅持不離開戰場。貞德的行為，讓法軍戰士欽佩不已，但宮廷貴族和查理七世的將軍們卻不滿意這位「平凡的農民丫頭」影響力的擴大，害怕威脅自身的利益。

西元1430年5月23日，在康邊城附近的戰鬥中，貞德帶領的法軍遭遇到強大的攻擊。無奈之下，貞德下令士兵們撤退到附近的貢比涅城。貞德站在軍隊的最前方，以確保她身後所有的士兵退入到城內。可是，當英軍尾隨而來時，

貢比涅的那些封建主卻把她關在城外，最後竟以4萬法郎將她賣給了英國人。在關押期間，貞德試圖逃跑。她從七十英尺高的高塔上跳了下來，落入了護城河內。護城河內淤泥很軟，貞德沒有受重傷，但又被捉了回去。

最後，貞德被移交給法國的科雄主教審判。科雄主教是強硬的親英派，庭審的結果可想而知。西元1431年5月29日上午，貞德備受酷刑之後，在盧昂城下被活活燒死，她的骨灰被投到塞納河中。臨終前貞德說道：「為了法蘭西，我視死如歸！」

兵家點評

在這次戰爭中，法國封建騎士民團在與英國傭兵交戰中接連敗北，促使法國第一次建立起了常備傭兵。騎兵在戰鬥中的地位有所下降，那些能夠成功地與騎兵一同作戰的弓箭手，作用卻得到了提高。火器在當時雖還抵不上弓和弩，但卻被越來越廣泛地運用到各種作戰中去。這些對英法軍隊乃至西歐國家軍隊的建設，都有著重要的影響。

小知識：

貞德——法蘭西的救世主
生卒年：西元1412～1431年。
國籍：法國。
身分：統帥。
重要功績：解圍奧爾良。

皇權爭奪戰──
紅白玫瑰上的血痕

全面戰爭，是國家實施總動員，全力以赴進行的戰爭。其基本戰爭行動樣式和特徵是：以武裝鬥爭為主，軍事、政治、經濟、文化、科技、外交等各條戰線的鬥爭緊密配合，協調一致地發揮國家的整體力量，以保證戰爭的勝利。

在一個霧氣濛濛的清晨，有六、七位新貴族和幾位大地主相繼來到了約克公爵的家中。約克公爵胸前掛著潔白的絹布玫瑰花，在一座富麗堂皇的大樓前喜迎客人，所有來賓無不被贈與一朵同樣的玫瑰花佩戴胸前。他們無論是高矮胖瘦、年長年幼，個個都自覺氣宇非凡的進入大廳，圍坐於圓桌旁。

只見約克公爵嚴肅的臉上閃過一絲微笑，聲似洪鐘地說：「今天各位高賢如約而至，讓鄙人備感榮幸。」他的大紅鼻子微顫一下，繼續說，「大家都知道，我們與法國的戰爭之所以失敗，就在於蘭開斯特王朝的懦弱無能，如果是我們執掌大權，那高盧雄雞的腦袋怎能留到今天！可是，如今我們有再大的本事也只能蜷縮在這個小島之上。因此，我們必須……」

還沒等約克公爵說完，一個矮胖子從沙發上跳起來大喊道：「我們要讓蘭開斯特家族下臺！」大家轉頭一瞧，是被稱為「怒熊」的喬治·彭。喬治·彭話音剛落，又有幾個人相繼站起來發表議論，只有湯姆森先生一直沒有開口。最後約克把目光轉向他說：「尊敬的先生，您是我們的智慧之源，請您為我們提供高見吧！」

這個被戲稱為「智慧之源」的湯姆森，點點頭，站起身，瞪大眼，滿臉通紅，下頜費勁地動著說：「我有五……五百名騎士和……和……家……家丁。

還……還還有七……七名力士。我要打……打翻那混……混……混蛋的蘭開斯特……特王朝。」他說完後臉漲得更紅了，右拳還使勁在桌上捶了一下，震得桌上的花瓶亂顫。

沒過幾天，蘭開斯特王朝突然收到約克家族的一封信，大致內容是要求國王主動讓位於約克家族，免得動武。國王又召集西蒙、詹森、韋伯斯特等大貴族來出謀劃策。威猛的韋伯斯特主戰，但西蒙卻認為動武非上策，若能和平解決更好，此時詹森急中生智提出的「趁他們來談判的時候，把他們一網打盡！」的主張，得到大家的認同。

沒想到使者剛把談判的邀請傳給約克就被他識破了。約克公爵還讓使者帶話給國王：「如果你誠意要讓出王位，就請找一個小鎮入住。」國王聽到使者這般轉述，再次召集大貴族商討對策，這次他們決定必須徹底摧毀約克家族並準備隨時動用武力。次日，國王宣布撤銷約克公爵的爵位，禁止佩戴或使用白玫瑰紋章，並整頓北方各大貴族軍隊，隨時準備鏟平約克家族勢力。

當然約克家族很快得知了國王的決定，便立即調動軍隊，主動出擊。

英國的南北戰爭順勢爆發。

第一仗由於南方新貴族先鋒「怒熊」喬治・彭驍勇無敵，左右後路積極配合，國王的紅玫瑰軍被打得落花流水，跑到城堡內躲藏起來。

約克家族這第一戰的勝利，影響力迅速擴大，響應者紛紛打起白玫瑰的大旗向倫敦進發。而北方的大貴族第一戰兵敗後，緊急募集各路人馬進行反撲。當他們再次對戰時，彼此的隊伍都壯大到三、四萬人馬左右。戰鬥整整持續了一天，最終國王軍被迫撤退。以泰晤士河為界，白、紅玫瑰軍分別駐紮在泰晤士河之南北兩岸，並且城堡被白玫瑰軍包圍。

戰爭處於相持階段，雙方各有進退，各有傷亡，一直持續到1471年國王的紅玫瑰軍戰敗，國王被俘。從此英國結束了蘭開斯特家族的統治，約克家族榮膺寶座。但在混亂的爭奪戰中，蘭開斯特家族的旁支亨利・都鐸趁機逃離了英

博斯沃思原野戰役中，理查三世一敗塗地。

國，從泰晤士河跑到了法國的布列塔尼。

約克家族得勝後，由愛德華四世登坐王位，死後愛德華五世繼承，由他的叔叔理查輔政。1483年，理查見侄兒年幼，就把愛德華三世禁錮起來，篡奪了王位，稱為理查三世。

理查三世取得王位的毒辣手段，讓他大失人心，為他江山的穩定埋下了隱患。

且說逃到法國的亨利・都鐸，雖然年輕但很有心機。他在國外時刻不忘籠絡人才，壯大隊伍，並派人祕密回國，允諾曾經擁護自己家族的貴族們，只要他們幫他復權就給予他們地位和權力。同時他還遣人在市民中大肆宣揚理查三世的暴政行為，來收攬人心。更絕的是，他在理查三世統治內部買通了兩個非常有地位的貴族。一切準備就緒之後，便於1485年率兵向英國進軍。由於理查三世的不得民心，致使很多人將目光和希望投向了重新崛起的亨利・都鐸，一路上他的隊伍不斷壯大，深受百姓歡迎，路過地區的百姓還編出民歌來歡迎他們。

登陸東進的消息很快也傳到了理查三世的耳裡，他聽後勃然大怒，親率三

萬多兵馬迎戰，發誓要斬草除根，消滅後患。

兩軍1485年8月22日在博斯沃思原野再次對峙。

結果可想而知，理查三世必敗無疑。他被亨利‧都鐸的人砍死時，王冠滾落在草地上，狼狽不堪。其實，他不僅僅是敗給了亨利‧都鐸的機智勇敢，他更敗給了他自己的心狠殘暴。

至此長達三十年的紅白玫瑰之戰畫上了句號。

同一年，亨利‧都鐸加冕為王，開始了對英國的都鐸王朝統治。

兵家點評

該戰爭大部分由馬上騎士和他們的封建隨從組成的軍隊所進行。蘭開斯特家族的支持者，主要在國家的北部和西部；而約克家族的支持者，主要在南部和東部。玫瑰戰爭所導致的貴族大量傷亡，是貴族封建力量的削弱的主要原因之一，導致了都鐸王朝控制下的強大的中央集權君主制的發展。

小知識：

克倫威爾——草根鐵騎斬君王

生卒年：西元1599～1658年。

國籍：英國。

身分：統帥、護國主。

重要功績：1644年在馬斯頓荒原之戰中大敗國王軍，獲「鐵騎軍」之美譽。

日不落帝國的崛起——
葬身海底的西班牙「無敵艦隊」

局部戰爭，是在局部地區內進行的有限目的的戰爭，是與世界大戰相對的稱謂。除了世界大戰以外，其他的戰爭都是局部戰爭。它僅波及世界某一範圍的地區，對國際戰略形勢產生一定的影響。

西元1588年，西班牙派出了歐洲歷史上空前龐大的「無敵艦隊」湧入英吉利海峽，並集結了一支精銳的地面部隊配合艦隊渡海，水陸並進，揚言要踏平整個不列顛群島。

西班牙與英國的矛盾由來已久。從16世紀初期開始，英國的一些貿易公司就多次劫掠西班牙運載金銀財寶的船隻。德雷克就是對西班牙大搞海盜襲擊的著名人物，他指揮戰船在大西洋和太平洋上對西班牙艦隊進行了全球性的襲擊，讓西班牙人傷透了腦筋。西班牙政府多次照會英國女王逮捕德雷克，可是伊莉莎白不僅不予理睬，反而授予德雷克貴族頭銜，甚至將德雷克掠奪來的寶石裝飾在王冠上。西班牙忍無可忍，經過三年的積極籌備，決定給英國一個毀滅性的打擊。

當西班牙艦隊進入英吉利海峽的消息傳到朴利茅斯的英國海軍總部時，副司令官德雷克正與朋友們在草地上玩木球。偵察官在望遠鏡中發現密密麻麻的西班牙戰船後，慌忙向德雷克報告。德雷克不慌不忙地向朋友們說：「敵人的艦隊還遠著呢！我們打完這場球絕對來得及。」直到最後一局打完，他才披起外衣向司令部走去。這位在海上闖蕩了半輩子的海軍將領，早就擬訂出了周密的作戰方案，要使這些所謂的「無敵艦隊」有來無回。

西班牙的「無敵艦隊」一共有大型戰艦150艘，在麥地納・西東尼亞公爵

格拉沃利訥海戰（The Battle of Gravelines），1588年8月8日，西班牙艦隊和英國艦隊在格拉沃利訥（加來海峽南岸城市）附近進行的海戰。

的指揮下排成月牙形，浩浩蕩蕩駛進海峽。針對西班牙的戰艦船體龐大，機動性不強的弱點，德雷克派出少數戰艦尾隨在西班牙艦隊的後面，等待時機突襲帆檣損壞和脫隊的敵艦。英國人把這種戰術笑稱為「一根根拔下它的羽毛」，讓西班牙人乾著急沒辦法。然而，這還只是一點皮肉之傷，當西班牙的艦隊駛進法國海岸的加來港後，才真正遭到了滅頂之災。

為了切斷西班牙海陸軍之間的聯繫，德雷克決定首先將西班牙的「無敵艦隊」打垮。戰鬥開始後，英軍的8艘快艇滿載乾柴和火藥，在猛烈炮火的掩護下，乘著西南風向敵方中央的旗艦衝去。8艘快艇在撞進敵陣後，立刻爆炸燃燒起來，本來運轉就不夠靈活的西班牙戰艦頓時亂了陣腳，被引燃的戰艦著急滅火，倖免的戰艦慌忙轉舵閃避。英國的戰艦趁機發動猛烈攻擊，將100多艘西班牙戰艦被打得七零八落，潰不成軍。

第二天早晨，德雷克率領60艘英國戰艦與西班牙艦隊展開決戰。英國戰艦雖然比西班牙戰艦噸位小，但是機動靈活，航行速度快，發射炮火的速度竟比對方快四倍。雙方一交火，英國的艦隊就完全佔據了主動，在大海上來往奔駛，到處開火，縱橫攻擊，西班牙的龐大戰艦只能在原處徘徊，被動挨打。從早晨到黃昏，英國海軍以微小的代價，擊沉、擊傷了5、60艘敵艦。

這一仗打下來，無敵艦隊已經不是「無敵」而是「無力」了。麥地納‧西

東尼亞公爵決定逃跑。但是前方有英艦截擊，還得逆風而行，原路返回已經不可能。殘存的西班牙艦隊只得隨風北上，準備繞過大不列顛島，沿愛爾蘭島西岸駛回西班牙。這段路程不僅漫長，還要承受巨風惡浪的考驗。當艦隊到達愛爾蘭北部沿岸的時候，遭遇了大風天氣，許多戰船傾覆海底，八千名西班牙官兵被淹死。當疲憊不堪的「無敵艦隊」駛回西班牙的時候，已經不到原來的三分之一。

　　從此，西班牙衰落下去。而英國逐漸強大起來，成了海上霸主。

兵家點評

　　這次海戰是天主教主要擁護者與耶穌教主要擁護者之間的一次全面對抗，也是帆船艦隊間做火炮遠距離對攻的第一次大決戰。英軍在實戰中檢驗了其創造的帆船海戰戰術理論的先進性。「無敵艦隊」覆滅的一個重要原因是，當時的西班牙沒有意識到海戰方式已經發生了改革，他們還習慣於艦隊接觸，進行登船作戰；而英國已經採用了先進的海戰方式，即遠端炮戰，加上英國火炮品質優於西班牙，射程和射擊精度均優於西軍，勝利就可以理解了。從此以後，西班牙急劇衰落，「海上霸主」的地位被英國取而代之。

小知識：

彼得大帝——撼天動地野蠻人
生卒年：西元1672～1725年。
國籍：俄國。
身分：沙皇。
重要功績：1708～1709年先後在列斯納亞戰役和波爾塔瓦戰役中擊敗瑞典軍；1714～1720年在漢古特和克琅加姆兩次大海戰中擊敗瑞迪海軍；1722～1723年遠征波斯，兼併裡海沿岸部分領土。

「龜船」克倭寇——
朝鮮壬辰衛國戰爭

戰爭的制勝因素，是在戰爭中保障克敵制勝的各種條件，主要包括政治、軍事、經濟、科技、文化、地理條件和民族尚武傳統、統帥才能、戰爭指導藝術等因素。

西元1592年初，豐臣秀吉派出二十萬軍隊，分乘數百艘艦船，大舉進犯朝鮮，壬辰戰爭正式打響。

出征前，豐臣秀吉曾狂妄地對部下說：「用不了多久，整個朝鮮就會被我們征服，明朝的皇帝也會俯伏在我的腳下！」然而，他稱霸亞洲的美夢卻被李舜臣率領的朝鮮水師擊得粉碎。

5月7日，李舜臣親自率領85艘戰船，襲擊停泊在玉浦港的日本艦隊，當時日軍士兵大部分都上岸搶劫百姓的財物去了。當他們發現朝鮮戰船後，頓時慌成一團，急急忙忙向本方的船上跑。李舜臣指揮「龜船」如同猛虎一樣撲向日本艦隊，不斷放炮、射箭。在猛烈的炮火和密如飛蝗的箭雨下，日軍抱頭亂竄，鬼哭狼嚎，被炮擊、射死、燒死、落水淹死的不計其數。剛一交戰，日本戰船就有26艘被擊沉，還有許多燃起了熊熊烈火。朝鮮軍隊又在當天晚上和次日清晨，將其餘的18艘日本戰船擊沉或燒毀，不可一世的日軍艦隊就這樣被李舜臣的「大烏龜」們吞沒了。戰鬥結束後，朝鮮方面只有一名士兵負傷，這簡直是軍事史上的奇蹟。

李舜臣的艦隊連戰連捷，5月29日，朝鮮水軍將停泊在泗川岸邊的10多艘日本戰船全部擊沉或繳獲。幾天之後的唐浦海戰，再次取得大勝。在唐浦，李舜臣率「龜船」首先將日方的旗艦撞壞，使日軍群龍無首，全線崩潰，21艘日

本戰船被俘獲。接著，巧妙地運用「引蛇出洞」的戰術，將主力船隻預先埋伏在山腳下，派出3艘戰船偽裝偵察地形前去誘敵。龜縮在浦口後面的26艘日本戰船果然傾巢而出，結果遭到前後夾攻，日本戰船全被焚毀。戰鬥中，李舜臣左臂受傷，血流不止，但他屹立船頭，指揮若定。7月，朝鮮水師在閑山島海戰中擊毀日艦近百艘。11月，李舜臣在釜山地區與日軍的主力艦隊遭遇，朝鮮水軍先後擊沉日艦300多艘。並與陸上的朝鮮軍民配合將日軍逐出了漢城，一舉粉碎了豐臣秀吉的水陸並進計畫。

在此之前，朝鮮國王曾遣使向明朝告急，要求出兵援助。明政府認為，「倭寇之圖朝鮮，意實在中國，而我兵之救朝鮮實所以保中國。」遂決定援朝抗倭。在明朝軍隊的聯合進攻下，日軍遭受了重大的損失，退出朝鮮北部，豐

龜船的還原模型圖。

臣秀吉被迫與朝鮮進行和平談判。可惜的是，在日本間諜和本國奸臣的離間和陷害下，功高蓋世的李舜臣竟於1597年2月被免職。

豐臣秀吉見自己的眼中釘被拔去，立即中止談判，派出十五萬大軍再次進犯朝鮮。

李舜臣的繼任者昏庸無能，根本不是日軍的對手，交戰後，朝鮮海軍節節敗退，幾乎全軍覆沒。朝鮮政府不得不重新起用李舜臣，並且再次請求明朝出兵援助。李舜臣臨危受命，在不到一個月的時間裡，僅有殘餘的12艘戰船和一百多名水兵的基礎上，重新建立了一支所向無敵的艦隊。他率領這支水師在鳴梁海峽內外的水下暗地架設兩道鐵鏈，漲潮船隻可以安全通過，退潮時鐵鏈就會把船攔在海峽內。日本戰船在漲潮時被誘入海峽，可是當潮水退落後，戰船卻被鐵鏈纏住，進退兩難。李舜臣率領12艘「龜船」擊沉日船30多艘，日軍死傷四千多人。

西元1598年8月18日，倭寇主帥豐臣秀吉在伏見城中生病死去，臨死前遺命撤兵。11月，倭寇大將小西行長派使者將金銀等厚禮送到朝鮮水軍節度使李舜臣和明朝水軍提督陳璘營中，乞求放他們回國，但遭到了拒絕。絕望的小西行長向盤踞在泗川新城一帶的島津義弘求救，於是島津義弘集結了500艘船，企圖突破朝明聯軍的防線，奪路回國。

11月4日，李舜臣和陳璘的水軍與島津義弘的艦隊在露梁津灣一帶，展開了一場空前規模的海戰。交鋒開始的時候是在深夜，海面被炮火照耀得如同白晝。李舜臣親自駕船擂鼓，率船衝入敵陣。七十多歲的明朝老將鄧子龍率領兩百名壯士與李舜臣並肩作戰。不料，日艦的炮火打中了鄧子龍的戰船，李舜臣看到了，立刻命令自己的船隻快速援救，這時候，他的左胸不幸中了一彈。他忍著劇痛對兒子說：「戰鬥激烈，我死的消息，千萬不要聲張。」他還下令說：「把軍旗交給宋希立，發號施令，繼續擂響戰鼓，直到勝利。」

此役過後，日軍共損失了450艘船艦，官兵一萬多人，大敗而逃。

兵家點評

　　李舜臣和工程師羅大用復活了古人的智慧，在與日軍的交戰中使「龜船」大顯身手。令後人爭論不休的是，龜背是否真的像現在朝鮮人宣傳的一樣，由鐵甲覆蓋，是世界第一艘鐵甲艦？從李舜臣和其侄李芳留下的筆記來看，從未有一處提及龜背是用鐵甲。《懲毖錄》和《宣祖實錄》也沒有，反倒當時參與海戰的日本人提到有「鐵包的盲船」向自己進攻，但目擊證人並不可靠。再者，鐵背甲造價昂貴，當時的朝鮮政府不會也不可能向李舜臣提供大量的生鐵。在李舜臣日記中曾斤斤計較地提到，1592年初他借給李億祺45斤生鐵，可見其捉襟見肘。由以上可知，「龜船」應該是木製背甲。

　　如果龜船背甲是木製的話，碰到日軍用火攻，特別是毛利水軍賴以成名的「焙烙火矢」，又該怎樣抵敵？由於背甲上都是尖刺，想上去救火都不可能。李舜臣的辦法是，在船背鋪滿浸濕了海水的草席，那樣任什麼火都燒不起來了。

小知識：

李舜臣——「龜船」破倭寇的水軍名將
生卒年：西元1545～1598年。
國籍：古代朝鮮。
身分：全羅道左水軍節度使。
重要功績：1592年，率軍取得「鳴梁大捷」，以12艘戰船擊沉敵船30多艘，殲敵四千餘人，創造了世界海軍史上以少勝多的光輝戰例。

鐵騎硬弩與堅城火炮的博弈——
寧遠之戰

影響戰爭勝負的因素，大體上是三個方面，一是戰爭的政治目的與性質；二是戰爭的物質力量與精神力量；三是戰爭指導能力與藝術。

天啟六年（西元1612年）正月十四日，後金的努爾哈赤率領八旗兵，強渡遼河，兵鋒直指明朝的軍事重鎮寧遠。鎮守寧遠的明軍將領袁崇煥，決定死守這座四下無援的孤城。

正月二十三日，八旗兵來到寧遠城郊，在城北紮下營寨。努爾哈赤命人到寧遠城勸袁崇煥投降，並許以高官。袁崇煥不為所動，下令炮轟後金大營，「遂一炮殲虜數百」。努爾哈赤見狀，只好將營寨移到城西，並下令準備戰具，次日攻城。

二十四日，寧遠大戰爆發。八旗兵在努爾哈赤的指揮下，攜帶楯車、雲梯等攻城器具浩浩蕩蕩地來到寧遠城下。所謂楯車，就是用木製的手推車，前面幾層木板上面蒙著數層牛皮，用水浸濕，可以阻擋明軍的箭矢和輕型火器。楯車後面是弓箭手，在楯車的掩護下，他們呈四十五度角朝寧遠城頭射箭。努爾哈赤下令步兵和騎兵聯合在一起，蜂擁攻城，萬箭齊發。剎那間，人喊馬嘶，數萬支箭攢射在寧遠城頭，密如驟雨。

憑藉堅城護衛，明軍既不怕城下騎兵猛衝，又能夠躲避箭矢射擊。努爾哈赤命令士兵們集中兵力，攻打寧遠城的西南角。西南角的守將祖大壽帶兵奮勇抵抗，後金引以為豪的楯車，在紅衣大炮的炮擊下損失慘重，八旗兵更是死傷纍纍。努爾哈赤只得放棄西南角，改攻南城。八旗兵找準了明軍火力的薄弱地

段，在城門角的兩個炮臺之間，用斧頭鑿城。明軍用礌石、火球和弓箭，不停反擊，但是八旗兵在將帥的督促下，不畏生死，前仆後繼。他們頂著炮火，用楯車猛撞、大斧猛鑿城牆。就這樣，後金的前鋒部隊，冒著嚴寒，在寧遠城鑿開了三、四處高兩丈有餘的缺口，寧遠城危在旦夕。身負重傷的袁崇煥在城頭見狀，撕裂戰袍，將傷口裹住，奮力拼戰。周圍的將士們見主帥如此，一個個面露慚愧的神色，更加奮勇向前。袁崇煥下令往城上運送棉被，將火藥裹進棉被裡面，用細鐵絲拴住往城下送。

《清實錄》中所繪寧遠之戰。

當棉被落到了正在鑿城的八旗兵身邊時，只見所有的將士都在拼命地搶棉被。就在他們剛把棉被披在身上的時候，明軍就將棉被點著，挖城的士兵被燒死了許多。

這一天，戰鬥從清晨一直持續到深夜，雙方屍體堆積如山，八旗兵幾乎將寧遠城攻破。

正月二十五日，努爾哈赤率領著八旗軍隊再次來到寧遠城下。當後金的騎兵剛來到城頭上紅衣大炮的射程內，就聽見天崩地裂般地幾聲巨響，十門巨炮齊聲怒吼，炮彈傾瀉而下，八旗兵再次遭到重創。殺紅眼的八旗兵毫不畏懼，他們一面從城下搶走屍體到西門外的磚窯火化，一面繼續攻城。由於明朝軍隊防守的火力太猛，八旗兵無法從夾縫中找到攻取寧遠的突破口，在毫無戰果的情況下，努爾哈赤將軍隊撤到離城五里地遠的龍宮寺進行休整。

正月二十六日，努爾哈赤被迫改變了策略，放棄寧遠，改攻明軍的糧草基地——覺華島。

兵家點評

寧遠大捷，是明朝被後金攻陷撫順以來的第一次大勝仗。當時的明朝天啟皇帝說道：「此七、八年來所絕無，深足為封疆吐氣！」

袁崇煥獲勝的主要原因有三：

其一，在於戰術思想。明朝軍隊採用「憑堅城、用大炮」的思想，實行城炮結合的方法，一舉制勝。

其二，在於武器裝備。在整個寧遠之戰中，明朝軍隊擁有當時世界上最先進的西方火炮，也就是我們常說的紅夷大炮。相反，後金軍隊只有大片刀和弓箭。這樣，豈不是拿雞蛋碰明朝的堅硬石頭。

其三，在於軍事指揮。袁崇煥的軍事謀略和軍事才能，造成了努爾哈赤自從二十五歲起兵以來，最嚴重的慘烈失敗。

歷史上對於袁崇煥的評價存在「挺袁」和「倒袁」兩種觀點。倒袁派認為，寧遠大戰後期，後金大軍轉師覺華島，將明軍的糧草基地焚燒一空，並且屠殺了島上軍民一萬四千人。而寧遠之戰中後金才傷亡了五百人。由此看來，寧遠之戰不是大捷，而是大敗——正是袁崇煥「抗命不尊、怠忽職守」，才導致了「丟糧棄島」的敗局。

孰是孰非，相信總會有一個公正的評價。

小知識：

袁崇煥——千古軍人之模範

生卒年：西元1584～1630年。

國籍：中國。

身分：明軍督師。

重要功績：寧遠之戰，使八旗兵統帥努爾哈赤自起兵以來遭遇了第一次重大挫折。

歐洲歷史上第一次大規模國際戰爭——30年戰爭

國家戰略，是指導國家各個領域的總方略。它是籌劃和綜合運用國家的政治、經濟、軍事、科技、文化、外交和精神力量，保衛國家安全，振興國家，以達到國家目標的科學和藝術。

從1618年到1648年的30年間，歐洲兩大對立集團爆發了一場大戰，史稱「30年戰爭」。這兩個對立集團，一個是羅馬教皇和波蘭支持的哈布斯堡集團，由奧地利、西班牙、德意志天主教聯盟組成；一個是英國和俄國支持的反哈布斯堡聯盟，由法國、丹麥、瑞典、荷蘭、德意志新教聯盟組成。

主戰場在德意志，戰爭過程分為四個階段：

捷克階段（1618年～1624年）。1618年，奧地利哈布斯堡家族冊封的國王費迪南瘋狂迫害新教徒，激起了捷克人民大起義。起義軍佔領布拉格後，宣布獨立。第二年，起義軍進攻奧地利，包圍了維也納，與費迪南談判。1620年西班牙的提利率天主教傭兵攻入捷克，起義軍於8月被迫撤離奧地利。同年11月，曼斯費爾德統帥的新教聯盟軍在布拉格與提利天主教聯盟軍展開決戰，西班牙軍和天主教聯盟軍攻入普法爾茨，起義被鎮壓下去。第一階段，以新教盟軍失敗，天主教聯盟勝利而結束。

丹麥階段（1625～1629年）。1625年丹麥在英、荷、法支持下，以援助德意志新教聯盟為名出兵德意志，很快攻入德國西北部；同時曼斯費爾德率英軍佔領捷克西部。神聖羅馬帝國皇帝起用瓦倫斯坦為武裝部隊總司令。4月，瓦倫斯坦率傭兵擊敗曼斯費爾德，之後擊敗丹麥。次年5月，迫使丹麥和皇帝簽訂

《盧貝克和約》，退出德意志，不再干涉德意志事務。

　　瑞典階段（1630～1635年）。丹麥退出後，天主教聯盟的勢力向波羅的海延伸，引起了瑞典的不滿。在得到法國的支持後，瑞典國王古斯塔夫二世·阿道夫，於1630年7月率軍在奧得河口登陸，迅速攻佔了德國北部和中部的大片領土。1631年7月，瑞典軍和提利傭兵進行維爾本會戰，提利潰敗。同年9月17日，瑞典和薩克森聯軍在布賴滕費爾德之戰中重創提利軍。瑞典軍進而驅逐西班牙軍佔領萊茵區，此戰中提利被擊斃，瓦倫斯坦被重新起用，他巧借古斯塔夫戰術，並把瑞典軍後勤補給線切斷，抵擋了瑞典軍的攻勢。1632年11月16日，兩軍在呂岑決戰，瑞典獲勝，但雙方損失都很慘重，瓦倫斯坦戰敗，古斯塔夫二世戰死。瑞典軍暫停擴張，瓦倫斯坦也退回捷克割據，後被德皇暗殺。1634年9月，德皇在西班牙軍隊的支持下，在訥德林根大敗瑞典軍。瑞典軍被迫北撤。失去了德意志中部的薩克森和勃蘭登堡領地。

　　全歐混戰階段（1635～1648年）。1635年瑞典軍戰敗，促使法國直接出兵德意志、尼德蘭、義大利、西班牙。留在德意志北部的瑞典軍趁機再次侵入德意志中南部。

　　1636～1637年西班牙軍南北夾攻法國並進逼巴黎，被法軍擊退。1638年8月西班牙海軍被法國海軍擊敗，1639年10月西班牙海軍主力又被荷蘭軍殲滅。1643年5月，孔代親王指揮法軍全殲西班牙軍主力。

　　1645年8月，法軍又在訥德林根打敗神聖羅馬帝國皇帝軍隊，皇帝喪失大部分德意志領土。1648年5月，法瑞聯軍在楚斯馬斯豪森交戰中徹底擊敗皇帝軍，德無力再戰，被迫求和。同年10月，神聖羅馬帝國和參戰各方簽訂《維斯特伐利亞和約》，戰爭結束。

兵家點評

　　這次戰爭對世界軍事學術和技術起了積極的推動作用。例如：滑膛槍得以進一步改進，並開始大量投入使用；火炮也進行了改進，開始實行標準化；炮兵已成為一個獨立兵種；武器裝備的改進使戰術發生了革命，戰鬥隊形趨向靈活；促使了許多國家軍事制度發生變革；在戰爭中湧現了一大批軍事將領，如瑞典的古斯道夫二世、法國的蒂雷納等。

小知識：

蒂雷納——路易十四時代法蘭西最鋒利的寶劍
生卒年：西元1611～1675年。
國籍：法國。
身分：元帥、子爵。
重要功績：1658年，蒂雷納在敦克爾刻之戰中與英軍聯合，殺掉和俘虜了六千五百名西班牙士兵，自己只損失了四百人，這次戰役對法國勝利結束戰爭起到了關鍵作用。

兩雄爭霸的落日之戰——
綿延200年的伊土戰爭

突擊，指集中兵力、火力對敵人進行急速而猛烈的打擊，是進攻的
基本手段和主要戰法。

　　土耳其奧斯曼帝國和伊朗薩菲王朝都信奉伊斯蘭教，但所屬派別不同，土
耳其以遜尼派為國教，薩菲王朝信奉什葉派，雙方在宗教統治權和兩河流域領
土上的爭奪戰爭十分激烈。在土耳其帝國內有很多的什葉派教徒，薩菲王朝就
鼓動這些什葉派教徒叛亂。1513年，土耳其蘇旦塞利姆一世兇殘鎮壓叛亂者，
殺戮五萬人之多，並藉此對薩菲王朝發動了戰爭。

　　1514年8月23日，兩國軍隊在查爾迪蘭展開了決戰。土耳其部隊與伊朗部
隊有明顯差異，土耳其除了步兵、騎兵外，還有強大的炮兵，伊朗主要是持有
馬刀和長矛的騎兵，在軍事上不佔優勢。土耳其耶尼切里兵團在炮兵的配合下
衝破伊軍抵抗，佔領了伊朗首都大不里士。1515到1517年間，土耳其又不斷擊
退伊朗軍隊，先後佔領了科奇希薩爾、敘利亞、黎巴嫩、巴勒斯坦、埃及等很
多領土，在戰爭中，土耳其的炮兵都發揮了不可小覷的作用。1536年，土耳其
佔領了兩國爭奪外高加索和美索不達米亞統治地位的主戰場格魯吉亞西南的部
分領土。這時伊朗也有了自己的炮兵部隊，戰爭雙方都互有勝敗。到1555年5
月，雙方在阿馬西亞城簽訂合約，伊朗佔領了外高加索，土耳其把伊拉克納入
本國版圖。格魯吉亞和亞美尼亞被雙方平分，卡爾斯城區被確認為中立區。

　　雙方第二階段戰爭從1578年開始，持續將近半個世紀。土耳其奧斯曼帝國
在克里木諸可汗軍隊的鼎力相助下，趁薩菲王朝內部發生分歧之機，於1578年
派軍隊開進外高加索地區，跨過卡爾斯城，並佔領了南格魯吉亞。8月10日，

土軍擊潰伊朗沙赫軍隊的抵抗，進一步佔領東格魯吉亞和東亞美尼亞，隨後又侵入北阿塞拜疆，佔領了希爾萬。土軍與克里木可汗軍隊攜手，企圖吞掉伊朗西部，但沙赫阿拔斯一世卻使伊朗重振國威，不僅收復了西部的一些領土，還新吞併了阿富汗等地區。由於阿拔斯一世忙於對烏茲別克封建主的戰爭和對國內起義的鎮壓，不得不與奧斯曼土耳其簽下屈辱性的《伊斯坦布爾和約》，此次伊朗喪失了整個外高加索和盧里斯坦、庫爾德斯坦大部領土。

奧斯曼一世（1258年～約1326年），土耳其奧斯曼帝國的創建者。

16、17世紀之交，伊朗軍隊進行改革，實力壯大，於1602年主動向土耳其發動了戰爭。由於土耳其沒有對軍隊進行體制上的改革，面對伊朗的進攻有些措手不及。戰爭持續到1612年時，伊朗獲取全面勝利，在1613年11月簽訂《伊斯坦布爾和約》，將勝利果實收入囊中。此後，土耳其因為對條約有所不滿並進行了報復，其結果不但沒有成功，反而激發了伊朗擴張的欲望。1639年，伊拉克爆發了反對土耳其蘇丹穆斯塔法一世統治的起義，阿拔斯一世趁機攻佔了巴格達。土耳其蘇丹穆斯塔法四世在位期間，由於在對歐洲的征戰中屢次敗北，就把目標轉向外高加索和伊朗西部，並血洗哈馬丹城，屠殺了全城的居民。1639年5月，伊土簽訂《席林堡（佐哈布）條約》。兩國邊界維持現狀，但土耳其重新控制了伊拉克。

第三階段從18世紀初開始。1723年，土耳其蘇丹艾哈邁德在薩菲王朝走向沒落之時再次向伊朗發動進攻，進軍外高加索地區佔領了很多領土，但此舉危害了沙俄在外高加索的利益。1724年6月，俄土在伊斯坦布爾簽訂《君士坦丁堡條約》，條約中規定俄國佔領1723年俄伊《彼得堡條約》列舉的裡海沿岸所有地區；土耳其控制外高加索其餘地區、伊朗西部和克爾曼沙阿、哈馬丹。即

使如此，土軍還不滿足，再次於1725年進軍伊朗東部並佔領了加茲溫。1730年，伊朗的納迪爾率軍擊退土軍進攻，並收復哈馬丹、克爾曼沙阿和南阿塞拜疆。1736年，納迪爾登上伊朗沙赫王位，進行軍隊改組，擴充數量和完善裝備，尤其側重炮兵發展。準備就緒之後，納迪爾為奪回被土耳其掌控的伊拉克和外高加索，於1743年再次向土耳其發動戰爭，戰爭持續三年未分勝負。

兵家點評

伊土戰爭持續長達200餘年，作戰雙方兩敗俱傷，最終都淪為了英法兩國的殖民地。由於兩國處於落後的封建社會而且正衰敗中，使軍事學術在長期的戰爭中發展遲緩。交戰之初，雙方軍隊的主要兵種是裝備矛、盾、馬刀、弓箭、短劍和火槍的騎兵，常備步兵處於從屬地位。到了17、18世紀，由於西歐經驗的傳入，步兵的作用有所提高，裝備了火槍，並編成正規軍體制。炮兵做為一個兵種在土耳其出現較早，它曾是奧斯曼土耳其向外擴張的有力武器。在使用射擊武器之前，雙方的勝負通常取決於大批騎兵的衝擊和圍殲。隨著正規步兵和炮兵的出現，騎兵變成了戰鬥隊形的主體，掩護側翼安全，並完成對敵突擊。軍隊作戰採用疏開隊形，到17、18世紀則採用線式戰鬥隊形。奪取要塞多靠長期圍攻，對潰逃之敵一般不予追擊。

小知識：

蘇沃洛夫──刺刀突擊的實踐者
生卒年：西元1729～1800年。
國籍：俄國。
身分：元帥。
重要功績：屢次擊敗法軍，橫掃義大利北部，並翻越阿爾卑斯山遠征瑞士，解救被困俄軍。

美國自由的搖籃曲──
萊剋星頓的槍聲

反突擊，是防禦戰役中對突入之敵實施的攻擊行動，亦稱戰役反擊，是防禦戰役中的主要攻勢行動，帶有決戰性質。

1775年4月20日清晨，距波士頓不遠的康科德鎮外突然槍聲大作，殺聲震天。埋伏在籬笆後、灌木叢中、房屋頂上、街道拐角處的民兵，一起掃射準備撤退的英軍。身在明處的英軍企圖舉槍還擊，卻一個民兵也看不到，只見他們一批跟著一批倒在地上……

這是康科德鎮及其附近的民兵，在反擊前來掠搶軍需倉庫的史密斯部隊。

1775年4月18日，馬薩諸塞總督兼駐軍總司令蓋奇，獲悉「通訊委員會」有一個祕密軍需倉庫在離波士頓不遠的康科德鎮上。蓋奇聽後即刻命令史密斯少校帶八百名英軍前去搜查。這支隊伍連夜出發了，在4月19日凌晨，他們來到了小村莊萊剋星頓，距康科德鎮還有6英里的路程。

史密斯率領著部隊行進在黎明前的薄霧中。士兵們一夜的行軍，各個都疲憊不堪。正當他們無精打采的時候，突然發現在村外的草地上有幾十個手握長槍的村民，正嚴陣以待，似乎已經察覺了他們的行動。史密斯非常清楚這些武裝的村民就是萊剋星頓的民兵，因他們行動極為敏捷迅速，只要接到警報，就能保證在一分鐘內集合完畢，投入戰鬥中，所以北美大陸殖民地的人們都稱他們是「一分鐘人」。令史密斯不解的是，英軍的行動為什麼會這麼快暴露呢？

其實，「通訊委員會」的偵察員在他們行動的那一刻就得到了情報，並在波士頓教堂的頂部掛出信號──一盞紅燈。醒目的信號燈當時就被「通訊委員會」的信使保爾‧瑞維爾看到了，他騎快馬趕往康科德鎮報了警。

　　史密斯定睛一看，對方只有幾十個衣服破爛的民兵，警惕的心立刻就放了下來，當即舉刀發令：「射擊！跟我衝！」

　　槍聲在萊剋星頓上空響徹雲霄，傳出很遠。由於寡不敵眾，加上地勢不利，民兵沒有堅持多久就撤離了戰場，紛紛躲避起來。

　　英軍這第一仗打得很順利，情緒非常高昂，在史密斯的指揮下，直奔康科德。

　　當他們抵達康科德鎮時，太陽已高高掛在東方的天宇上，可是大街上卻不見一個人影，顯得異常的冷清。史密斯並沒多想，下令仔細搜查。士兵進入百姓的庭院、屋中進行搜查，從裡到外折騰了好長時間也沒找到倉庫的影子。原來，「通訊委員會」接到警報後，立刻調集民兵把倉庫轉移了地點，領導人也都隱藏起來了。

　　史密斯突然意識到形勢不妙，連忙下令「撤」，就在這時喊殺聲、槍聲四起。

描繪美國獨立戰爭的名畫《華盛頓渡過特拉華河》，伊曼紐爾‧諾伊蘇（美）（1816年～1868年）。

　　附近各村的民兵接到警報後，紛紛從四面八方趕往康科德，並埋伏在籬笆後、灌木叢中、屋頂上和街道轉角處。英軍準備撤退時，早已把他們包圍的民兵開始射擊。猝不及防的英軍無力還擊，一路退向波士頓，沿途也屢遭民兵的襲擊，被打得狼狽不堪。戰鬥持續到黃昏，史密斯等人才被從波士頓派來的援軍救走。

　　這一仗，民兵犧牲幾十人，英軍損傷較為慘重，死傷了兩百四十七人，倖免於難的英軍也彈藥耗盡。一個英軍士兵回顧道：「我48小時滴水未進，帽子被打掉飼次，上衣被子彈穿透兩次，刺刀也被他們打掉了。上帝啊！回想起來我就害怕！」

兵家點評

　　萊剋星頓的槍聲給了北美人極大的鼓舞，各殖民地紛紛建立起民兵。萊剋星頓有八十四名血氣方剛的年輕人成立起「綠色少年」的反抗組織，冒死向加拿大進攻，奪取了哈得遜河北段的英軍炮臺，奪得大炮六十門；另有一支民兵也曾攻向加拿大，雖不得手，卻逼得英軍不敢分兵由加拿大南下。其他殖民地的民兵也都行動起來，有的公然攻打軍營堡壘，有的焚燒政府官員的住宅，到處是一片革命的燎原之火。

小知識：

華盛頓──老美也會打游擊
生卒年：西元1732～1799年。
國籍：美國。
身分：總統。
重要功績：1776年在特倫頓戰役中擊敗英軍，次年在普林斯頓戰役中再次擊敗英軍。

拿破崙畢生最引以為傲的一次勝利——
馬倫哥之戰

戰役保障，是戰役軍團為順利遂行戰役任務所採取的各種保障措施的統稱，是構成戰役力量的重要因素。

1800年5月，在終年積雪的阿爾卑斯山上，威名赫赫的拿破崙騎著白色的戰馬，身穿一件灰色大衣，正帶領他的遠征軍艱難地行進在陡峭崎嶇的小道上。小道的兩邊是高聳的山崖和萬丈深淵，只要稍不留意，就會墜落谷底，摔個粉身碎骨。士兵們在猛烈的風雪中小心翼翼地辨認著道路，生怕一失足便做了阿爾卑斯山的孤魂野鬼。他們要趕赴義大利，突襲駐紮在那裡的奧地利軍隊。

6月14日，作戰雙方開始了正面交鋒。一開始，拿破崙錯估了會戰的主戰場，差點讓自己全軍覆沒。當他嚴陣以待，準備給在沃蓋臘的奧軍迎頭痛擊時，法軍大敗的壞消息卻從馬倫哥傳來，亞歷山大里亞的奧軍鋪天蓋地壓向法軍。法軍連連敗退，幾乎全軍崩潰了。

奧軍統帥梅拉斯認為勝利在握，更是欣喜若狂，命參謀長繼續指揮，他要回亞歷山大里亞休息，臨走時得意地對參謀長說：「放心打吧！拿破崙很快就會來求和，他堅持不了多久的。」

且說法軍，會戰中確實一片混亂，甚至有兩團法軍未做任何抵抗就倉皇撤退了。

拿破崙聽到兩團士兵放棄陣地的消息時，迅速趕赴那裡。士兵們聽說拿破崙來了，立即列隊集合，等待拿破崙暴風雨般的訓斥。

果然，拿破崙鐵青著臉，怒吼道：「你們玷污了我的法國兵團！你們不配

世界名畫──《跨越阿爾卑斯山聖伯納隧道的拿破崙》，雅克·路易·大衛（作於1800～1801年）。其實，拿破崙翻山時騎的不是馬而是驢子，穿的是一般軍大衣而不是紅色斗篷。大衛之所以要求做這樣的修改，據說是為了渲染其「英雄的氣概和史詩般的遠征」。

稱為法蘭西共和國的軍隊！」拿破崙威嚴的目光停在每一個士兵身上，他們都羞愧地低著頭，聽著拿破崙的斥責。「我這就讓參謀長在你們的團旗上寫上『他們不再屬於法國兵團』幾個字，讓全軍都知道你們是怯懦的膽小鬼！」

　　此刻，這裡一片沉寂，忽然，一個士兵大喊：「大人，請不要那樣做，否則將成為我們終生的恥辱。請再給我們一次機會，我們一定把喪失的陣地奪回來。」話音一落，其餘士兵都跟著喊起來：「對，我們要用鮮血來證明我們的勇氣！」士兵們附和著、叫喊著，眼裡都噙著淚水。如此真切的懇求感動了拿破崙，他臉色漸漸緩和下來，揮一揮手，示意大家安靜，說道：「好，我再給你們一次機會，我要看到你們用勇氣洗刷自己的恥辱。我已派人去調德賽的兵團了，他們很快就會來的。現在，我命令──為了法蘭西的光榮，為了你們的

榮譽，打敗奧地利──出發！」

「為了法蘭西的光榮，衝啊！」

士兵們的吼聲振聾發聵，與剛才敗退時相比儼然換了一支隊伍，一個個如狼似虎，撲向奧軍的陣地。戰場上子彈橫飛，刀光劍影，有的甚至扭打在一起，奧軍的士兵一批又一批的倒下，但他們的增援部隊一浪接一浪的湧來，法軍眼看就要招架不住了。忽然，在槍炮聲和喊殺聲中，傳來了「咚、咚、咚……」的戰鼓聲。有人喊了一聲：「我們的援軍到了！」只見遠方煙塵滾滾，黑壓壓的法國騎兵正鋪天蓋地壓過來，法國士兵們高興得大聲歡呼。轉眼間騎兵們來到法軍陣地前，德賽向拿破崙報告後，指揮著軍隊在激越的戰鼓聲中奮勇衝殺，勢不可擋。剛才還是勝利之師的奧軍，一下子亂了陣腳，一批接著一批的奧軍跪在地上，繳械投降，奧軍全面潰退了。梅拉斯做夢也未曾想到戰勢變化如此之快，敗局已定，不得不派人向拿破崙求和。6月15日下午，拿破崙的代表與梅拉斯在亞歷山大里亞簽署了停戰協定。

兵家點評

馬倫哥戰役是一次戰略欺騙和戰略奇襲的傑作。拿破崙有效地製造和利用了敵人在判斷上的錯誤，真正做到了出敵不意，出奇制勝。出敵不意，攻其無備，這是拿破崙慣用的作戰手段。戰役開始前，他一反常規，選擇了一條歷史上很少有人走過、在一般人眼裡根本無法通行的道路。結果，大出奧軍意料之外，達成了戰略上的突然性，收到了戰略奇襲的效果。戰役開始前，為了隱蔽自己的真實企圖，造成敵人的判斷措誤，拿破崙成功地採取了一系列戰略性的欺騙和偽裝措施。例如，在瑞士方向故意示弱於敵，有效地隱匿了預備軍團的真實面目和行軍路線，並使敵人錯誤地判斷了法軍的真實企圖。

此戰固然有著成功的經驗，但也暴露了拿破崙在指揮上的一些失誤：

①對進軍路線的地形和敵情，缺乏周密的偵察和認真的分析。戰役開始

前，拿破崙只派一名不懂炮兵的參謀軍官前去偵察地形，結果沒有發現大聖伯納山口附近這段道路根本不能通行火炮的情況。如果沒有當地村民幫助，法軍炮兵很可能永遠無法通過。

②在米蘭停留時間過久，致使被圍困的馬塞納部隊，在彈盡糧絕的情況下被迫向奧軍投降，失去了一支可以從南面牽制梅拉斯的重要力量。

③馬倫哥交戰前兩天，拿破崙錯誤地分散了兵力，從預備隊中抽走了兩個師，險些使法軍遭到慘敗。如果不是德賽將軍在千鈞一髮的關鍵時刻率領援軍趕到戰場，後果將不堪設想。

但這些並不損害馬倫哥戰役本身的價值。

小知識：

拿破崙——「戰神」、「超人」、「強者」的代名詞
生卒年：西元1769～1821年。
國籍：法國。
身分：皇帝。
重要功績：曾經佔領過西歐和中歐的大部分領土，奧斯特里茨戰役是拿破崙個人軍事生涯的頂峰。

「只要還存在戰爭，它就不會被忘記」——奧斯特里茨三皇會戰

戰役編成，是為遂行戰役任務而對參戰兵力進行的組合，通常由建制和配屬的兵力組成。

1805年12月2日，奧斯特里茨大戰在即。法國皇帝拿破崙身穿灰色大衣，頭戴三角形皮帽與幾位帥騎著戰馬來到陣前，法軍的陣線沿著南北流向的歌德巴赫河右岸向東展開，左翼依託在一個小圓丘上，右翼緊靠著一連串冰凍的湖泊和沼澤地，戰線中央面對著俄奧聯軍佔據的普拉欽高地。拿破崙在地形複雜的右翼僅部署了一萬法軍來牽制聯軍的飼萬之眾，而在左翼和中央的決定性地段上，集中了六萬法軍和大部分火炮。

拂曉時分，俄奧聯軍統帥庫圖佐夫在普拉欽高地的指揮部裡下達了進攻命令，身穿灰色軍裝的俄軍和身穿白色軍裝的奧軍分兵六路，以密集的隊形潮水般湧向法軍陣地。聯軍的主力部隊猛烈攻擊法軍的右翼，南線炮聲隆隆，喊殺聲震天，處於劣勢的右翼法軍漸漸不支，被逼退到馬克斯多夫和圖拉斯。俄軍的一部分軍隊乘勝渡過歌德巴赫河，向法軍的後方迂迴。在法軍的右翼即將崩潰的危急時刻，達鳥第3軍團救星般從萊葛蘭趕到戰場，對俄軍左翼猛烈側擊，將其逐回對岸。

上午8時，籠罩在戰場的晨霧已經散去，太陽噴薄而出。拿破崙命令蘇爾特率兩個師猛撲普拉欽高地，力求從中央將聯軍的戰線斬斷。此時，庫圖佐夫在沙皇嚴令下，離開高地，增援哥羅拉德去了，中央的聯軍主力也正向左翼移

拿破崙在奧斯特里茨達到了個人軍事生涯的頂峰，圖為軍官向皇帝報捷。

動。高地上的俄軍人數很少，很快就被法軍擊潰了。庫圖佐夫擔心俄軍的後路被切斷，立即調動預備隊前來爭奪。這時，法軍左翼的蘭諾軍團、伯那多特軍團和繆拉騎兵軍團也開始全線進攻，以牽制俄軍向普拉欽高地增兵。一時間，普拉欽高地變成了屠場，數不清的法軍士兵和俄軍士兵在各自炮火的掩護下，忍受著巨大的傷亡代價，做著殊死搏鬥。為了重新奪回高地，俄軍集中了全部的騎兵部隊，拼命發動衝擊。法軍不甘示弱，也出動了最精銳的近衛騎兵軍。兩支龐大的騎兵隊伍迎面衝來，像兩股洪流猛烈地撞擊在一起。哥薩克騎兵的馬刀與近衛軍的闊刃相互撞擊，發出驚心動魄的聲響，最殘酷的白刃戰上演了。經過四個小時的反覆爭奪，到了中午11時左右，法軍最終佔領了高地。

　　拿破崙抓住戰機，命令蘇爾特軍團順著普拉欽高地西南方衝下去，向俄奧聯軍左翼的側後方發起了決定性的進攻。在法軍的前後夾攻下，聯軍的左翼主

力迅速崩潰，紛紛向後敗退。可是他們唯一的退路就是狄爾尼茲和察特卡尼兩個湖泊之間一個狹長的沼澤地帶。幾萬聯軍爭先恐後地奪路逃命，就連結冰的湖面上也站滿了逃亡的士兵。法軍順勢向湖面開炮，冰層破裂，聯軍士兵不斷掉入湖裡淹死，景象十分悲慘。就在聯軍中央和左翼崩潰時，右翼巴格拉齊昂和利希特斯坦部也被法軍擊潰。

在會戰過程中，俄國沙皇和奧國皇帝眼見全軍覆沒，慌忙逃竄。聯軍總司令庫圖佐夫兵敗負傷，險些成了俘虜。

兵家點評

法軍在奧斯特里茨以少勝多，突出表現了拿破崙卓越的統帥才能。整個戰役也給後人留下了較為深刻的啟示：

①戰役籌劃者必須洞觀戰略全局，以求高屋建瓴。開戰之前，拿破崙就清楚地意識到，法軍的主要對手是俄軍，必須在普魯士參戰前擊敗俄軍，才能從根本上扭轉戰局。因此他的一切行動，都是緊緊圍繞追擊俄軍來實施的。

②必須有效地實施戰略欺騙。當俄奧聯軍正在戰與不戰的問題上紛爭徘徊的時候，拿破崙主動「示弱露怯」，點燃了對手的驕狂之火，使決戰成為可能。

③必須著力於選擇有利戰場。法軍右翼部署在利塔瓦河與哥德巴赫河的匯合處的沼澤地帶和幾個湖泊，依託有利地勢牽制了數倍於己的敵軍。普拉欽高地是一個可以影響和控制全局的要害地點，拿破崙先是「示弱誘敵」，放棄了普拉欽高地，隨後又趁勢奪回高地，取得了主動權。

④必須堅持集中優勢兵力原則。從整體兵力比對看，法軍以七萬對敵八萬，居於劣勢。可是，經過拿破崙的具體部署之後，南翼法軍僅以一萬多人牽制著聯軍四萬多人，而在北翼，法軍則集中了約六萬人去對付聯軍的四萬多人，法軍在局部上形成了優勢。

⑤必須把握戰機，果斷用兵。在奧斯特里茨戰役中，法軍無論是在南段調動二線部隊反擊進攻之敵，還是關鍵時刻為奪佔普拉欽高地而實施的突擊，及至北段對敵反擊和最後對潰敗敵軍的衝擊，都可謂恰到好處。

從歐洲軍事發展史的角度來看這場戰役，奧斯特里茨戰役已超出了其本身的軍事價值，它宣告了警戒線式戰略和線式戰術的失敗，證明了資產階級法國的軍事制度和軍事學術的優越性。由此引發出歐洲近代一次影響深遠的軍事變革。恩格斯在《奧斯特里茨》一文中曾這樣評價奧斯特里茨會戰：「奧斯特里茨是戰略上的奇蹟，只要還存在戰爭，它就不會被忘記。」

小知識：

庫圖佐夫——俄羅斯的老狐狸
生卒年：西元1745～1813年。
國籍：俄國。
身分：元帥、親王。
重要功績：在1812年博羅季諾戰役中重創法軍後放棄莫斯科，以靈活戰術拖垮法軍。不久指揮反攻，將拿破崙逐出俄國。

成敗皆英雄——
拿破崙兵敗滑鐵盧

戰役正面，指戰役軍團展開後，面對敵人的一面，分為進攻戰役正面和防禦戰役正面。

1815年初，猶如困獸出籠的拿破崙逃離厄爾巴島在法國的南部登陸。他一路上聚集舊部，於3月20日兵不血刃進入巴黎，趕走了法國國王路易十八，重新回到了杜樂麗宮。反法聯盟的各國首腦此時正在維也納開會，他們聽到這個驚人的消息後，立刻停止了「窩裡鬥」，迅速組成第七次「反法聯盟」來捕殺這頭發瘋的「獅子」。

6月18日，大決戰在滑鐵盧展開了。

英軍駐紮在一個山崗，由威靈頓將軍率領，法軍則由拿破崙親自指揮。

清晨，下起滂沱大雨。天氣轉晴後，拿破崙親自來到陣前檢閱部隊。軍樂聲聲，戰旗獵獵，騎兵英武地揮動戰刀，步兵用刺刀尖挑起自己的熊皮軍帽，向皇帝致意。

上午11時，決定歷史進程的時刻到來了。法軍炮手率先發動了進攻，用榴彈炮轟擊山頭上身穿紅衣的英國士兵。接著，元帥內伊指揮步兵發起了衝鋒。法軍越過低窪地帶，向對面山崗上的英軍陣地奮勇衝去。威靈頓指揮英軍頑強抵抗，炮彈像驟雨般落了下來，在空曠、泥濘的山坡上到處都是法軍士兵的屍體。

整個下午，法軍向威靈頓的高地發起了一次又一次的衝鋒。戰鬥一次比一次殘酷，投入的步兵一次比一次多。法軍幾次衝進被炮彈摧毀的村莊，又幾次被擊退出來。雙方僵持不下，彼此疲憊不堪，都在焦急地等待著各自的援軍。

拿破崙盼望著格魯希，威靈頓等待著布呂歇爾。

黃昏時分，在東北方的叢林中湧出一支軍隊。拿破崙和威靈頓都在祈禱上帝：來的是自己人！當那支部隊走近時，雙方都看的非常清楚，那高高飄揚的是普魯士軍旗！

拿破崙一臉絕望地放下手中的望遠鏡，喃喃自

滑鐵盧戰役是拿破崙軍事生活中最黑暗的一天，從此結束了他的戎馬生涯。

語道：「格魯希，格魯希到底在哪裡？」

此時的格魯希並沒有意識到拿破崙的命運掌握在自己的手中。他於17日晚間出發，率軍按預計方向去追擊普魯士軍隊。可是一直到第二天戰鬥開始，格魯希也沒有發現敵人的蹤跡。當炮聲從滑鐵盧方向不停地傳來時，將士們急切地向格魯希建議：「立即向開炮的方向前進！」可惜，這個毫無主見的傢伙只習慣於唯命是從，膽小怕事地死抱著寫在紙上的條文——皇帝的命令：追擊撤退的普軍。副司令熱拉爾請求率領自己的一師部隊和若干騎兵到戰場上去，也遭到了拒絕。格魯希一邊繼續前進，一邊懷著越來越不安的心情等待著皇帝要他返回的命令。可是沒有任何消息傳來，只有越來越遠的炮聲。

沒有等到援軍，拿破崙決定孤注一擲。他把最後的四千名近衛軍都調入進攻的行列，成敗在此一舉。士兵們排成七十人一隊，爬上陡坡，拼死向前衝去。在距離英軍防線不到60步時，威靈頓突然站起來大聲疾呼：「全線出擊！」英軍的後備隊排山倒海般地向法軍撲去。與此同時，普魯士騎兵也從側面衝殺過來。到了晚上21時，普軍突破法軍防線，拿破崙的部隊亂成一團，無法堅持下去，只得四處潰逃。這支有著赫赫軍威的部隊瞬間變成了一股抱頭鼠

竄、驚慌失措的人流，捲走了一切，也捲走了拿破崙本人。這時，他已不再是個皇帝，他的政治生命和軍事生涯就此終結了。

兵家點評

在世界戰爭史上，滑鐵盧之戰以戰線短、時間短、影響大、結局意外而著稱，也是全世界唯一一場失敗者比成功者得到更多榮譽的戰爭。正如維克多‧雨果所說：「滑鐵盧是一場一流的戰爭，而得勝的卻是二流的將軍。」

除了人事方面的原因，在其他方面，法軍也存在著失敗的危機：

①軍隊素質差，指揮員缺乏。拿破崙在兩個月內組建了二十八萬四千人的軍隊，其中不少是老兵。部隊缺乏系統訓練，槍械、彈藥、馬匹也十分匱乏。部隊的高、中級指揮官嚴重不足，以致格魯希這樣的平庸之輩也要獨當一面。

②兵力分散，調動不及。在滑鐵盧決戰時，拿破崙分出三分之一的兵力，由格魯西帶領去追擊去向不明的普軍，致使該部脫離戰場。

③沒有及時殲滅普軍。法軍先於滑鐵盧決戰前兩天的6月16日，在里尼擊潰布呂歇爾的普軍。但因1軍團迷路，沒有及時趕到戰場，6軍團又距離過遠，調動太遲，致使里尼之戰成為擊潰戰，而不是預想的殲滅戰。導致普軍捲土重來，最後與英軍會合，加入了滑鐵盧的戰鬥。

小知識：

威靈頓——打敗拿破崙的毛頭小子

生卒年：西元1769～1852年。

國籍：英國。

身分：陸軍元帥、公爵。

重要功績：以聞名全球的經典決戰——滑鐵盧戰役徹底終結了拿破崙的軍事生涯。

第三章
近代兵器時代

巴掌大的烏雲也會變成滂沱大雨——
印度抗英之戰

開進，是部隊由集結地域或待機地域向準備進入交戰地區的行動。
其主要方式有徒步開進、摩托化開進和兩者結合的開進。

　　西元1858年4月的一天，印度的章西城一帶，炮火不斷，殺聲震天，這是印度人民在與英國侵略者激戰。在一場激烈的廝殺之後，全城陷入了死一般的寧靜。這時，一位手持長刀的青年婦女，登上了高高的堡壘。她用充滿怒火的雙眼凝視著全城：許多房屋已經倒塌，大批民眾倒在血泊之中……手下的人急切地勸她說：「女王，我們轉移吧！英軍已殺進了南門！」

　　女王一言不發。在大家的期待中，她突然大喊一聲：「跟我衝！」隨即迅速走下堡壘，帶領一千多名士兵殺向敵軍。然而，敵眾我寡的劣勢，讓她和前幾次衝鋒一樣被擊退。疲憊的女王剛回到宮中，就接到報告：北門也失守了！

　　女王震怒地說：「我要點燃這幫強盜的軍火庫，和他們同歸於盡！」部下紛紛勸阻，提議她立即突圍。女王沉思很久，終於決定轉移後再反攻英軍。次日，人們焚燒了王宮周圍的房屋，用熊熊烈火阻擋進城的英軍。當晚，女王把養子綁在自己的背上，騎上白馬，帶上十幾名隨從，衝出城門……

　　這位勇敢的女王，名叫拉克希米·拜依，從小性格剛毅，武藝超群，後嫁給章西土王，土王死後無子，她代行養子職權被稱為「章西女王」。英國的印度總督以「土邦沒有男子繼承王位，領土就自動喪失」為由，派兵進犯章西城。在強大的侵略者面前，女王和她的子民寡不敵眾，撤出了章西城。西元1857年5月，印度爆發了民族大起義，拉克希米·拜依一身戎裝，手提戰刀，親率軍民一起投入戰鬥，攻佔了英軍軍火庫，打死了他們的最高指揮官，並攻

下了多個據點。很快，章西重獲獨立，拜依再次登王位。

英國殖民者不甘失敗，在西元1858年1月由羅斯率兵捲土重來。勇敢的章西女王早已做好了迎戰準備，她率領軍民搬運糧草，加固城牆，架設大炮，專等侵略者的到來。英軍包圍章西城並在城的東部和南部修建炮臺，準備攻城。兩

印度起義軍與英軍展開巷戰。

天後的清晨，章西起義軍的大炮向英軍開火，激烈的炮戰開始了。英軍的大炮雖然數量多、口徑大、佔優勢，但是女王指揮有力，起義軍作戰勇敢，迫使英軍屢吃敗仗。第三天，英軍集中火力狂轟南門，城牆坍塌，起義軍大炮無力還擊。女王果斷發令，命西門的炮手把炮口轉向南門敵軍炮兵陣地開炮。起義軍炮手沉著冷靜，只發三炮就使南門轉危為安。第五天，女王又率兵猛轟英軍陣地四、五個小時，重創英軍。但起義軍消耗也很大，南城幾處堡壘被擊毀，出現缺口，隨時就會被敵軍攻破。女王立即派人向唐提亞‧托比的起義軍請求援助，不料援軍在途中遭遇英軍伏兵襲擊，只能退兵。章西起義軍處於孤立無援的境地，不久，內部又有了叛徒，從南門把敵軍引入城內，章西失守。

女王無奈帶軍撤離章西，投奔唐提亞‧托比的起義隊伍，進駐瓜遼爾城，並在此迎戰圍剿的英軍。6月18日，羅斯率英軍對瓜遼爾發起了總攻。這天，女王身著男裝，馳騁於炮火硝煙中。英軍分兵打散各路守軍後，集中兵力包抄女王的陣地，女王陷入重圍。在突圍時，她無意中脫離了自己的軍隊，只有兩員女將、十幾騎人馬跟隨在身邊。女王舞動佩刀，把迎戰的英軍一個個砍翻在地，眼看就要殺出重圍了，不料，一條極寬的溝渠橫在腳下。英軍再次圍了上來，女王無所畏懼，身體多處受傷，依然持刀拼殺。突然她的胸口被砍中，翻

身落馬,就在這一剎那間,她還竭盡全力將殺傷她的英軍砍死,同時自己也失去了生命,年僅二十二歲。

兵家點評

這次民族大起義之所以失敗,原因有以下幾點:

①英軍武器精良,訓練有素,起義軍還處於冷、熱兵器混用的時代,無法與其抗衡。

②掌握領導權的封建領主紛紛叛變投敵,給起義軍造成了重大損失。

③缺乏統一的領導核心,各自為戰,結果被英軍各個擊破。

④在軍事上採取單純防禦戰略,處處陷於被動。起義爆發後,各地起義隊伍幾乎同時向德里集結,但德里並不是英軍的要地。如果向旁遮普的白沙瓦、孟加拉的加爾各答、西印度的孟買、南印度的馬德拉斯等戰略要地發起進攻,就可大量牽制敵人,使戰局完全改觀。可是歷史不能假設,「戰爭的現實就是這麼冷酷,絲毫也不照顧正義的一方。」

小知識:

貝爾蒂埃──法蘭西第一帝國18名元帥之首
生卒年:西元1753～1815年。
國籍:法國。
身分:元帥。
重要功績:輔助拿破崙指揮了一系列重大戰役,為拿破崙稱霸歐洲立下功勳。其創立的司令部勤務機構原則和其他參謀及後勤業務制度,後來幾乎被所有歐洲國家採用。

自由與奴役的博弈——
蓋茨堡之戰

展開，是部隊由行軍隊形、疏開隊形、集中狀態等轉變為作戰部署或戰鬥隊形的行動。其目的是為了佔領有利地區和地形，形成臨戰態勢，以利適時投入交戰。分為戰略展開、戰役展開和戰術展開。

羅伯特·E·李是美國內戰中南部邦聯軍隊最重要的將領。他十分擅長借鏡拿破崙的戰略戰術，並且深諳調兵遣將的藝術和大規模炮攻的衝擊力。在內戰中，南方的保守派建議打防禦戰。但李將軍與南部邦聯總統傑弗遜·大衛斯卻堅持主動出擊，希望打一場勝仗來鼓舞士氣，並以此來吸引英國等歐洲國家的援助。

蓋茨堡之戰是美國內戰中最血腥的一場戰鬥，是整個戰爭的轉捩點。

　　1862年9月，南方聯軍越過波多馬可河，入侵北部，在突破重重阻擊之後，於1863年夏，與聯邦士兵在蓋茨堡短兵相接。

　　6月1日，戰爭的第一天，人數佔絕對優勢的南軍被佔火力優勢配備卡賓槍的北軍擊退。勇猛的南部邦聯接連增派救援部隊到蓋茨堡，北軍撤退並佔據了全城的最高地。李將軍堅信，只要不斷增兵加大進攻力量，北軍就會被迫投降，這和拿破崙在滑鐵盧一戰極為相似，但他卻沒考慮到經歷大半個世紀的時間，步兵和炮兵的火力已經有了飛速的改進。在頗具殺傷力的來福槍和炮火的攻擊下，他錯失搶佔有利地勢的良機，只能以聯邦軍對面的一塊較低處為據點。

　　戰鬥進行到第二天，北軍少將喬治·米德率領部隊首先從右翼發起衝鋒，沿著公墓嶺及小朗德托普一帶向南軍陣地推進了1公里。李將軍派朗斯特裡特的第1軍團去攻打小朗德托普，試圖奪取這裡，然後用火炮對公墓嶺進行射擊，雙方就此展開了艱苦的拉鋸戰。經過幾個回合的浴血奮戰，李將軍的主要進攻目標還是沒有實現。好戰的他決定進行一次決定性的進攻：調動炮火對公墓嶺進行轟炸，然後派三個師進行正面攻擊，目的是將對方分割成兩部分，這又是典型的拿破崙戰術，只是錯誤地被運用到以火力決定勝負的時代。

　　戰鬥的第三天，上演了一幕美國軍事史上經典的一幕——「皮克特衝鋒」，南北雙方進行了一場聲勢浩大的對抗。

　　正午時分，李將軍率一萬五千人開始了全面進攻。南軍士兵踏過麥田，向北軍陣地衝殺。南軍突擊部隊在喬治·皮克特將軍率領下，於下午3時進入「死亡之谷」——他們要接近聯邦軍陣地，必須穿過1,200公尺的空地，此過程中，所有的突擊隊員都將毫無遮掩的暴露於南軍兩百門火炮和數千支步槍的火力下。勇猛的南軍「敢死隊」戰旗飄飄，以齊整的佇列迎著槍林彈雨向聯邦軍陣地發起衝鋒，他們果真突破了聯邦軍的第一道防線，但很快又被人家反衝鋒的預備隊擊退。就在這幾乎能摧毀一切的火力攻擊下，李將軍依然率領著他

的部隊前進著，有一種令人難以置信的勇猛。旅長路易斯·A·阿米斯蒂德揮舞著戰刀把自己的帽子高高挑起，高喊著：「兄弟們，跟我衝！把尖刀刺向他們！」剛衝到一半時，阿米斯蒂德就陣亡了，而他的身邊也只剩下了幾百人。李將軍到現在唯一能做的只有撤退。

兵家點評

　　此次戰役是美國內戰的轉捩點。這一戰不僅是南北戰爭中雙方投入兵力最多、傷亡最大的一場戰役，同時也是北美大地上有史記載以來規模最大的一場戰鬥。戰鬥中雙方共傷亡約五萬一千人，其中北方聯邦兩萬三千人，南方邦聯約兩萬八千人。這場典型的遭遇戰，被歷史學家們視為美國內戰史上最偉大的戰鬥之一。

　　南軍發動的大規模正面攻擊──「皮克特衝鋒」，被稱為「最高水平線」，展示了將士們無與倫比的勇猛。可是他們不僅輸掉了此次戰役，而且輸掉了整個戰爭──南方從此被迫轉入防禦。蓋茨堡戰役同時也代表著拿破崙式戰鬥方法的終結，以及現代化工業戰爭的開始。

小知識：

納爾遜──英國皇家海軍之魂
生卒年：西元1758～1805年。
國籍：英國。
身分：海軍上將。
重要功績：1797年2月14日的聖文森特角海戰讓納爾遜一舉成名。

倒幕戰爭的衝鋒號——
鳥羽、伏見之戰

進攻地帶，指進攻作戰中左右分界線之間的寬度和從展開地區至任
務全縱深的深度所包括的空間範圍，並稱之為作戰行動地帶。

這一天，幕府將軍德川慶喜在江戶官邸的一間精雅小室中品酒，並不時地
和懷中的藝伎麗花女郎調笑。

這時，近侍在門外稟報有要事求見，德川慶喜聽了，喝道：「有什麼屁
事？」

近侍神色慌張地說：「大久保利通和木戶孝允在一月三日發動了宮廷政
變，改組了中央政府，明治天皇正準備下詔罷免您的官職和領地。」

德川慶喜面色一沉，隨即又裝出若無其事的樣子，說：「還有什麼事
情？」

「前方傳來消息，叛軍的『奇兵隊』已經挺進江戶，許多武士都加入其
中……」

「胡說！」德川慶喜大喝了一聲。

他披衣站起來，用手指著近侍說：「愣著幹什麼，給我繼續說下去！」

「他……他們……他們送來一封信。」

近侍小心地將信交給德川慶喜。

德川慶喜拿過信，喝退近侍，在室內低頭踱步沉思，麗花女郎剛想要說什
麼，德川慶喜便揮手示意退下。

幾天後，德川慶喜和他的謀士山內容堂和「倒幕派」方面的代表西鄉隆盛
及坂本龍馬、中岡慎太郎開始了談判。德川慶喜表面上答應還政天皇，卻拒絕

交出實權。在送走這些代表後，他與山內容堂商量如何應付這局面。山內容堂說：「我們帶軍隊去京都假裝投降，趁機將明治天皇奪過來。」

德川慶喜點頭稱妙，立刻密令其家臣召集了一萬五千人馬，悄悄地向京都開去。

讓德川慶喜沒有想到的是，麗花女郎乃是「倒幕派」安插在他身邊的間諜。她將德川慶喜的陰謀在第一時間報告給了天皇。

明治天皇得知消息後，派使者通知德川慶喜，叫他獨自一人到京都來交割權力，德川慶喜感到事情有了變化，就將手下的部隊一部分屯於京都南郊偏西一點的伏見，一部分屯於偏

照片上的明治天皇頭戴立纓御冠，上服黃櫨染御袍，下著表絝，足穿插鞋，手執笏，好像很賭氣的樣子。

東一點的鳥羽，對外宣布「解救天皇，清除奸臣」。

與此同時，大村益次郎親率五千名政府軍，趁夜色衝出南門。在鳥羽、伏見兩地之間佔據了有利地形，架起巨炮、機槍，許多市民也扛出土槍、土炮協助守城……

到了後半夜，寒氣籠罩德川慶喜軍馬的宿營地，營地上只有零零落落幾點殘燈在寒光中搖曳。

這時，忽聽一聲炮響，喊殺聲四起。

兩軍在中之橋附近展開了激烈的戰鬥，與此同時，伏見方向也傳來了激烈的槍聲。政府軍的炮兵隊早已排好陣勢，一上來就對駐守在伏見奉行所的幕府軍進行了集中射擊。這裡的幕府軍只有四門青銅炮，射程很短，無論從數量上

還是品質上都無法相比。政府軍在對面的御香宮神社與幕府軍槍戰，也漸佔上風。由於裝備上的絕對劣勢，幕府軍首領土方只好下令士兵們進行白刃突擊。可是他萬萬沒有想到，一次偶發事件使這道命令成了一場災難。在夜幕的掩護下，幕府軍冒著猛烈的炮火匍匐前進，眼看勝利在望了。就在這時，一發炮彈擊中了奉行所的頂樓，燃起了熊熊大火，幕府軍暴露在對方的火力之下，突擊徹底失敗了。凌晨3點左右，幕府軍已經死傷了三千餘人，逃跑了八百多人，不得不下令退卻。德川慶喜不甘心失敗，下令武士騎馬從兩翼包抄，務必拿下政府軍陣地。豈料他的武士們早已人心渙散，缺乏鬥志了，經過兩番衝鋒，被政府軍打得人仰馬翻，死傷過半。

　　三天過去了，幕府軍再也無法支撐下去，德川慶喜長嘆一聲：「完了，大勢去矣！」慌忙換上一身便服，騎馬向大阪逃遁而去……

兵家點評

　　鳥羽、伏見戰役其實也是一次以寡擊眾的戰役。在兵力方面，幕府軍一度佔有優勢。然而，只佔幕府軍人數1/3的政府軍，卻得到了群眾的擁護，在士氣上佔了上風，他們經過下關、薩英戰爭後，變成了裝備、訓練都西洋化的精銳部隊。如果德川慶喜指揮得當，發揮出幕軍人數上的優勢，與政府軍打近戰、包圍戰而不是陣地戰，勝利還是可能的。另外，他的臨陣脫逃也使得從大阪的反攻成為話柄，失去了戰機。

小知識：

沙恩霍斯特——有了總參，一切搞定
生卒年：西元1755～1813年。
國籍：普魯士。
身分：將軍、伯爵。
重要功績：重建普魯士軍隊，是普魯士——德國總參謀部的奠基人。

法蘭西皇帝豎起了白旗──
普法色當之戰

防禦地帶，是集團軍、軍或師組織防禦時所佔領的陣地，指防禦前
沿至後方和左右分界線之間的地域。

　　普魯士打敗奧地利之後，成了德意志最強大的邦國。「鐵血宰相」俾斯麥
深知，要實現德意志的最後統一，必須將緊靠法國南部的四個小國納入普魯士
的版圖之內。更何況，法國礦產資源豐富的阿爾薩斯和洛林也讓他垂涎已久，
日夜都想據為己有。法國對德意志的四個小國也早懷有吞併之心，當然不會坐
視普魯士的強大而不顧。拿破崙三世一直都希望透過戰爭稱霸歐洲，重現他叔
父拿破崙·波拿巴往昔的榮光。皇后歐仁妮曾直言不諱地說：「不發動戰爭，
我們的兒子怎麼當皇帝？」普、法雙方各懷鬼胎，都在尋找挑起戰爭的契機。

　　1868年，西班牙發生了革命，將女王伊沙貝拉趕下了臺。俾斯麥認為有利
可圖，決定讓普魯士國王威廉的堂兄利奧波德親王去繼承西班牙王位。這樣一
來，就會使法國腹背受敵。拿破崙三世隨即提出抗議，措辭激烈地表示，如果
普魯士這樣做，法國也同樣會派去一個國王！對此，俾斯麥非常氣憤。正當雙
方劍拔弩張之際，利奧波德親王在別人的勸說下宣布放棄西班牙國王候選人資
格。拿破崙三世看到西班牙王位繼承人問題這麼容易就搞定了，認為普魯士害
怕他，於是得寸進尺，要求普魯士做出書面保證，以後絕不再派任何普魯士王
室親屬去任西班牙國王。1870年7月13日，法國大使在埃姆斯向威廉一世傳達
了拿破崙三世的這一要求。威廉一世當場予以拒絕，並把會談結果用電報告訴
俾斯麥。

　　俾斯麥接到電文後，對參謀總長毛奇和陸軍總長房龍說：「如果與法國開

戰，有沒有必勝的把握？」

這兩個人都是「鐵血政策」的鐵杆擁護者，當即表示：「我軍一定會將法軍打敗！」

「好！」俾斯麥喜形於色，他饒有興趣地手指電文說：「我們可以⋯⋯」

第二天，報紙公布了俾斯麥改動過的電文——「埃姆斯急電」，拿破崙三世看到後暴跳如雷，認為普魯士是在讓自己出醜。於1870年7月19日，宣布對普魯士開戰。

開戰之初，拿破崙三世對法軍充滿了信心，他狂妄地對手下士兵說：「我們這只不過是到普魯士做一次軍事散步！」他把號稱四十萬的法軍調到前線，準備先發制人，一舉擊敗普魯士。但是兵員不足，裝備不齊，後勤保障也無法保證。作戰命令已經下達了，不少官兵還未找到自己所屬的部隊。法軍的這種局面，根本無法立即投入戰爭。戰機一個個失去了，讓普軍贏得了備戰的時間。

8月2日，法軍闖入德境，立即遭到普魯士軍隊的迎頭痛擊。

8月4日，普軍轉入反攻，將法國境內的維桑堡佔領。

8月6日，法軍與普軍在維桑堡西南的維爾特村展開激戰，結果，法軍遭到慘敗。普軍乘勝追擊，戰場全部移到法國境內。

拿破崙三世見勢不妙，乘上一輛馬車向西逃竄。8月30日，拿破崙三世與潰敗的法軍退守色當。普軍隨即也向這裡集結。

9月1日，色當會戰開始了。普軍架起700門大炮猛

色當之戰，讓高傲的法國人遭受到了前所未有的奇恥大辱。照片中的人物是被俘的法國皇帝拿破崙三世與當時的普魯士首相俾斯麥。

轟法軍陣地，炮彈像雨點一樣傾瀉而下，色當城變成了一片火海。法軍死傷無數，剩下的全都鑽進了堡壘。下午3時，毫無還手之力的法軍在色當城樓舉起了白旗，拿破崙三世還向普魯士國王寫了一封投降書，恬不知恥地說：「我親愛的兄弟，我沒有戰死軍中，只得把自己的佩劍獻給陛下。我希望繼續做陛下的好兄弟，拿破崙。」

就這樣，拿破崙三世、法軍元帥以下的三十九名將軍，十萬士兵全部做了普軍的俘虜。

兵家點評

1871年1月28日，普法簽訂《巴黎停戰協定》，宣布法國投降。5月10日，雙方在法蘭克福簽訂《法蘭克福和約》，法國割讓了阿爾薩斯和洛林給德國，並賠償50億法郎，宣告戰爭結束。

色當戰役在歷史上被稱為「色當慘敗」，它使德國最後完成了統一。

小知識：

毛奇——歐洲各國軍界的一代宗師

生卒年：西元1800～1891年。

國籍：普魯士。

身分：陸軍元帥、總參謀長、伯爵。

重要功績：在色當會戰中迫使法國皇帝拿破崙三世率十萬法軍投降，繼而直逼巴黎，促成了德意志統一和帝國建立；創造了一套影響後世的戰略思想，強調先發制人，迅速進攻，集中優勢兵力，分進合擊，還特別注重鐵路在戰爭中的作用；著有《毛奇軍事論文集》、《軍事教訓（交戰的準備）》等，對德國軍事思想影響巨大。

標槍戰勝大炮——
伊山瓦那之戰

戰役軍團，是遂行戰役任務的作戰集團。按軍種，分為陸軍、海軍、空軍、戰略導彈部隊等戰役軍團；按規模，分為大、中、小型戰役軍團。

19世紀後期，當推行殖民主義的英國人登上南非這片領土時，遇到的最大對手就是祖魯人。

1879年1月11日，英國南非軍司令切爾姆斯福德勳爵率領當時擁有世界最先進武器的部隊渡過圖格拉河，大舉進攻祖魯人。這支由五千名英國士兵和八千名當地傭兵組成的部隊，武器裝備十分精良，有英式馬丁尼——亨利來福槍（1分鐘內能發射12發子彈）、加特林機關槍和大炮。而祖魯人只有老式來福槍和長矛，雖然人數達四萬人，但如果想打敗這支現代化軍隊，唯有迅速地接近英軍和他們近距離作戰。

切爾姆斯福德為了攻破祖魯人的「大鉗形」計畫，把自己的部隊分成三路軍，故此整體實力被削弱。

1月20日，切姆斯福德指揮主力部隊在伊山瓦那駐紮。他得到祖魯人正在附近集結的情報，決定留半數士兵在營地，帶著另一半士兵奔赴戰場。但他萬萬沒想到，此時，在他的側翼周圍有兩萬名祖魯士兵，他們早已在距離伊山瓦那約5英里的地勢起伏的鄉村裡隱藏好，準備隨時發起進攻。

22日，有「獸角」之稱的祖魯人趁夜色昏黑，包圍一路英軍，並進行突襲。可是英軍毫髮未傷，憑借威力巨大的來福槍和火炮，將祖魯人始終控制在戰線前沿。那些隱蔽在伊山瓦那的祖魯人，很快就找到了躲避炮彈的辦法，當

在紀念伊山瓦那戰役勝利125週年的慶祝活動中，祖魯人重現的戰鬥場面。

他們發現英軍炮兵準備開火時，就迅速的匍匐在窪地裡，來避免爆炸的炮彈的傷害。可是，祖魯王克特奇瓦約看到自己的士兵始終都只能躺到地上，對此深感不悅，於是下令統統站起來作戰。祖魯兵們在距英軍陣線大約120公尺處，冒著猛烈的槍林彈雨向英軍衝鋒，展開一場激烈的肉搏戰。這一景象對英國士兵來說簡直太可怕了，他們惶恐地退回營地。祖魯人緊追不捨，攔腰斬斷英軍隊伍，猛烈砍殺英國士兵，由於人數佔絕對優勢，一部分祖魯兵都沒有可供殺戮的敵軍。

最終，祖魯人以人數的絕對優勢擊退了英軍，就連一些倖存的想沿著伊山瓦那後面的小徑逃跑的英國人，也全部被祖魯人殺戮了。

兵家點評

　　祖魯人以傷亡三千人的代價，打死打傷英軍一千六百餘人，繳獲了一千多支步槍、五十萬發子彈，還收復了大片失地。英國人在這場戰爭中的慘敗令人驚駭，稱霸世界的大英帝國遭遇了軍事史上的奇恥大辱。祖魯人的這次勝利，是非洲人民反對殖民主義鬥爭史上的一次重大軍事勝利，直到15年後，埃塞俄比亞人才超越了這一光輝成就，在阿杜瓦戰役中把義大利軍隊打得落花流水、潰不成軍。

小知識：

玻利瓦爾——南美洲的喬治・華盛頓

生卒年：西元1783～1830年。

國籍：委內瑞拉。

身分：將軍。

重要功績：率領一支從來就沒有超過一萬人的軍隊，在屢戰屢敗、屢敗屢戰中一口氣解放了南美五個國家。

野獸撕咬，草地遭殃──
中國戰場上的日俄戰爭

襲擊戰，指趁敵不意或不備，突然實施攻擊的作戰，目的是打敵措手不及，快速殲敵，以小的代價換取大的勝利。

19世紀末20世紀初，日本和俄國在爭奪遠東地區的矛盾激化，最終不得不兵戎相向。

1904年2月8日午夜，東鄉平八郎指揮日本聯合艦隊對旅順港突然發動襲擊，發射16枚魚雷，重創俄軍3艘戰艦。正在岸上舉行晚宴的俄國軍官，急忙進行還擊，日本艦隊被迫退去。俄國艦隊司令害怕誤中埋伏，下令艦隊固守旅順要塞，不得貿然追擊。

夜襲旅順港後，東鄉平八郎見俄艦避港不出，又有強大的海岸炮火支援，決定用沉船阻塞旅順港出口處，將其困死在港內，但是幾次沉船封港行動均告失敗，東鄉平八郎為此大傷腦筋。這時，馬卡羅夫接任俄國太平洋分艦隊司令一職，他到任後採取了一系列防範措施，並命令艦隊駛出港口，主動出擊日軍。經過整頓，扭轉了俄國海軍被動挨打的局面。可是好景不常，4月13日，馬卡羅夫乘坐「彼得羅巴甫洛夫斯克」號戰艦出海返航時碰觸水雷，喪生大海。新任司令威特蓋夫特命令艦隊龜縮港內，堅守不出，海上作戰主動權再度落入日軍手中。

日本戰時大本營鑑於海軍遲遲不能殲滅俄國太平洋分艦隊，便決定在陸上發動進攻。3月21日，黑木大將指揮日本第一軍在仁川登陸，並於4月中旬進抵鴨綠江邊。此舉出乎俄軍意料之外，扎蘇利奇統率的俄軍東滿支隊猝不及防，接連喪失了九連城和鳳凰城，日軍逼近遼陽。與此同時，奧保鞏大將率領的日

日俄戰爭時俄國宣傳畫。

本第二軍進抵金州；木希典大將指揮的日本第三軍進逼旅順；野津道貫上將統率的日本第四軍進佔海城。

8月19日，日本第三軍開始強攻旅順，由於旅順要塞易守難攻，日軍經過幾個晝夜突擊，傷亡慘重，僅奪佔了一些周邊工事。於是放棄速決戰的策略，改用「圍攻久困」之計。日軍「滿洲軍」總司令大山岩為了在俄援軍趕到戰區之前消滅遼陽俄國守軍，決定不再等第三軍前來會合，以現有的三個軍兵力與遼陽的俄軍決戰。

8月24日凌晨，戰鬥打響。日本第一軍首先向俄軍左翼迂迴，第二、四軍則繼而向俄軍右翼發起主攻。9月7日，俄軍主動放棄遼陽，日軍以損失兩萬四千人的代價進佔遼陽。接著，雙方又在沙河地區展開激戰，一時難分勝負，形成對峙之勢。日軍決定在沙河地區轉入防禦，集中兵力不惜任何代價攻取旅順。9月至11月底，日軍經過3次強攻，並輔以坑道爆破，終於在12月5日攻克了能夠俯瞰旅順全城和港灣的203高地。隨後，日軍用大口徑榴彈炮轟擊俄軍陣地和港內俄艦，俄軍的主力戰艦大部分都毀於日軍炮火。1905年1月1日，俄軍守軍主動投降，旅順落入日軍之手。

旅順陷落後，日俄軍隊又在奉天地區展開了一場大會

旅順口位於遼東半島尖端，戰略地位十分重要，有「東方直布羅陀」之稱。

戰。此役，俄軍損失近十二萬人，日軍傷亡約七萬人。

　　為了扭轉敗局，沙皇繼續派艦隊增援中國東北。當這支艦隊經對馬海峽準備駛向符拉迪沃斯托克基地時，遭到了東鄉平八郎指揮的日本聯合艦隊的伏擊。經過兩天的激戰，俄國艦隊除3艘戰艦逃往符拉迪沃斯托克之外，其餘的全部葬身海底。

　　這場歷時20個月的爭霸戰爭，最後以俄國失敗而告終。

兵家點評

　　日本最終能夠打敗俄國，主要取決於以下幾個因素：一是鑑於戰爭潛力明顯弱於俄國，從軍事、政治、外交等方面進行充分準備，並以速戰速決為戰爭指導思想；二是重視奪取和掌握制海權，從海陸兩個戰場封鎖和殲滅俄國太平洋艦隊；三是正確選擇戰機、登陸地點和主攻方向，同時靈活機動作戰，陸海協同作戰；四是內部團結，將領指揮有方，士兵作戰勇敢。

　　俄國之所以失敗，與其在政治上和軍事上的失策密切相關。俄國歷來都把戰略重心放在歐洲，把遠東看做次要戰場，缺乏必要的戰爭準備；指揮官對日本的國力和日軍作戰能力及突然襲擊行動估計不足；後方遙遠，運輸能力低，後勤保障混亂；作戰指導上令出多門，行動遲緩，海軍避港不出，陸軍坐守增援；國內矛盾尖銳，戰爭又加速了新的革命危機來臨，使沙皇專制制度走向墳墓。

小知識：
東鄉平八郎——日本海軍的實力派巨星。
生卒年：西元1848～1934年。
國籍：日本。
身分：海軍元帥。
重要功績：在對馬海峽海戰中擊敗俄國海軍，開創了近代史上東方黃種人打敗西方白種人的先例。

小潛艇擊沉大軍艦——
「U-9」號奇蹟

海上戰役，是海軍戰役軍團單獨或與其他軍種兵力共同進行的戰役。

1914年9月的一個清晨，一艘德國「U-9」號潛艇悄悄地浮出奧斯坦德西北海面。艇長韋迪根和副艇長斯皮斯站在潛艇的艦橋上，手持望遠鏡，搜尋著他們的「獵物」。

突然，斯皮斯碰了碰韋迪根，興奮地指著西方喊道：「艇長，目標出現了！」

韋迪根忙把望遠鏡對準他所指的方向，果然在西方水天相接之處，有3艘軍

「U-9」號潛艇的艇長韋迪根創造了「一艇沉三艦」的神話。

艦正緩緩地向他們靠近。軍艦煙囪冒出的濃煙隨風飄散，在蔚藍色的天空中留下一道清晰的淡墨色印跡。

韋迪根命令潛艇立即下潛，並悄悄向英艦靠近。英國的「阿布基爾」號、「霍格」號和「克雷西」號巡洋艦，做夢也沒有想到死神正在逼近。

「阿布基爾」號最先接近「U-9」號潛艇的魚雷射程，一直守望在潛望鏡旁的韋迪根命令手下的士兵：「準備魚雷！準備升至潛望鏡深度，做好速潛準備。」

「報告長官，第一魚雷管準備完畢！」

「預備——放！」

魚雷衝出發射管，向目標駛去。

30秒鐘後，悶雷似的爆炸聲隱隱傳來，韋迪根的臉上露出了勝利者慣有的表情。

「阿布基爾」號的船尾被炸開了一個大口子，開始迅速下沉。艦長德拉蒙急忙命令信號兵發出求援信號，跟在「阿布基爾」號後面的「霍格」號以最大的航速前來救援。

韋迪根在潛望鏡中看到「霍格」號自動送上門來，不由得欣喜若狂。他剛想準備下令，突然一個趔趄，跌在輪機長身上。原來，由於潛艇升上太快，艇首向下傾斜了。遇到這種情況，往往採用移動艇內人員的辦法來保持潛艇平衡。

輪機長急忙喊道：「全體人員快向艇尾靠近！」

經過短暫的慌亂，潛艇重新變得平衡。這時，「霍格」號已經到達了事發地點，正準備往海裡放救生艇。

韋迪根見狀，嘴角浮現了一絲笑意。

兩聲巨響過後，「霍格」號也開始徐徐下沉。

前面的軍艦接連被擊沉，讓「克雷西」號的艦長詹森提高了警惕，他命令全艦保持警戒，時刻注意海面出現的異常情況。可是很長一段時間過去了，海

面上依舊風平浪靜。「克雷西」號本來有機會逃走，但面對海水裡呻吟呼號的同胞，約翰心有不忍，命艦艇全速向沉船駛去。突然，前桅上的瞭望哨發出一聲尖叫：「『霍格』號旁有潛望鏡！」話音剛落，兩枚魚雷躍出發射管，拖著兩條泛著白色浪花的航跡，迎面衝來。「克雷西」號一邊躲避，一邊集中火力向水面射擊。剎那間，艦上的大炮一起咆哮起來，向潛艇噴出了一條條火舌。但此時所有的反抗都於事無補，第三枚魚雷幾乎將「克雷西」號攔腰截斷，它先是左右搖晃，然後向左傾斜，慢慢沉了下去。

　　當大海歸為平靜後，韋迪根才心滿意足地指揮「U-9」號潛艇返回了基地。

兵家點評

　　「U-9」號潛艇的顯赫戰績，使傳統的海戰思想有所改變。從此，潛艇不僅做為防禦性武器，也時常做為突襲性攻擊武器投入了海戰中。

小知識：

克勞塞維茨——西方的兵聖
生卒年：西元1780～1831年。
國籍：普魯士。
身分：將軍。
重要功績：著有《戰爭論》，對世界軍事理論發展影響深遠。

首次現代意義的登陸戰——
加利波利登陸戰役

海軍戰役主要有消滅敵戰鬥艦艇編隊、襲擊敵岸港重要目標、保交、封鎖、反封鎖、保衛海軍基地等戰役。

1915年1月2日，英國政府決定在達達尼爾海峽開闢一條新戰線。

2月19日，英法聯合海軍機動部隊駛進達達尼爾海峽的入口處，對入口處的炮臺發起了轟擊，幾天後，土耳其沿海峽兩岸修築的炮臺全部被摧毀，被迫撤退。當登陸部隊向海峽上面攀登時，隱蔽在懸崖後面的土耳其防禦陣地立刻開火，將正在攀登懸崖的英軍打了個措手不及。於此同時，海岸上的土耳其軍隊依據半島複雜的地形建立起了強大的防禦體系，又將炮兵部隊集結在該地。

3月3日，首輪登陸行動宣告失敗。

3月18日，聯軍的16艘軍艦在闖入狹窄的海峽通道時，遭到了土耳其的水雷攻擊。法國的戰艦「布韋號」率先觸雷，傾覆海底。緊接著，英國戰艦「不可抗號」和「不屈號」也突然傾倒和沉沒，步它們後塵的是「大洋號」。海軍上將德羅貝克怕遭到更大的損失，只得下令艦隊返航。在回愛琴海的途中，由於水雷的爆炸，又有3艘英國戰艦的艦身上出現很大的裂縫，只能蹣跚而行。此時，土耳其軍隊已經是強弩之末了，彈藥已經消耗了一半，水雷則全部用光，只要聯軍再接著進行一次進攻就會獲得勝利。在這個關鍵的時刻，聯軍卻推遲了進攻，決定實施陸海軍聯合作戰。在艦隊撤退後的48天喘息期間，幾個土耳其師在聯軍可能登陸的地點——加利波利，完成了佈防。

4月25日夜，在掩護艦隊實施炮火準備後，協約國部隊同時展開登陸行動。陳舊的運煤船「克萊德河號」被改裝成了可以容納兩千名士兵的登陸艇，

協約國軍在加里波里戰役中陷入困境，士兵們被迫在海灘前打起陣地戰，而狙擊手也因此大有表現機會。

當這艘船近岸時，周圍都是運載部隊的駁船，這時土耳其的大炮開火了，「克萊德河號」傾覆，船上的士兵大多都溺水而亡。第二天，一萬六千多名澳新軍團戰士登陸成功，由於對半島地形一無所知，錯誤地登陸在目標以北的一個無名小灣。聯軍雖然建立了灘頭陣地，但根本無法展開作戰，被困在臨時掩體中動彈不得。接下來的幾天，雙方又陷入了僵持局面。

從4月至7月，協約國聯軍進行過幾次進攻，均未能奏效。在交戰中，為了配合登陸作戰，雙方海軍出動了潛艇。5月1日，土耳其軍隊將英國戰艦「霍萊伊特號」、「勝利號」和「威嚴號」驅逐艦擊沉，迫使聯軍撤離了大批艦隻，這樣一來，登陸部隊便失去了海軍的支援，也失去了火力優勢。期間為了防止可以毀滅雙方的時疫，雙方停戰9小時，掩埋戰場上的死屍。所有參加安葬的人員都戴著白臂章，禁止攜帶武器、望遠鏡或窺伺塹壕。

8月，英國弗雷德里克·斯托普福德將軍，指揮軍隊向土耳其防守比較薄弱的蘇弗拉灣發動了進攻。起初軍隊進展十分順利，後來由於延誤了戰機，使土耳其人搶先在薩里巴依爾山脊設置了一道臨時防線而遭到失敗。

9月，戰事再次陷入僵局。

冬天慢慢來臨，嚴酷的氣候使交戰雙方苦不堪言。12月19日，查理斯‧門羅將軍指揮協約國軍隊開始撤退戰場。撤退時，士兵們保持了嚴格的紀律，六個人到十二人組成一個小組，列成縱隊向指定的碼頭進發。為了避免發出聲響，所經過的道路事先都用沙袋鋪好。每個小組殿後的人往往是個軍官，安置定時導火線，引爆坑道中的地雷。土耳其士兵完全被蒙在鼓裡，繼續向空空如也的塹壕發射子彈和榴霰彈。

這次撤退並於1916年1月9日完成，竟無一人傷亡。當最後一名澳新軍團士兵登上駁船離開海灘後，一戰中最大的登陸戰拉開了帷幕。

兵家點評

1915年，差不多有五十萬協約國士兵被運到加利波利，傷亡人數在50%以上。英法軍隊慘敗，在很大程度上促使保加利亞決定站到德國一方參戰。

史學家分析此次作戰時指出，計畫疏漏、指揮不當、配合不力，導致傷亡慘重。其中，很大原因歸咎於指揮者的優柔寡斷，正如一名英國歷史學家所言：「這是一個正確、大膽而有遠見的計畫，但卻被在執行過程中出現的一系列英國歷史上前所未有的錯誤給斷送了。」

小知識：

馬漢——西方海軍百年不遇的巨擘
生卒年：西元1840～1914年。
國籍：美國。
身分：少將。
重要功績：提出「海權論」思想，對世界各國海軍戰略影響巨大；著有《海權對歷史的影響》、《海權對法國大革命和帝國的影響》、《海軍戰略》等。

德軍生化武器演練場──
依普爾運河上空的氯氣彈

化學戰是使用化學武器殺傷人畜，毀壞作物和森林的作戰方式。它透過毒劑的多種中毒途徑，以及在一定的染毒空間和毒害時間內所產生的戰鬥效應，殺傷、疲憊和遲滯對方軍隊，以達到預定的軍事目的。

1915年春，德軍在東線戰場打敗俄軍後，再次集中兵力對抗西線英法聯軍，以雪馬恩河戰役慘敗之恥。德皇極其重視此戰，急召總參謀長法爾根漢商定獲勝妙計。

一天下午，德皇和一些高級官員的車隊，駛進了戒備森嚴的實驗場進行檢閱。臨時看臺上，法爾根漢就坐在德皇的身旁。他對旁邊將軍點頭示意，只見那位將軍紅旗一揮，實驗場突然出現了一群士兵，還拖出一門大型海軍炮和一門野戰炮。

這時，在1.5公里外的山坡上，兩個士兵把一群綿羊趕到山坡上後，迅速撤離，只剩下慢慢吃草的綿羊。隨著一聲哨響，炮兵們立即做好準備，指揮官右臂向下一揮，發令道：「放」。野戰炮射出一發炮彈，落在羊群附近，爆炸聲不大，但隨之騰起一團黃綠色的煙霧，隨風飄散，縈繞整個羊群。煙霧散盡之後，德皇急切起身架起望遠鏡眺望山坡。

「太棒了，簡直是魔鬼！」他看見一隻隻蜷縮的綿羊抽搐著，興奮地大喊。立即命令在一旁得意的法爾根漢：「進攻依普爾！」

4月21日，德軍對英法聯軍展開攻擊。一開始德軍採取常規作戰方式與之交火，瘋狂轟擊了一個時辰後歸於沉寂。英法聯軍憑藉堅固的工事，根本就不

把德軍放在眼裡，就趁此時放鬆一下，有的吃東西，有的四處蹓躂，彼此說說笑笑，像是在野餐。

突然，空中出現了十多架德軍飛機，正在說笑的聯軍戰士手忙腳亂、連滾帶爬的躲進戰壕。等飛機接近依普爾運河，他們一起瞄準飛機，同時開火。但德國飛機飛過上空在遠處盤旋了一圈又飛走了，既沒投彈，也沒掃射。英法聯軍一場虛驚後又恢復了輕鬆的氣氛。

這是法爾根漢派來的偵察機。偵察員向他彙報說：「英法聯軍陣地很長，地面崎嶇，戰壕、堡壘參差錯落，無法估計兵力。」

法爾根漢聽後，思考片刻走向地圖對前線指揮官說道：「我們必須設法把敵軍引到這個平曠之地，等東北風微微吹起，我們的祕密武器就能發揮效力。」

說完，這傢伙冷笑一聲，回去休息了。

此時法軍總司令霞飛收到了間諜呂西托的情報，他得知德軍將施放毒氣後大吃一驚，急令各部快速備好防毒面具，並指示如敵軍施放毒氣，要即時躲到上風處或高處。但是，短時間內無法製作大批防毒面具，只好每人補發一條毛巾。

4月22日深夜，東北風輕輕吹起，德軍各部接到命令：即刻起身，吃飽，戴牢防毒面具，準備黎明時發動進攻！

天剛亮，100多輛德軍軍車黑壓壓地向英法聯軍陣地開來，聯軍發現後立即開炮還擊。不久，德軍似乎抵擋不住攻擊，紛紛撤退，英法聯軍乘勝追擊，跳出戰壕，猛追不捨。幾萬英法聯軍，喊殺聲震天，追到一處平曠地帶。

忽然，德軍炮聲齊鳴，英法聯軍退路被截斷，前面奔逃的德軍也停下來轉

第一次世界大戰中，戴著防毒面具參加戰鬥的士兵。

向聯軍掃射。幾萬英法聯軍在這片平曠地帶只能找一些小丘或樹叢來隱蔽。

與此同時，幾十架德軍飛機飛向這片平曠的土地上空，紛紛投下炸彈，炸彈墜落後，爆炸聲並不大，卻升起團團濃煙，隨風向四周擴散。英法聯軍此時才恍然大悟：敵人在施放毒氣！趕緊蒙上毛巾。這根本抵擋不住對毒氣的吸入，這些戰士們紛紛倒下，呼吸急促，然後口角流血，四肢抽搐而死。

隨後，德軍又在西北面高地上的頻繁發射毒氣炮彈，濃濃的毒氣籠罩著大地，即使是野兔也在草叢中驚跳起來，隨即就倒地不動。很快一萬多英法聯軍死亡，倖存的也喪失了戰鬥力。戴著防毒面具的德軍，從四周衝向聯軍陣地，10多公里長的陣地無人防守，德軍輕而易舉地佔領了敵軍陣地。

兵家點評

法爾根漢的絕密武器——氯氣彈，比空氣重1.5倍，人吸入後，會立即窒息而亡。

依普爾運河之戰，是人類戰爭史上第一次大規模使用毒氣的化學戰。採用這種作戰方式，受氣候、地形的影響較大，對缺少防護裝備，訓練素質差的軍隊會產生重大殺傷作用。據統計，第一次世界大戰期間，交戰國使用了45種毒劑，重量達12.5萬噸，有一百三十多萬人受到了化學毒氣的傷害。

小知識：

杜黑——世界空軍第一人
生卒年：西元1869～1930年。
國籍：義大利。
身分：將軍、「制空權論」創立者。
重要功績：在世界上最早提出飛機的軍事價值和制空權的重要性，著有《制空權》、《未來戰爭的可能面貌》等，對世界各國的空軍建設和發展影響深遠。

坦克也無法突破的「最堅強」防線—— 索姆河戰役

陣地戰是指軍隊在相對固定的戰線上，進行陣地攻防的作戰形式。

1916年6月24日，協約國為了突破德軍的防禦，並減輕德軍對凡爾登的壓力，在霞飛將軍的指揮下在索姆河與德軍展開了陣地戰。

這天清晨，協約國隱蔽的炮兵群對德軍陣地展開了炮擊，空前猛烈的炮火使德軍的掩體和障礙物不斷飛上天空。在持續六天的轟擊中，英、法聯軍一共發射了一百五十萬發炮彈，比大戰前十一個月在英國製造的炮彈總數還要多。許多英法士兵都在夜裡爬出戰壕，饒有興致地觀看德軍陣地上像星星那樣閃亮的爆炸。炮火將德軍陣地上的大部分掩體全部摧毀，塹壕和第一陣地的交通壕被夷為平地，鐵絲網也炸得七零八落。德軍士兵躲藏在地下工事裡，利用潛望鏡密切關注英法軍隊的動向。

7月1日清晨，大炮停止了轟鳴，初升的太陽照耀著硝煙漸漸散去的戰場，德軍陣地呈現出了一股死寂。上午7時30分，英軍發起衝鋒，士兵們排成長長的橫列向德軍的湧來，大炮再次轟鳴，進行火力掩護。此時，德軍也紛紛鑽出地下工事，迅速挖好掩體，將機槍搬上陣地，槍口指向陣地前的開闊地帶，居高臨下地準備射擊。當英軍士兵進入射程後，德軍的「馬克沁」機槍一起開火，密集的子彈像一把鋒利的大鐮刀，像割麥子一樣將英軍

戰壕裡的英軍士兵。

大片大片地掃倒。這一天是英軍戰爭史上最糟糕的一天，有六萬士兵陣亡、受傷、被俘或失蹤。

　　如此巨大的傷亡並沒有讓協約國部隊退縮，在以後的三個月中，與德軍展開了殘酷的陣地戰。雙方圍繞一些戰略要地反覆爭奪，許多陣地都易手多次。地面上炮彈坑密密麻麻，到處都是死屍，惡臭熏天。

　　9月15日，英軍將十幾個黑色的「鋼鐵怪物」投入了戰場，從此，坦克做為攻擊武器正式登上了軍事舞臺。這種被命名為「馬克I」型的坦克，整個車體輪廓呈菱形，設有旋轉的炮塔；兩個大型的履帶架裝在車體兩側，履帶架的外側安裝著火炮和機槍；車身後面是兩個導向輪。遠遠望去，就像一個拖著一條長「尾巴」的巨大蝌蚪。「馬克I」型坦克怒吼著開進德軍陣地，履帶鏗鏘作響，將泥濘的彈坑、鐵絲網和德軍的工事碾壓得支離破碎，坦克手用機槍和火炮將德軍打得屍橫遍野。起初，德軍士兵在面對這些突如其來的「鋼鐵怪物」，紛紛扔下槍枝，掉頭向後四散奔逃。後來，他們克服了恐懼，利用機槍

坦克的鼻祖——英國的「馬克I」型坦克。

和小口徑炮以及手榴彈等武器，擊毀了幾輛英軍坦克。由於這些新研製的坦克機械性能不佳，數量很少，很難對戰爭起到決定性的影響，英、法軍隊依舊未能突破德軍的防線。

到了11月中旬，氣候開始惡化，由於陰雨連綿、道路泥濘，戰鬥漸漸平息。經過幾個月的戰鬥，英法軍隊損失了六十二萬人，德軍陣亡、負傷、被俘和失蹤的總數達到六十五萬人。當時的德軍總參謀長魯登道夫曾回憶說：「軍隊已經戰鬥到停頓不前，現在完全筋疲力盡了。」直到這時，索姆河戰役才不得不宣告結束。

兵家點評

索姆河戰役是第一次世界大戰中典型的、雙方傷亡皆極為慘重的陣地戰。

此次戰役，在用兵方面的經驗和教訓是：正面狹窄的地段上，接連實施多次突擊來突破陣地防禦的戰術，成效不大，而且極有可能耗損巨額兵力。

坦克的出現，開闢了陸軍機械化的新時代，使一戰盛行的專門對付步兵的戰壕戰逐漸走向衰落。深受坦克打擊之苦的德軍，不得不開始琢磨新的反坦克武器。同時，也帶動並啟發了各國軍工業的蓬勃發展。

小知識：

富勒——裝甲戰理論的創始人之一
生卒年：西元1876～1956年。
國籍：英國。
重要功績：1917年在康布雷之戰中使用坦克取得成功；著有《1914～1918年大戰中的坦克》、《機械化戰爭論》等，對西方軍事歷史和軍事理論以及裝甲戰理論的發展影響巨大。

戰場上的「絞肉機」——
凡爾登戰役

攻堅戰就是攻打敵人防禦嚴密的陣地，像螞蟻啃骨頭，一點一點的「吃掉」敵方陣地。

1916年2月21日，德軍向堅守在凡爾登的法國主力部隊發動進攻。

凡爾登支撐著法國整個國防線，正面寬112公里的築壘地域十分堅固，包括三個野戰防禦陣地、一個由凡爾登戰略要點的永備工事，和兩個堡壘地帶構成的防禦陣地。由法軍埃爾將軍指揮的第三集團軍防守，擁有兵力11個師，火炮632門。德軍的第五集團軍是攻取凡爾登的主力，突破口在一個狹長地帶，有5公里寬。為了給法軍造成錯覺，德軍決定採取「聲東擊西」的戰術。首先調動整個集團的炮兵，轟炸寬40公里的正面築壘長達八個半小時，同時調集航空兵轟炸法軍後方。

戰鬥開始後，德軍炮兵團以猛烈的炮火轟擊凡爾登要塞。1,000門大炮如雷霆一般齊聲咆哮，炮彈橫飛，傾瀉如雨，大地為之顫抖。彈藥殼堆積如山，夷平了塹壕，炸毀了碉堡，並把森林炸成碎片，山頭完全改變了面貌。炮擊之後，德軍主力步兵發起了衝鋒，與法軍展開了激烈的白刃戰。當天的氣溫極低，有的士兵被凍得不省人事，但醒來後又投入戰鬥。在這一天，德軍攻佔了法軍的一個陣地，在接下來的四天又相繼佔領了兩個陣地和一個堡壘，但是沒有突破法軍的防線。

2月25日，法軍總指揮霞飛將軍，命令第二集團軍投入戰爭。從2月27日起到3月6日，法軍通過被稱為「神聖之路」的「巴勒杜克——凡爾登」公路，出動3,900輛汽車，運送士兵十九萬名和軍用物資2,500多噸，這種規模宏大的汽

車輸送在歷史上尚屬首次。

　　3月5日，德國將正面進攻的區域拓寬到30公里，而且把馬斯河左岸改為主要突破口，同時以穩步攻擊代替急促衝擊。但是從作戰開始到4月，德軍經過了70多個日夜的拼死進攻，僅僅前進了6～7公里，在此期間，德國皇太子親征，並首次使用了毒氣彈。法軍將德軍的攻勢一次次阻止在要塞前，使凡爾登之戰由此轉化成了消耗戰、磨盤戰。

　　戰爭雙方持續了兩個月後，德軍指揮中心於1916年6月，再次對凡爾登築壘地域的防禦進行突擊，企圖有所突破，但仍未收到成效。7月，德軍發起了最

一名法國士兵在凡爾登進攻時被射殺。

後一次進攻高潮，法軍不惜傷亡拼死抵抗。雙方進行了慘烈的拉鋸戰，密集的炮彈，使大地震撼，把士兵、裝備和瓦礫像穀殼那樣飛擲到天空。爆炸的熱浪把積雪都融化了，彈穴裡灌滿了水，許多傷兵淹死在裡面。在法軍的頑強抵抗下，德軍未能前進半步。與此同時，德軍的對手展開了反擊，西南戰線上的俄軍突破成功，協約國軍隊在索姆河也點燃了戰火。到了8月，法軍指揮部下令進行反突擊。這種戰略局勢，使得德軍指揮部在凡爾登地域不得不轉入戰略防禦。

　　1916年10月24日，法軍開始進行反攻，兩個月後收復杜奧蒙堡壘和沃堡壘。12月21日，法軍推進到他們最早據守的地區。此時，德國企圖在1916年突

破法國戰線並迫使其退出戰爭的戰略計畫宣布失敗。

兵家點評

　　凡爾登戰役是第一次世界大戰中的一場決定性的戰役，經此一戰，法國站穩了腳跟，德國開始走向衰落，並最終失敗。

　　在歷史上，這次戰役無論在規模上還是在殘酷性上，都是罕有的。戰爭雙方進行了長達十個月的陣地戰和消耗戰，到12月18日戰爭結束時，法軍損失了五十四萬三千人，德軍損失了四十三萬三千人，凡爾登滿目瘡痍，最深的彈坑在地下有10層樓那麼深，所以此役有「絞肉機」、「屠宰場」和「地獄」之稱。

　　戰役中，法軍野戰工事與永備工事相結合組織防禦的經驗，成為大戰後各國修建要塞工事的依據。

小知識：

施利芬——冷酷孤僻的工作狂和他那「超炫」的戰爭計畫

生卒年：西元1833～1913年。

國籍：德國。

身分：陸軍元帥、伯爵。

重要功績：雖從未指揮過戰爭，但經十多年研究醞釀，制訂了指導德國東西兩線作戰的完整戰爭計畫——「施利芬計畫」，該計畫後來成為第一次世界大戰期間的德軍戰略指導，對兩次世界大戰中的交戰各方均有重要影響。著有《坎尼之戰》、《現代戰爭》、《統帥》等。

戰艦做為主角的謝幕演出——
日德蘭海戰

反合圍，是對抗敵人包圍的作戰行動，是防禦的一種樣式。通常從阻止敵人多路向己方兩翼或後方的機動開始，以制止和粉碎敵合圍企圖，從被動中爭取主動。

1916年1月，為了突破英國的海上封鎖，德國海軍上將舍爾制訂了一個富有進攻性的大膽計畫：首先以少數戰艦和巡洋艦襲擊英國海岸，誘使部分英國艦隊前出，然後集中大洋艦隊主力進行決戰，一舉消滅英國主力艦隊。

5月31日凌晨，希佩爾海軍中將率領「誘餌艦隊」駛出威廉港，直奔斯卡格拉克海峽。兩個小時後，舍爾親自率領大洋艦隊傾巢出動，祕密跟隨在希佩爾艦隊之後50海里處，隨時準備殲擊上鉤之敵。

英國海軍統帥部，根據俄國人提供的一份德國海軍的旗語手冊和密碼本，早就輕而易舉地破譯了德國海軍的無線電密碼並掌握了舍爾的動向。海軍主力艦隊司令約翰‧傑利科將計就計，命令海軍中將貝蒂率領51艘戰艦迎擊來襲的希佩爾艦隊，等舍爾率領的主力前出圍殲時，佯敗誘敵。自己親率艦隊主力，隨後跟進，對德國大洋艦隊形成合圍後聚殲該敵。

5月31日14時20分，希佩爾艦隊與貝蒂艦隊在白德蘭半島以南的海面上相遇，日德蘭大海戰由此爆發。

希佩爾發現貝蒂艦隊後，立刻命令艦隊轉向，與大洋艦隊的靠近。貝蒂求勝心切，率領艦隊不顧一切地猛追，由於行動太過急切，致使4艘戰艦未能看清信號而脫隊10多海里。15時48分，雙方前衛艦隊開始交火。由於德艦採用了先進的全艦統一方位射擊指揮系統，火炮命中率遠遠高於英艦。德艦的第一次齊

德國艦隊的陣容。

射就讓貝蒂的艦隊紛紛中彈，十二分鐘後，1枚穿甲彈洞穿了貝蒂的旗艦「獅」號中部炮塔，由於及時向彈藥艙注水，才使2.6萬噸的「獅」號免遭覆沒的厄運。16時5分，英國「不屈」號戰列巡洋艦被2枚穿甲彈擊中，發生了驚人的大爆炸，連同艦上一千零一十七名官兵沉沒海底。隨後，重達2.635萬噸的英國戰列巡洋艦「瑪麗皇后」號，也在密集炮火的打擊下傾覆，全艦一千兩百七十五人僅有九人生還。

在短短幾十分鐘之內，英戰列巡洋艦2沉1傷，而德軍只損失了2艘小型驅逐艦。在英國艦隊岌岌可危的時候，脫隊的4艘戰艦趕到，巨炮怒吼，彈如雨注，總算把貝蒂從困境中解脫出來。在英戰艦大口徑火炮的轟擊下，德艦隊有些吃不消了，希佩爾命令艦隊向東邊打邊撤，將貝蒂引向大洋艦隊的伏擊圈。當貝蒂發現迎面而來的德軍主力時，急忙北撤。舍爾見狀急令全艦隊追擊，他哪裡知道，自己釣上的「魚」也是他人佈下的誘餌。

18時左右，傑利科的主力艦與舍爾的大洋艦隊正式展開了決戰。英國艦隊憑藉數量和戰術上的優勢，將對方打得毫無還手之力，舍爾被迫放棄原來的計畫，命令艦隊突圍。舍爾下令施放煙幕和魚雷，並命令希佩爾的戰列巡洋艦做「死亡衝鋒」，掩護主力撤退。經過拼死衝殺，大洋艦隊暫時脫離了險境。由於來路被英軍艦隊切斷，舍爾決定趁夜色經合恩礁水道返回基地。為此，他把所有能用的驅逐艦都派出去攔截英軍主力艦隊，掩護大洋艦隊突圍。在夜間的激戰中，英國3艘驅逐艦被擊沉，德國2艘輕巡洋艦被魚雷送入了海底。拂曉前，英國一艘裝甲巡洋艦被炮火擊中燃起熊熊烈火，一艘英國輕巡洋艦被己方

的戰艦攔腰切成兩段，德國的一艘老式戰艦被魚雷擊沉。舍爾不顧一切地向東逃竄，於6月1日4時通過合恩礁水道，傑利科因害怕德軍佈設的水雷，也匆匆打掃戰場後返回了斯卡帕弗洛基地。這場空前絕後的戰艦艦隊決戰，就這樣草草收場了。

兵家點評

就戰術而言，德國人是這場海戰當之無愧的勝者。希佩爾艦隊重創了貝蒂艦隊，舍爾準確的判斷和優良的航海技術，使他成功擺脫了佔極大優勢的傑利科的追擊。然而就戰略而言，德國海軍最終沒能打破英國的海上封鎖，正如美國《紐約時報》所評論的那樣：「德國艦隊攻擊了它的牢獄看守，但是仍然被關在牢中。」

此次大戰是戰艦時代規模最大，也是最後的一次艦隊決戰。在這次海戰中，大炮巨艦主義遭到失敗。此後，潛艇破襲戰和航母海空決戰開始在軍事舞臺上充當起了主角。

小知識：

大衛・貝蒂——給的船越多，膽子就越大

生卒年：西元1871～1936年。

國籍：英國。

身分：海軍元帥、伯爵。

重要功績：第一次世界大戰時，在黑爾格蘭灣之戰中擊沉4艘德國軍艦，在多格爾沙洲之戰中擊沉德軍巡洋艦「布呂歇爾」號，在日德蘭海戰，成功引誘了德軍主力艦隊。

第四章

現代兵器時代

龍之抗爭——
血戰臺兒莊

積極防禦，是採取積極的攻勢行動挫敗進攻之敵的防禦。通常以積極手段，不斷消耗和削弱敵人，轉化力量比對，以便適時的轉入戰略反攻或進攻。

1938年3月，日軍磯谷第10師在佔領滕縣、嶧縣之後，以瀨谷支隊為主力，氣勢洶洶地向臺兒莊撲來。為了守住臺兒莊這個重要的軍事據點，國民黨第五戰區司令長官李宗仁，命令孫連仲第2集團軍三個師沿運河佈防，與敵正面交鋒；命湯恩伯第20軍團的兩個軍等到日主力部隊到達臺兒莊後，就從左翼迂迴，配合孫連仲部將進犯日軍包圍消滅；孫震第22集團軍固守河防。

3月23日，臺兒莊戰役打響。

一路上從未打過敗仗的敵師團長磯谷，根本就沒有把中國軍隊放在眼裡，在臨戰之前他狂妄地叫囂道：「我大日本皇軍輕而易舉地攻克了北平、上海、南京，拿下這個彈丸之地，還不像碾死隻螞蟻一樣容易！這裡的支那軍隊雖有十萬人之多，但他們一無飛機，二無坦克，槍枝都是些老掉牙的舊貨，有的士兵甚至還拿著大刀、長矛作戰，這樣的烏合之眾豈是我們的對手？」

上午8時起，日軍的飛機開始對中國守軍陣地進行俯衝轟炸，接著大炮開始轟鳴，炮彈和空氣摩擦的吱吱聲傳遍了整個天空，大地都在跟著晃動。臺兒莊上空，哨煙瀰漫，火光四起，樹木和房屋都被炸得飛向半空，我軍周邊陣地工事幾乎全部被摧毀。隨後，大批日軍步兵在上百輛裝甲車和坦克掩護下，蜂擁而上。

3月27日，日軍攻破臺兒莊北門。中國守軍第31師憑藉臺兒莊一帶多石的

地形，與日軍在莊內展開拉鋸戰。中國將士冒著猛烈的炮火，用刺刀、大刀片甚至用拳頭和牙齒，和突入陣地的敵人進行拼殺，直到流盡最後一滴血。雙方傷亡甚重，日軍開始增加兵力，從嶧縣調來四千名援兵。

敢死隊員在臺兒莊的反覆爭奪拉鋸中，發揮了奇兵的作用，他們的夜襲恢復了很多丟失的陣地。（著名戰地攝影記者羅伯特‧卡帕拍攝）

3月28日，日軍攻入臺兒莊西北角，企圖佔領臺兒莊西門，切斷第31師師部與莊內守軍的聯繫。該師師長池峰城指揮所部以強大炮火壓制敵人，並組織數十名敢死隊員組成大刀突擊隊，與敵貼身肉搏。日軍在突進城區後，由於敵我雙方短兵相接，敵人害怕傷到自己人，所以不敢使用飛機、大炮和坦克進行攻擊。此時中國軍隊的大刀片、手榴彈便有了用武之地，敢死隊員們揮刀與日軍進行白刃戰，一個隊員倒下了，又一個隊員衝上來，刀口劈壞了，就撲上去與敵人廝打，直到把敵人活活掐死。街巷裡血流成河，到處都是屍體。有的戰士身負重傷，眼見一群日軍哇哇叫著衝到了面前，便勇敢地拉響了手榴彈，與敵人同歸於盡……

31師的頑強抵抗，為中國守軍贏得了寶貴的戰略部署時間。幾天後，援助臺兒莊的第20軍團，已向臺兒莊以北迫近，對日軍形成夾攻包圍之勢。

4月3日，李宗仁下達總攻擊令。國民黨第52軍、第85軍、第75軍在臺兒莊附近向日軍展開猛烈攻勢，中國空軍也開始投入戰鬥，將日軍佔領的街道和路口一一奪回。

4月6日晚，瀨谷支隊力戰不支，再也顧不了大日本皇軍的面子了，撤開雙

腿望風而逃，車輛輜重和「武運長久」的膏藥旗丟了一地。

至此，臺兒莊戰役結束。

大批部隊源源不斷地向臺兒莊集結，以完成對日軍磯谷師團的包圍。（著名戰地攝影記者羅伯特·卡帕拍攝）

兵家點評

臺兒莊大捷，是抗戰爆發後中國在正面戰場取得的首次重大勝利。

中國軍隊在臺兒莊戰役中，採取的戰術十分明確，即「攻勢防禦」和「側擊」，在作戰過程中也貫徹了這一戰術原則。孫連仲第2集團軍善守，擔任陣地戰。以31師守城，為內線作戰；又以30師及44旅佈防於臺兒莊西側，第27師佈防於臺兒莊東側，為左右兩翼，均為外線作戰。湯恩伯第20軍團善攻，擔任運動戰，拊敵之背，協同孫集團軍殲滅犯臺兒莊之敵。兩大主力部隊既有分工，又互相配合最終贏得了勝利。

小知識：

李宗仁——打破日軍不可戰勝的神話
生卒年：西元1890～1969年。
國籍：中國。
身分：國民革命軍陸軍一級上將。
重要功績：臺兒莊一役，名揚天下。

「閃電戰」的經典教科書——
威塞爾演習

閃電戰理論是古德里安創造的，閃電戰是第二次世界大戰期間德軍經常使用的一種戰術，它充分利用飛機、坦克的快捷優勢，以突然襲擊的方式制敵取勝。

納粹德國在滅亡了波蘭之後，希特勒將侵略的魔爪伸向丹麥和挪威。

1940年4月9日凌晨，德軍空降兵分3路向丹麥和挪威的4個機場同時發動空降突擊。

5時30分，第1特殊任務轟炸航空兵團第8中隊的容克-52運輸機，運載著空降兵第1團第4連從尤太森機場起飛，向丹麥飛去。7時左右，1個排的德國傘兵沒有發一槍一彈，便在丹麥北部奧爾堡的兩個機場上空成功傘降。緊接著，準備用於挪威的後續機降部隊第159步兵團在此機降。

第8中隊的其他容克式飛機在格里克上尉的率領下越過波羅的海，徑直飛往沃爾丁堡大橋。沃爾丁

德軍在佔領波蘭後，在華沙進行閱兵。

堡大橋全長3.5公里，是連接丹麥王國首都哥本哈根的唯一通道。6時15分，德軍白色的降落傘飄飄悠悠地落向沃爾丁堡大橋附近。格里克上尉率先降落，他迅速地把機槍架在路基上，掩護他的部下安全降落。讓他感到不解的是，丹麥人的陣地一片寂靜，既沒有槍炮聲，也沒有警報聲，似乎還沉睡在和平的夢境中。傘兵們從地上躍起後，並沒有打開空投下來的武器箱，只揮舞著隨身佩帶的手槍便直插縱深，守橋的丹麥士兵一槍沒放就投降了。勝利來得如此容易，讓格里克上尉欣喜若狂，就這樣，德軍完全控制了這座大橋。這時，德軍第305步兵團的先遣部隊也按預定計畫從瓦爾內明德乘舢板登上格塞島，一路上沒遇到抵抗，順利到達這裡。

傘兵和步兵的先遣部隊兵合一處，開進沃爾丁堡小鎮，在不到一個小時的時間裡又佔領了一座連接馬斯納德島和西蘭島的大橋。同時，德軍登陸兵也在丹麥各主要港口登陸，並迅速向丹麥內地推進。在接到德國的最後通牒之後，七十歲的丹麥國王克利西爾，在開戰僅四個小時後被迫宣布投降。上午8時，剛剛從睡夢中醒來的丹麥人，從無線電廣播中聽到「丹麥已接受德國保護」的驚人消息時，都感到莫名其妙。

第2路德軍突擊隊的目標，是攻佔挪威首都奧斯陸附近的福內布機場。4月9日凌晨，空降兵第1團的第1和第2連的傘兵，分乘29架容克-52運輸機，在8架梅塞施米特-110飛機掩護下，飛越斯卡格拉克海峽，直指福內布機場。偏偏天公不作美，海面上大霧瀰漫，能見度只有20公尺，有兩架容克-52飛機忽然在濃霧中失蹤了。負責第一波攻擊的德雷韋斯中校只好下令返航。而第二波攻擊正按原計畫朝福內布機場飛去，上面乘坐的是第324步兵團第2營的官兵。指揮官瓦格納上尉雖然接到了返航命令，卻拒絕執行，當他進入福內布機場上空時，不幸被對空炮火擊中要害。一時間群龍無首，大部分運輸機只得返航，只有繼任大隊長英根霍芬上尉帶著少數幾架容克-52運輸機繼續強行著陸。由漢森中尉指揮的在福內布上空擔負掩護任務的德軍8架梅塞施米特-110戰鬥機，也按預定

納粹德軍的自行車部隊。

時間出動執行掩護任務。三十分鐘前，他們就已經和挪威戰鬥機交鋒了。在短暫激烈的空戰中，漢森的戰鬥機編隊成功地壓制了挪軍地面防空火力，在福內布機場上空盤旋警戒，等待運載傘兵的飛機。漢森此時並不知道傘降突擊分隊由於天氣原因已經返航，白白浪費了時間使飛機燃油耗盡，只得迫降。

當德軍戰鬥機在福內布機場著陸時，駐在福內布的挪威戰鬥機中隊長達爾上尉，已載著地面維護人員返回阿克斯胡斯要塞。隨後，高炮和高射機槍就停止了射擊，福內布機場的防禦就這樣崩潰了。

第3路德軍突擊隊，負責攻佔挪威的重要港口城市斯塔萬格附近的索拉機場。攻佔機場的任務，同樣分傘降和機降兩步來完成。挪威軍隊的主要支撐點是機場旁邊的兩個堅固的碉堡，在兩架梅塞施米特-110戰鬥機的高空火力支援下，著陸後的德國傘兵將手榴彈投進碉堡的槍眼，只用了半個小時就佔領了機場。

另外，德軍的行動還得到了以吉斯林為首的法西斯特務組織「第五縱隊」

的策應，他們提供情報、破壞通信聯絡和鐵路公路交通樞紐，在群眾中製造了極大的混亂，為德軍的入侵和迅速取勝提供了有利條件。

6月10日，挪威宣布放棄抵抗。

兵家點評

德軍空降突擊丹麥和挪威，是戰爭史上第一次成功的空降作戰和空運補給的戰例。多達500架的運輸機建立起了世界上第一座「空中橋樑」，而「兵從天降」也是一個創舉。德軍雖然由於氣候惡劣、機場條件不好而迫降等原因，損失運輸機170架，空降部隊傷亡一千餘人，但整個戰役卻獲得了成功。這次的空降突擊，為各國後來的空降作戰提供了經驗，德軍甚至把它視為範例。

小知識：

曼斯坦因——閃電戰的開創者、德國傳統總參謀部最後一位偉大傳人

生卒年：西元1887～1973年。

國籍：德國。

身分：陸軍元帥。

重要功績：「曼斯坦因計畫」直接影響了整個二次大戰，可謂史上最「偉大」的作戰方略之一。

史上最大規模的軍事撤退——
敦克爾克奇蹟

戰略決策，是對戰爭或其他全局性的重大問題所做出的決定，也就
是戰爭指導者的戰略決心，是戰爭活動中主觀指導最重要的表現，
其正確與否，可以加速或延緩戰爭的進程。

1940年5月15日凌晨，英國首相官邸傳來一陣急促的電話鈴聲，在電話的
另一端法國總理保羅·雷諾充滿絕望地對邱吉爾說：「防線被突破了！我國幾
十座城市和上百個村莊已經落入敵手……」邱吉爾聽完之後，驚詫得說不出話
來。

雷諾所說的「防線」，就是被稱為有史以來最完善、最堅固的防禦系
統——馬其諾防線。

1940年5月14日，德國集中了3,000輛坦克、10個裝甲師、136個步兵師，
繞過馬其頓防線，突然出現在法比邊境的阿登山區，驚惶失措的法軍第9軍團很
快就被擊潰。在法國總理保羅·雷諾與英國首相邱吉爾通電話的這一刻，德軍
的鐵蹄已經深入法國的腹地。

當時在法國境內，駐紮著10個英國遠征師，他們雖然頂住了德軍的正面
進攻，但由於側翼法軍的迅速潰敗，還是陷入了進退維谷的困境之中。5月20
日，德軍裝甲部隊切斷了英法聯軍與其南翼法軍的聯繫，將英法聯軍三個集團
軍約三十六萬人包圍在法、比邊境的佛蘭德地區。5月24日，德軍古德里安坦
克部隊攻佔了法國港口城市布倫和加來，英軍所能控制的海港只剩下敦克爾克
了。

眼看著自己的部隊就要變成了「甕中之鱉」，英軍總司令戈特憂心如焚，

立即向倫敦緊急呼救，請求將軍隊撤離法國。英國首相邱吉爾指示海軍部擬訂一個代號為「發電機」的撤退計畫，命令各部隊迅速向敦克爾克海港集結。

此時，英國軍隊離敦克爾克還有30多公里，而德國軍隊距敦克爾克卻只有20多公里。雙方的指揮官心裡都很清楚，哪一方先到，哪一方就佔得先機。

正當德國將軍古德里安命令手下「不可阻擋」的裝甲部隊快速前進時，最高統帥希特勒卻突然下了一道命令：「停止追擊，原地待命。」

這對英軍來說，簡直是絕處逢生的天賜良機！

5月26日晚7時左右，英國海軍部下令開始實行「發電機」計畫。6艘滿載著撤退部隊的大型運輸船，離開了敦克爾克向不列顛島駛去。希特勒如夢方醒，立刻命令德軍恢復進攻。

5月27日，納粹飛機開始不斷俯衝襲擊，德軍的坦克也在不斷向前逼進。

英國海軍軍艦由於吃水深，無法靠近海灘，導致撤退速度放緩，用了三天的時間只撤離了七千六百多名非戰鬥人員和後勤人員，還有三十多萬英法軍隊在炮彈橫飛的灘頭防禦陣地上等待撤退。更糟糕的是，英國軍方的運輸能力已經達到極限，制空權也始終掌握在德國空軍的手裡，這就使得撤退始終處在敵人的炮火之中，情況十分危險。

在如此艱難困苦的條件下，英國政府向民眾發起了呼籲，廣播電臺不斷地播放：「英國公民們！英國公民們！海軍部呼籲所有擁有船隻的主人，加入到拯救英國士兵的『艦隊』中來！」國難當頭，無數業餘水手和私人船主應召而來，駁船、貨輪、汽艇、漁船，甚至花花綠綠的遊艇，從英國各個港口湧向敦克爾克，冒著德國飛機、潛艇和大炮的攻擊，往返穿梭於海峽之間，將一批批聯軍官兵送回到英國本土。

擔任掩護任務的英法軍隊同樣英勇悲壯，他們一次又一次地打退德國坦克的進攻，竭盡全力地堅守其東、西側戰線，以保持向海峽沿岸撤退的通道。皇家空軍也把所有可以動用的戰鬥機，全都投入到敦克爾克上空，戰鬥異常慘

經過敦克爾克大撤退，一群衣衫不整的英法聯軍士兵終於踏上了英國的土地。

列。

　　由於德軍空襲和逼近敦克爾克海灘的炮火，從6月2日開始，撤退行動選擇在夜間進行，在暗夜的掩護下每天有兩萬六千人撤往英國。

　　6月4日，最後一批船隻滿載官兵離開了港口。

兵家點評

　　在德軍地空火力猛烈轟擊下，英法聯軍仍撤出了三十三萬八千餘人，被譽為「敦克爾克奇蹟」。

　　這一奇蹟的產生主要有三方面原因：

　　①天時。在撤退的這幾天中，敦克爾克地區大多是陰雨天，大霧、小雨以及瀰漫的硝煙，能見度低使得德國空軍很難持續大規模的轟炸。素以風大浪高

著稱的英吉利海峽在這段時間出人意料地風平浪靜，為撤退提供了良機。

　　②地利。敦克爾克鬆軟的沙灘，成了英法聯軍的救星，德軍飛機投下的炸彈，大多陷入沙灘，彈片難以有效散飛，殺傷力大大減低。

　　③人和。後衛部隊英勇抗擊著德軍的進攻，掩護主力撤退；英國空軍竭盡所能，為部隊提供掩護；撤退部隊的官兵，保持了嚴格的組織紀律，使整個撤退過程秩序井然；海軍軍官傑出的組織才能。

　　敦克爾克的偉大意義在於，英國保留了繼續堅持戰爭的最珍貴的有生力量。正如英國著名的軍事歷史學家亨利·莫爾指出的那樣，歐洲的光復和德國的失敗就是從敦克爾克開始的！

小知識：

古德里安——德國裝甲兵之父

生卒年：西元1888～1954年。

國籍：德國。

身分：陸軍上將。

重要功績：第二次世界大戰中，從阿登高地突入法國，擊潰英法軍隊；參加閃擊蘇聯，迅速挺進，多次合圍蘇軍取勝。主張在狹窄正面上集中使用大量坦克，實施大縱深的高速突擊，影響深遠。

倫敦上空的「飛鷹」——不列顛之戰

戰鬥，敵對雙方兵團、部隊、分隊（單機、單艦）進行的有組織的武裝衝突。

　　為了迫使英國退出戰爭，進而騰出手來全力對付蘇聯。1940年8月1日，納粹頭目希特勒簽署了對英國發動空中閃電戰的第17號訓令，決定空襲英國本土。

　　從8月12日開始，德軍開始就有計畫地突襲英空軍基地和雷達站，盡殲英空軍主力，奪取制空權。德軍首先進行了高強度的空襲，一晝夜出動飛機多達1,000～1,800架次，炸毀了英國12個空軍基地、7座飛機製造廠、若干雷達站和油庫，但是在英國戰鬥機的頑強抵抗下，德軍的轟炸機損失慘重。戈林決定集中力量摧毀英國的戰鬥機群，從8月24日到9月6日，德軍每天出動戰機1,000多架次，與數量處於劣勢的英國空

轟炸過後的廢墟。

英國空襲觀察員嚴陣以待。

軍進行激烈空戰，並轟炸英軍基地和指揮系統。戰鬥中，英空軍雖然擊落了380架德機，但元氣大傷，有四分之一的飛機駕駛員犧牲或受重傷，5個機場遭到嚴重破壞。6個關鍵性的地下指揮系統受到猛烈的轟炸。正如邱吉爾後來說的：「如果這種情況再繼續幾個星期，英國將無法再組織空中的防禦力量，納粹的陰謀一定會得逞。」

　　正當英國空軍難以支撐之際，9月7日，德空軍的轟炸目標突然改為大規模夜襲倫敦等城市去了，這讓英國空軍大大緩了一口氣。

　　原來在8月23日晚上，12駕德國轟炸機將炸彈錯投到倫敦市中心，炸毀了許多住房和百姓。為了報復，英國空軍在次日晚派出81架飛機轟炸了柏林，當時柏林上空濃雲密佈，英國空軍只有半數找到了目標，柏林的損失不大，但卻嚴重打擊了德軍的士氣。早在大戰之初，戈林就曾經吹噓德國的防空能力，說：「要是有一架敵機到達魯爾上空的話，我的名字就不叫赫爾曼·戈林！」現在敵人的炸彈竟落到了首都，德軍居然連一架英軍飛機也沒給打下來，這讓希特勒十分氣惱，叫囂要徹底毀滅倫敦。

　　9月7日，德空軍出動300架轟炸機和648架戰鬥機空襲倫敦，一直持續到11月3日。倫敦很多街區成為一片火海，連國王居住的白金漢宮也被炸，交通通訊多次中斷，居民傷亡慘重。但是英國人並沒有被嚇倒，他們從防空洞中走出來，冒著德軍的炮火登上屋頂，手拿望遠鏡和步話機，進行對空監視網，配合

飛行員作戰。一連七天，德軍對倫敦實施了不間斷的空襲，倫敦雖然蒙受了巨大的損失，但是英國空軍卻獲得了休整，戰鬥力迅速恢復。9月15日，經過八天的休整和補充，英國空軍出動了300餘架戰鬥機飛往倫敦，與德軍600架戰鬥機和200架轟炸機組成的龐大機群展開了激戰，戰鬥中，德軍34架轟炸機被擊毀，另有12架在返航和著陸途中傷重墜毀，還有80架飛機是帶著滿身的彈痕著陸。9月16日和17日，英國轟炸機對集結在沿海的德國船隻進行了猛烈攻擊，擊沉了上百艘德國船隻。從此，英國空軍開始掌握主動權。

從11月3日後，為了反蘇戰爭做準備，德空軍越來越多的最有戰鬥力的航空兵兵團調往東線。空襲英國的強度也逐漸減弱，到1941年5月減少到最低限度，不列顛之戰結束。

兵家點評

不列顛戰役是人類戰爭史上首次空戰戰爭，證明了戰略性的大規模空襲將直接影響戰爭的進程，顯示出制空權在現代化戰爭中的重要地位，並證明了防空的戰略意義。此役也是德軍在第二次世界大戰中首次失敗的戰役，未達到征服英國的預期目的。英國則成為日後歐洲抵抗運動和盟國反攻歐洲大陸的基地，使德軍在進攻蘇聯後，始終處於兩線作戰的境地。

小知識：

凱塞林——帝國的笑面殺手
生卒年：西元1885～1960年。
國籍：德國。
身分：空軍元帥。
重要功績：策劃實施鹿特丹轟炸；參加不列顛空戰；1941年率第二航空隊參加閃擊蘇聯，負責支援進軍莫斯科的中路德軍。

希特勒最大的戰略冒險──
「巴巴羅薩」計畫

戰略偵察，是為保障國家安全和獲取指導戰爭所需的情報而進行的偵察，是戰爭指導者進行戰略決策、制訂戰略計畫、籌劃和指導戰爭的重要依據。

納粹頭子阿道夫·希特勒與德軍高級軍官在一起。

進攻蘇聯是希特勒一貫的戰略主張。早在20年代，他就在《我的奮鬥》中大肆鼓吹「征服斯拉夫人，為德意志民族擴張生存空間」，甚至露骨地指出他在策劃擴張時「第一個想到的目標就是俄羅斯和其周邊小國」。然而德國人的戰略思想從一開始就有問題。希特勒一直稱斯拉夫人為「劣等民族」，吹噓說：「只要在門上踢一腳，整個屋子就會垮下來。」德軍將領們也普遍認為蘇軍不堪一擊，只要透過一場閃電戰就可以將其打敗。就在戰爭爆發前幾個月，日本曾主動提出在遠東地區配合對蘇聯

的進攻，卻被希特勒輕率地拒絕了，他一直認為德軍可以輕易壓倒蘇聯紅軍，無需借助外部力量。

為了一舉消滅蘇聯，希特勒制訂了平生最大的戰略冒險——「巴巴羅薩」計畫。他將德軍550軍隊，4.72萬門火炮，4,300輛坦克，以及4,980架作戰飛機，編為主要的三個集團軍群：「南方集團軍群」由倫德施泰特陸軍元帥率領，下轄47個師和一個裝甲集群，由盧布林至多瑙河口地區向烏克蘭和頓涅茨盆地展開攻擊；「中央集團軍群」由陸軍元帥鮑克率領，下轄58個師和兩個裝甲集群，從華沙以東地區出發直逼莫斯科；「北方集團軍群」由陸軍元帥李勃率領，下轄29個師和一個裝甲集群，自東普魯士出發橫掃波羅地海諸國後攻下列寧格勒；另有24個師做為戰略預備隊。三支軍隊形成「三叉戟」攻勢，在西德維納河—第聶伯河以西消滅蘇軍主力，在冬天到來以前推進到阿爾漢格爾斯克（在北冰洋之濱）至阿斯特拉罕（在黑海之濱）一線，結束戰爭。參加「巴巴羅薩計畫」的德軍只佔總兵力的一半，有100多個德軍師還在西線留守。由於德軍統帥部非常自信能在年底前征服蘇聯，使德軍上下都瀰漫著一股驕傲輕敵的情緒，既沒有動員更多的後續部隊做冬季戰爭準備，也沒有將工業生產轉為戰時體制。此時的希特勒根本沒有意識到這是一場持續四年之久、殘酷異常的戰爭，它最終敲碎了德軍的脊樑。

戰前的蘇聯經過大清洗，失去了大批優秀的中高級軍官，軍隊的機械化程度和作戰方式遠遜於德國。但是蘇聯卻擁有537萬軍隊的龐大力量，並且將60%的兵力部署在西部邊境，還擁有T-34、KV-1等高水準的坦克。更重要的是，蘇聯適合服兵役的人口是德國的三倍以上，可以在很短時間內擴充一倍兵力。雖然蘇軍有自身的弱點，但絕不像希特勒認為的那樣軟弱。他在戰前嚴重低估了對手的兵力、生產能力和後備力量，以致擬訂的「巴巴羅薩」計畫根本不切實際。

當德國士兵不可一世地踏上蘇聯的國土時，迎接他們的將是無法想像的災難，在一次次殘酷的戰役中，無情地充當了戰爭狂人的炮灰。

戰爭，就這樣爆發了。

兵家點評

　　為了實施希特勒的作戰意圖，德軍總參謀部著手擬訂了對蘇聯作戰的具體行動方案，並被定名為「巴巴羅薩計畫」。這個計畫原來的名稱是「奧托計畫」，但希特勒非常喜歡俄國的一個非常著名的皇帝——腓特烈一世（1123～1190年），他的一句話備受希特勒推崇，「生存與毀滅只有在戰爭中才能證實」。但歐洲歷史上曾經有過五位叫腓特烈一世的皇帝。希特勒就採用了外號的形式，腓特烈一世有個「紅鬍子」的外號，俄語發音正是「巴巴羅薩」，所以這個計畫名稱就改為了巴巴羅薩計畫。

小知識：

潘興——20世紀美國軍界第一超級大將
生卒年：西元1860～1948年。
國籍：美國。
身分：陸軍特級上將。
重要功績：將昔日「小打小鬧」的美國軍隊，建成了一支可以適應任何現代戰爭的現代化強兵；在一戰期間堅持美軍的獨立、採用參謀體制來管理部隊，也給未來的美國軍隊發展帶來了重要的影響。

戰爭的魔術——
「消失」的蘇伊士運河

所謂軍事偽裝，就是利用電磁學、光學、熱學、聲學等技術手段，
改變目標原有的特徵資訊，隱真示假，降低敵人的偵察效果，使敵
方對己方軍隊的配置、企圖、行動等產生錯覺，造成其指揮失誤，
以保存自己，最大限度地打擊敵人。

在第二次世界大戰期間，偌大的蘇伊士運河曾經突然「消失」，讓攻擊它
的德國亂了陣腳。德國周密的襲擊計畫，在運河消失的那一刻土崩瓦解，他們
的飛機只能慌亂的、毫無目的的投下炸彈就
跑掉了。這在歷史上被稱為魔術似的戰爭，
導演者就是英軍中尉賈斯帕‧馬斯克林。

1941年2月，希特勒派隆美爾指揮德意
志軍隊遠征北非，對埃及發動進攻，力求奪
取蘇伊士運河。對英國來說，蘇伊士運河就
是他們的生命線，失去它，英國海上的運程
就會增加幾千英里，同時還得繞過地勢險惡
的非洲南端的好望角，因此英軍必須保證運
河萬無一失。經反覆商討，最終決定「隱
藏」蘇伊士運河。英國著名魔術師賈斯帕‧
馬斯克林來到英軍部隊，接受了這項任務。

蘇伊士運河全長175公里，把它藏起來
確實讓馬斯克林費了一番心思。他在回想自

「斯圖卡」俯衝轟炸機，在整個二
次大戰期間，始終是德軍有效的戰
術支援武器，為同類機種中的經典
傑作。

己的表演經歷時獲得靈感，決定使用障眼法，即用大量的探照燈的強烈光線，形成燈光屏障，以此來矇蔽德軍在夜間行動向運河投彈的飛行員。他在探照燈透鏡周邊的弧形鋼帶上焊接了24個錫片反射器。如此一來，被改裝後的每個探照燈都會形成24條強光束帶，而這種光束帶有著超強的亮度，最遠射程達10英里。實驗時，馬斯克林坐在英軍飛行員駕駛的飛機裡，在將接近探照燈上空時，用無線電向地面指揮部發出要求打開光束的資訊。之後，飛機裡的他遠遠的就能見到地面有24道強烈光束射向遙遠深邃的夜空。飛機飛得更近時，24束強光開始猛烈地旋轉，黑夜瞬間被驅散，整個夜空猶如白晝，強烈的白光映射著駕駛艙和機艙，讓人無法睜開眼睛，根本無法找到地面上的目標，又何談準確的轟炸。實驗取得成功！

在接下來的五、六個星期裡，被改裝後的探照燈遍佈了整個蘇伊士運河，一切準備妥當。

10月5日晚，德軍掛魚雷的He-111轟炸機組成勇猛的「獅子」聯隊，飛入蘇伊士運河區域轟炸盟軍的艦船。在轟炸前，由BV-138偵察機打第一戰，爾後「獅子」聯隊以超低空的方式從多個方位向運河投彈。

在德國聯隊的飛機進入蘇伊士運河所在地的上空時，所有「特種探照燈」同時打開，剎那間，強烈的白光淹沒了整個夜空。在這種突如其來的強光照射下，德軍飛行員根本睜不開眼睛，更讓人難以忍受的是，這些強烈的光束帶還對德軍飛機「緊追不捨」。德軍「獅子」聯隊轟炸機企圖擺脫這讓人炫目的光屏，但始終不能如願。無奈之下，只得在慌亂中毫無目的地投下炸彈後撤退了。

兵家點評

軍事偽裝根據運用的範圍，可分為戰略偽裝、戰役偽裝和戰術偽裝；根據所對付的偵察器材的不同，又可分為雷達波偽裝、可見光及紅外波偽裝、防聲

測偽裝等。

偽裝的技術措施很多，主要有以下幾種：

①利用地形、地物、夜暗以及能見度不良的氣候等天然條件，來隱蔽目標或者降低目標的顯著性。

②利用塗料、染料等材料，改變目標、遮障物、背景的顏色或圖案，以迷惑敵人。

③透過種植植物、採集植物和改變植物的顏色等方法，達到偽裝目標的目的。

④人工遮障偽裝，簡單地說就是利用制式的偽裝器材，設置對目標進行遮蔽的屏障，防止對方偵察到。

⑤利用煙霧來遮掩目標，干擾敵方的光學偵察，用以迷惑敵人。

⑥假目標偽裝技術，就是利用假飛機、假坦克、假工事、假橋樑等迷惑敵人，吸引敵人的注意力和火力。

另外，還可以透過消除、降低和類比目標的燈火與音響效果，來隱蔽目標，迷惑敵人。

在現代高技術戰爭中，偽裝技術的應用越來越廣，已成為防禦和進攻作戰的一種直接有效的手段。

小知識：

特倫查德——皇家空軍創始人

生卒年：西元1873～1956年。

國籍：英國。

身分：空軍元帥、子爵。

重要功績：締造了強大的英國皇家空軍，改寫了世界空軍的歷史，其大作《關於戰爭中的空中力量原則》也為歐美各國空軍的發展奠定了理論基礎。

納粹空降傘兵最後一次大規模綻放——
克里特島空降戰

傘兵又稱空降兵，主要是以空降到戰場為作戰方式，其特點是裝備
輕型化、高度機動化、兵員精銳化。

1941年4月21日，柏林的最高統帥部裡。

斯徒登特中將手拿文件，小心謹慎地向希特勒報告說：「敬愛的元首閣
下，我建議您派第11航空軍的機降和傘降部隊去奪取克里特島，之前我已經與
戈林總司令進行了反覆研究，他也認為這個計畫可行……」

他一邊講，一邊不時地留意希特勒的面部表情，唯恐說錯了話。

早在去年秋天，希特勒就曾提到過克里特島空降作戰的想法，但這一次，
他卻一言不發。

這時，最高統帥部總參謀長凱特爾元帥提出了統帥部的意見：「如果在克
里特島再開闢一個『分戰場』的話，我軍的兵力就會被徹底分散，不如使用空
降部隊去攻佔馬爾他。」

「不！」

希特勒突然從椅子上跳了起來，粗暴地打斷了凱特爾的話。

顯然，這個戰爭狂人早已打定了自己的如意算盤：克里特島是通往北非、
蘇伊士運河和東地中海的跳板，拿了這個島嶼，德國空軍就能控制這些地區。

1941年4月25日，希特勒下達了代號為「水星」的作戰命令，將目標最終
指向了克里特島。

5月20日凌晨，德國轟炸機群對克里特島進行了猛烈轟炸。英國駐島部隊
雖然沒有得到情報機關關於德軍進攻克里特島的綜合性情報。但他們毫不驚

慌，頑強地堅守著陣地。

凌晨4時，德軍第一批運送空降部隊的運輸機和滑翔機，迎著黎明的曙光飛上了高空。升空後，以12架飛機編為一隊，向克里特島馬拉馬地區飛去。7時左右，德國空降部隊飛抵預訂目標，在戰鬥機和轟炸機的掩護下實施空降。一個個傘花迅速綻放，消失在

德軍在歐洲低傷亡的神話在克里特島之戰變的蒼白了許多。

白雲之中。守島英軍用高射炮、機槍、步槍進行層層攔阻，德國傘兵有的掛在樹梢上，有的撞死在岩石上，倖存下來的也被猛烈的火力壓得抬不起頭來，動彈不得，當然，更無法接近空投下來的武器箱。德軍損失慘重，總指揮薩斯曼上將也因飛機失事而摔死。

德國航空第11軍軍長斯徒登特將軍一直都守在雅典的空降司令部作戰室內，焦急地等待著300公里以外作戰地區的情況通報。他一會兒在屋子裡走來走去，一會兒坐在椅子上用手指敲著桌子。到了晚上，前方傳來報告，英國守軍比預想的要頑強，請求支援。斯徒登特像一個孤注一擲的賭棍，立即命令山地步兵第5師和昨天滯留的六百名傘兵，於次日清晨乘坐運輸機，火速增援馬拉馬機場。下午3時左右，這些援軍陸續在馬拉馬機場傘降，降落在預定地區以後，隨即加入了突擊團的戰鬥序列。

21日夜，德軍的一個汽艇隊搭載一個山地步兵營，在夜幕的掩護下開往克里特島增援，途中遭英軍艦隊截擊而覆沒。英軍弗賴柏格將軍決定趁此機會進行反擊，他命令第5旅的兩個營與次日凌晨搶佔馬拉馬機場，但遭到了德國傘兵和航空兵強而有力的殺傷。德國戰鬥機和轟炸機也鋪天蓋地般呼嘯而至，將一顆顆500和1,000磅的大炸彈丟在英軍頭上，英軍傷亡慘重，撤出馬拉馬地區。

德軍佔領馬拉馬機場後，迅速將第五山地師機降在該處，進而控制了戰局。

　　隨後，英軍開始後撤，德軍於6月2日佔領了全島。

兵家點評

　　克里特島空降戰役，是迄今為止唯一以空降兵為主實施的進攻戰役。在這次歷時12天的戰役中，德軍以傷一萬餘人，亡四千人，損失運輸機170餘架的巨大代價獲得了最終勝利。由於付出的代價太高，希特勒和他的將軍們徹底失去了使用傘兵作戰的信心。希特勒事後說：「克里特島之戰，已經證明了傘兵的全盛時代已經成了明日黃花。」斯徒登特則傷心地稱克里特島為「德國傘兵的墳墓」。

　　在戰役中，完全掌握了制空權的德國空軍起了決定性作用，也顯示了空降兵作戰能力的增長。同時德軍也吸收了一個深刻的教訓：實施這樣的戰役，如果不與其他軍種協同作戰，勢必會遭到重大損失。因此，奪佔該島之後，德軍統帥部再未敢實施類似的大規模空降戰役。後來英美盟軍在「諾曼第登陸」中使用傘兵時，為了避免重蹈德軍傷亡慘重的覆轍，在進攻前，事先多次使用欺騙手段直到徹底麻痺德軍，才突然實施空降。

小知識：

米切爾──美國空軍先驅
生卒年：西元1879～1936年。
國籍：美國。
身分：將軍。
重要功績：對美國空軍的建立和發展起了巨大的推動作用；第一次世界大戰期間，指揮美、法兩國近1,500架飛機組成的大機群作戰，在默茲─阿爾貢戰役中，用200架飛機的大編隊轟炸敵軍目標。

一個冬天的神話──
莫斯科保衛戰

機械化戰爭論，以機械化快速部隊突擊敵人的指揮機構，使敵指揮
癱瘓，然後按常規方式進攻，迅速奪取全面勝利。

1941年9月20日，滿面紅光的希特勒在東普魯士臘斯登堡的餐桌旁，開始
了自己的「室內演說」：「6月22日早晨，世界上最大的一次戰役開始了。我
軍進展順利，通往莫斯科的門戶已被打開！」說到這裡，希特勒突然用手一拍
桌子，「我已經決定，我們下一個進攻的目標就是莫斯科！在冬天到來之前這
個城市將被摧毀，讓它永遠從地圖上消失！」說完，他習慣性地將手在空中有
力地一揮，在座的帝國軍官們不失時機地立刻全體起立，端起酒杯……

9月30日，德軍集中了最精銳的部隊，向莫斯科挺進。古德里安指揮的坦
克集群進展尤為迅速，宛如一張彎弓扣上了強勁的利箭，箭頭直指布良斯克和
維亞茲馬。莫斯科的第一道防線很快就被德軍的鋼鐵洪流衝開了一道可怕的缺
口，到10月中旬的兩週之內，德軍中央集團軍群完成了三個大包圍圈，兩個在
布良斯克附近，另一個在維亞茲馬以西。第一階段進展順利，讓希特勒覺得莫
斯科已經是他的囊中之物了。為此，他專門簽署了一項最高統帥部的命令：不
接受莫斯科的投降，即使主動投降也不可以！

莫斯科的軍民在最高統帥史達林的親自領導下，不惜一切代價，誓死保衛
莫斯科。為了振奮士氣，蘇聯軍隊在11月7日如期舉行了紀念十月革命的閱兵
式。消息傳到希特勒的耳裡時，已是當天傍晚了。聽聞此言，希特勒大發雷
霆：「真是難以想像，史達林竟然在德國空軍機翼的底下檢閱部隊！這是對帝
國空軍的公然挑釁、挑釁！……」希特勒歇斯底里發作了一陣子，還是覺得氣

1941年11月7日，在德軍距莫斯科僅70公里的最艱苦時刻，紅場上舉行了意義非凡的盛大閱兵式。

沒消，他大聲喊道：「對這種狂妄行為，只能用炸彈來加倍懲罰！哈爾德，你立刻與包克聯繫，讓他今天晚上必須對莫斯科實施最猛烈的空襲！」隨後，希特勒督促地面部隊火速向莫斯科推進。

11月15日，德軍向莫斯科發動第二次瘋狂進攻。27日，德軍佔領了離莫斯科僅有二十四公里的伊斯特臘，用望遠鏡幾乎可以看到克里姆林宮的頂端。莫斯科危在旦夕。在這千鈞一髮之際，蘇聯軍民表現出了大無畏的犧牲精神，在通向莫斯科的各個要道上，與德軍進行了殊死戰鬥，常常是打到整營、整團不剩一人為止。戰鬥的雙方猶如角逐的足球場，德軍「前鋒」在禁區尋找一切機會企圖「破門」而入，而蘇軍「後衛」拼死攔截，死死地保護著自己的大門。

隨著蘇軍愈來愈頑強的抵抗和氣候的惡化，德軍的進攻態勢開始受挫。這一年的冬天來得很早，上帝站到了俄羅斯人的一邊。凜冽的寒風裹著雪團，鋪天蓋地而來。德軍沒有棉衣，數以千計的士兵被凍成了殘廢，許多人染上了瘧

疾。寒冷的天氣使飛機和坦克的馬達無法發動，坦克上的光學窺鏡失去作用。到了12月，溫度計的水銀柱急劇下降。在這攝氏零下四十多度的冰天雪地中，到處都是凍僵了的德國兵屍體。而蘇聯戰士，早已習慣了寒帶氣候，而且穿上了棉衣、皮靴和護耳冬帽。

12月6日，蘇軍開始從莫斯科南面和北面展開大反攻。到第二年初，蘇軍完全擊潰了莫斯科城下的德「中央」集團軍群的突擊兵團，德軍被迫後退一百公里至二百五十公里，蘇軍取得了莫斯科保衛戰的偉大勝利。

兵家點評

莫斯科保衛戰的勝利，鞏固了世界反法西斯同盟。

德軍雖在初期取得一定戰果，但因戰線過長，補給不足，缺乏預備隊和冬季作戰準備而遭到失敗。在這次會戰中，德軍損失五十餘萬人，其中凍死、凍傷十萬餘人，坦克1,300輛，火炮2,500門，汽車1.5萬餘輛以及大量的軍用物資。此外，德國軍事法庭以臨陣脫逃、擅自退卻、違抗軍令等罪名，給六萬兩千名官兵判刑。三十五名高級將領，其中包括布勞希奇元帥、包克元帥、古德里安上將、施特勞斯上將等被撤職。

經過這次戰火的洗禮，蘇聯的軍事學術有了新的發展。最高統帥部大本營和總參謀部在複雜條件下善於籌建和

「祖國——母親在召喚！」這是二戰期間蘇聯最有影響力的海報之一。它號召蘇聯廣大青壯年們拿起武器，奔赴前線抗擊德軍的入侵。

隱蔽集中預備隊來粉碎敵人，善於組織各方面軍種和各戰略方向之間的密切協同，調動陸軍、航空兵和游擊隊的力量共同粉碎「中央」集團軍群。組織防禦和進攻的方法以及更合理地使用炮兵、坦克和航空兵的方法均有改進。此外，還累積了大量集中使用各兵種的經驗，這顯示了蘇聯軍事指揮官在戰略和戰役、戰術上的成熟，以及各兵種軍人戰鬥技能有了提高。

小知識：

科涅夫——勇於朱可夫叫板的元帥
生卒年：西元1897～1973年。
國籍：蘇聯。
身分：元帥。
重要功績：二戰時，在莫斯科會戰中以反突擊掩護首都，解放加里寧市；參加柏林戰役，並解放布拉格。

戰術上的巨人，戰略上的侏儒——
日軍奇襲珍珠港

戰略，最早是軍事方面的概念。在西方，「strategy」一詞源於希臘語「strategos」，意為軍事將領、地方行政長官。後來演變成軍事術語，指軍事將領指揮軍隊作戰的謀略。

1941年12月8日清晨（珍珠港時間12月7日），夏威夷群島一片寧靜，湛藍的天空漂浮著朵朵白雲，海浪有節奏地拍打著軍艦的船舷。

這一天恰巧是星期天，準備上岸度假的美國官兵大多數正在用早餐，收音機裡播放著檀香山電臺的音樂節目，教堂的鐘聲也在空氣中飄散開來。這一切，似乎和往常的星期天並無兩樣。誰也沒有想到，一場巨大的災難正迅速逼來。

時鐘指向7時零2分，胡瓦島雷達站有兩個美國士兵正在執勤，其中一個名叫伊里亞德的年輕人，突然發現雷達螢幕上出現了大片亮點。

「敵機來襲了！」伊里亞德驚叫起來。他霍然站起，立即向值班中尉泰勒報告。

此時的泰勒正沉浸在優美的輕音樂中，聽到報告後竟不以為然地嘲弄他們：「傻小子，別神經過敏了，瓦胡島在大洋中間，敵機是飛不到這裡的。」半小時之後，泰勒才意識到，由於自己的失職，給太平洋艦隊帶來了無可挽回的巨大損失。

7時50分左右，各軍艦依照慣例準備升旗，軍樂隊員開始在甲板上列隊。

此時，由183架飛機組成的龐大機群，掠過蔥鬱的山巒，直向基地撲來，機翼上的日本太陽旗清晰可見。

　　負責這次襲擊任務的日方指揮官淵田美津雄中佐，是江田島海軍學校的高材生，此人沉著冷靜，作戰經驗豐富。他神情凝重地端坐在戰機中，不時透過雲隙向地面觀察，發現港口連一點防備的跡象都看不到，也沒有發現高射炮開火。淵田不由得長舒了一口氣，命令道：「用甲種電波向艦隊發報：虎、虎、虎，我部偷襲成功！」

　　電波穿透太平洋上空的雲層，傳到了250海里外的特遣艦隊，傳到了廣島灣的聯合艦隊司令部，傳到了3千海里之外的東京大本營。

　　隨著兩發信號彈的升空，日本飛機開始了進攻。

　　7時55分，俯衝轟炸機首先攻擊了瓦胡島的三個機場，兩分鐘後，魚雷機開始進入攻擊。第一架魚雷機首先用機炮將排列在艦隊最後的「內華達」號上的艦旗撕碎，而後投下了魚雷。面對突如其來的災難，原本認為是本方飛機進行飛行訓練的美國士兵一個個都嚇呆了，還沒等清醒過來，停在艦隊最外側的「奧克拉荷馬」號被2枚魚雷和5枚炸彈所擊中，帶著四百多名官兵傾覆海底。

第一波攻擊時的港灣內景。

被轟炸的珍珠港。

「西佛吉尼亞」號由於及時打開注水閥，慢慢地沉入了水下。5分鐘後，零星的高炮才開始響起，但也是無濟於事。

緊接著，淵田親自率領49架水平轟炸機，冒著猛烈的高射炮火，排成一字長蛇陣，將一枚枚高爆炸彈魚貫投下。「亞利桑那」號彈藥倉被穿甲彈擊中，艦首被炸裂，碎片一直飛到百米高空。「馬利蘭」號和「田納西」號也遭到了狂轟濫炸，傷痕纍纍。與此同時，43架制空戰鬥機向地面和機場進行瘋狂掃射，一些魚雷轟炸機仍在尋找目標，連「猶他」號靶船也未能倖免。

8時40分，78架俯衝轟炸機、54架水平轟炸機和35架零式戰鬥機又飛抵珍珠港上空，組成了第二攻擊波。水平轟炸機目標直指瓦胡島的機場，俯衝轟炸機繼續攻擊艦隻，零式戰鬥機負責掩護。這時，停在船塢中的「賓夕法尼亞」號戰艦不幸被一隊俯衝轟炸機發現，這艘在第一次攻擊中唯一倖免的旗艦終於未能逃脫，甲板上燃起了熊熊大火……

9時40分，第二波攻擊結束，日本戰機大搖大擺地撤離後，淵田的座機在

珍珠港上空盤旋了一圈，他拍攝完照片才飛往集結地率領機隊返航。

　　在兩個小時的轟炸中，珍珠港變成了人間地獄，美國太平洋艦隊全部8艘戰艦，有5艘被擊沉，3艘遭到重創，其他艦船被擊沉擊傷10餘艘，美機損失400多架，美軍傷亡約四千人。而日本僅損失了飛機29架，飛行員五十五人。

兵家點評

　　日本偷襲珍珠港，就其短期的戰略目的而言，是一場無可爭議的輝煌勝利，它的戰果遠遠超過了計畫者最遠的設想。在此後的六個月中，美太平洋艦隊難以在南太平洋上有所作為。日本趁機佔領了整個東南亞、太平洋西南部，勢力一直擴張到印度洋。

　　從長期的戰略角度來看珍珠港事件，這對日本來說是一場徹底的災難。負責這次軍事行動的山本上將本人就曾預言：「即使對美國海軍的襲擊成功，它不會、也不能贏得一場對美國的戰爭，因為美國的生產力實在太高了。」更致命的是，日本把美國這個強大的對手拖入了戰爭，使反法西斯同盟得以正式建成，加速了自身的失敗。在珍珠港遭受偷襲後的那個晚上，睡得最香的人不是別人，而是英國首相邱吉爾。美國從此將完全視為同盟者並肩作戰，為此他說了一句「我們總算贏了」，而後安然入睡。

小知識：

山本五十六——軍國賭徒
生卒年：西元1884～1943年。
國籍：日本。
身分：海軍大將。
重要功績：偷襲珍珠港。

日落馬來海──
皇家乙艦隊覆滅記

空中戰爭論，又稱「空中制勝論」，認為空軍可以獨立進行戰爭，
並認為擁有和運用優勢空軍取得制空權後既可決定戰爭結局取得戰
爭勝利。由義大利軍事理論家朱里奧‧杜黑所宣導。

1941年12月8日17時30分，皇家乙艦隊靜靜地駛出了柔佛海峽，這支艦隊
包括「威爾士親王號」戰艦、「反擊號」戰列巡洋艦和4艘驅逐艦。在艦隊駛離
港口的那一刻，「反擊號」艦長在甲板上大聲地宣布：「士兵們，我們要出去
自找麻煩去了！」水兵們隨即歡呼起來。

乙艦隊之所以千里迢迢來到遠東地區，主要為了警告日本人不要在南太平
洋地區為所欲為。但是隨著事態的發展，乙艦隊的戰略威懾任務已經不復存
在。8日凌晨，日軍攻佔了哥打巴魯。天明之後，日本戰機對馬來半島尚未被佔
領的機場和新加坡航空基地，進行了多次空襲，使皇家空軍的飛機損失殆盡。
乙艦隊不能在港口坐等日軍空襲，艦隊司令菲力浦斯中將決定先發制人，率領
艦隊北上襲擊日軍運兵船。

12月9日，陰有小雨

早晨天氣開始惡化，空中佈滿了陰雲，時而下起小雨。為避開日本潛艇，
乙艦隊選擇了向東北繞航。

下午3時，乙艦隊被日潛艇伊-65號發現了行蹤，日本在西貢機場的53架轟
炸機接到消息後迫不及待地起飛了。此時，小澤編隊的幾艘軍艦也聞訊趕來，
為了不誤擊己艦，日軍指揮部命令攻擊暫時停止，轟炸機兜了一圈返回機場。

日落前，乙艦隊又被日本的偵察機發現，但夜幕降臨，日機已無法實施攻

擊了。

20時15分，菲力浦斯中將見行蹤暴露，下令艦隊立即返航。

12月10日，晴

凌晨，Z艦隊接到了一條未經證實的情報：日軍已經在關丹登陸了，菲力浦斯中將命令艦隊迅速調轉航向前去增援。航行的途中，Z艦隊中的「反擊號」戰列巡洋艦成功避開了日潛艇伊-58號發射的5條魚雷。隨後Z艦隊甩開了潛艇的追逐，奔赴關丹。

6時25分，日本西貢基地的9架偵察機率先起飛，緊接著59架九六式陸攻機和26架一式陸攻機也升空搜索Z艦隊。

10時，Z艦隊已駛近關丹，快速號驅逐艦對關丹港進行了仔細偵察，發現並沒有異常的情況發生。所謂的日軍在關丹登陸的情報，實際上來自於一頭水牛踏響了海灘上的地雷。

隨後，菲力浦斯中將命令艦隊繼續向北搜索日軍。

11時45分，日本轟炸機向Z艦隊發動了進攻。

壹歧春大尉的飛行編隊首先撲向了「反擊號」，9架日本飛機排成一排在一千英尺的空中徑直朝著「反擊號」俯衝下來，軍艦上的高射炮則立即開火回擊。第一波轟炸過後，一枚炸彈在「反擊號」甲板下面的機庫裡爆炸了。

接著，魚雷機進入了戰場。「反擊號」艦長坦南特親自駕艦閃避魚雷，艦上除14英寸的主炮外所有的炮都在噴

「威爾士親王」號和「反擊」號所在的「Z艦隊」遭到空襲。

「威爾士親王」號想像圖，圖中可以看出主炮炮塔的排佈方式。

火。在成功躲過了10枚以上的魚雷攻擊後，「反擊號」的好運氣也耗盡了，被2枚魚雷擊中艦尾左方，開始急劇下沉。14時3分，「反擊號」消失在大海中。

日本人在轟炸「威爾士親王號」時，一開始就動用了魚雷轟炸機。在首次魚雷攻擊中，1枚魚雷命中該艦的尾部。緊接著，6架日魚雷機和後續的日本轟炸機隊像狼群一樣糾纏著「威爾士親王號」這支病倒的「黑熊」。下午14時20分，在連續發出數聲驚天動地的巨響後，「威爾士親王號」被馬來海濤吞噬掉了，艦上的官兵無一倖免。

「威爾斯親王號」傾覆前3分鐘，英國空軍6架水牛式戰鬥機飛臨作戰海域，但為時已晚，只能眼睜睜看著悲劇上演。

消息傳到倫敦，邱吉爾首相痛心地說：「有多少努力、希望和計畫都隨這2艘戰艦沉入了大海。」

此役被稱為馬來海戰。

兵家點評

　　馬來海戰被認為是航空兵以航行中的戰艦為交戰對手並將其擊沉的首次戰例。這在海軍戰略戰術發展史上，也佔有相當重要的地位。

　　評論日本贏得這次海戰的勝利時，要清醒地看到，武器裝備的迅速發展必然引起戰略戰術的巨大變化。85架日機僅用2個小時就把2艘大型軍艦乾淨俐落地徹底消滅了，這足以表明航空兵在海戰中具有的威力。在馬來海戰之前，日軍統帥部最先想到的是命令近藤艦隊去阻擊Z艦隊，但是近藤艦隊離戰場甚遠，才不得不依賴航空部隊去應急，結果戰績大出所料。當日晚，日本隆重慶祝以3架飛機的代價贏得的這場勝利。

小知識：

鄧尼茲——史上最厲害的潛艇戰高手

生卒年：西元1891～1980年。

國籍：德國。

身分：海軍元帥。

重要功績：二戰期間，他的潛艇部隊總共擊沉盟國商船2882艘，總計1440多萬噸；發明的「狼群戰術」直接影響了大西洋之戰的全局；對潛艇、潛艇戰略戰術的改革和創新，以及對世界海軍的發展有著重要影響，被世界各國海軍研究至今。

星條旗隕落——
美軍魂斷巴丹半島

世界大戰，是對立的國家集團之間進行的全球性戰爭。

日本人在偷襲珍珠港得手後，目標直指南太平洋戰略要地菲律賓，這一島國是「美國人擺在日本門前的一塊石頭」。

1941年12月22日夜半時分，日本第14軍第42師團在大批飛機和戰艦掩護下，在菲律賓仁牙因灣登陸。防守在這裡的美菲聯軍，作戰經驗不足，在訓練有素的日軍面前，原本就不具備抵抗能力，「轟隆隆」的炮聲早就把他們給嚇壞了，一個個臉色蒼白，倉惶失措。經過短暫的敷衍抵抗之後，就丟下手中的老式步槍倉皇逃向山林之中。仁牙因灣失陷的同時，拉蒙灣也很快的淪陷了。

潰退的美菲聯軍退守到了雙面環海的巴丹半島，並在那裡臨時築起了兩道防線。當時，士兵們正在挖戰壕，突然一發炮彈從士兵漢彌爾頓頭頂呼嘯而來，他出於本能迅速趴在泥土中，躲過了一劫。炮彈打在樹上，炸成碎片的彈殼四處迸射，讓人無法預料的是，其中的一塊碎片恰好擊中了他後面的一個士兵，那個士兵當場斃命。這種猛烈而又突然的襲擊讓美菲聯軍的士兵一直處於高度恐慌之中。

經過持續多日的艱苦戰鬥，美菲聯軍在巴丹半島面臨的處境越來越危急。沒有任何外來支援，傷亡與日俱增，士氣日趨下降，更難以忍受的是飢渴，每個人都筋疲力盡，在這裡無力地支撐著。可是美國政府卻依然堅持「先歐後亞」的作戰方針，源源不斷的把海空作戰物資運往歐洲，對菲律賓卻不予理睬。對此，菲律賓總統奎松高聲抱怨：「美國人為了一個遠房表親歐洲的命運而煩躁不安，卻不顧她的女兒菲律賓在後房裡被人強姦。」

日軍佔領菲律賓、馬來西亞等太平洋諸島。

　　1942年4月，巴丹半島上的美菲聯軍終於彈盡糧絕，失去了任何反抗的能力。9日，美軍的前線指揮官小愛德華・金少將無奈之下，懷著沮喪的心情驅車前往日軍司令部。在日本軍官面前，他屈辱地低下了頭，自行卸下佩槍。巴丹半島失守後，在菲律賓的科雷吉多有一個孤零零的堡壘，赤裸裸地暴露在日本人的眼前，這是美軍在菲律賓的最後一個據點。由於兵力相差懸殊，留守的溫賴特最後還是沒有堅持住。在1942年5月6日，他致電給羅斯福總統：「不得不懷著破碎的心，因悲傷而不是羞恥低下了頭。」然後，哽咽著向菲律賓全國宣布：美軍向日本投降。隨後，數千名美軍放下了武器。

兵家點評

　　日軍勝利後，為了展現軍威，竟對放下武器的戰俘施以凌虐，強迫他們長途跋涉，自己走向集中營，在缺乏食物、水和醫藥的情況下，有五千兩百多名美國士兵死於途中，被稱為「巴丹死亡之旅」。消息傳到美國，激起了美國人強烈的復仇鬥志。

　　美菲聯軍在巴丹半島之投降，導致之一個月後科雷吉多島的陷落，但是，如果沒有這次頑強抵抗，日軍將很快攻佔美國在太平洋的所有基地，巴丹半島阻延了日軍前進的步伐，為同盟國爭取了寶貴的備戰時間。

小知識：

蒙巴頓──皇族帥哥征戰四方
生卒年：西元1900～1979年。
國籍：英國。
身分：海軍元帥、伯爵。
重要功績：在亞洲成功地指揮了緬甸戰役，使日軍在東南亞一敗塗地，最終投降。

盟國艦船的剋星——
詭祕恐怖的「人魚雷」

魚雷是海戰中在水中使用的武器。現在的魚雷，發射後可自己控制
航行方向和深度，遇到艦船，只要一接觸就可以爆炸。

1941年12月18日晚，貝尼上尉於12月18日晚從一艘潛艇上出發，藉著夜幕
的掩護指揮3枚人魚雷前，去突襲亞歷山大港內的英國軍艦。

所謂的人魚雷實際上是一種水下小艇。長7公尺，最大直徑1公尺，以電池
組為驅動力，既可以上浮，又可以下潛，操縱起來非常方便。根據這種魚雷在
行進時的姿態，義大利海軍都把它戲稱為「豬」。每個人魚雷的前部都裝有一
枚可以分離的彈頭，並由一名軍官和兩個水兵操縱。發動攻擊時，這些操縱手
身著橡皮潛水服，像騎手一樣跨坐在人魚雷上。軍官坐在前面，負責控制魚雷
的方向和速度。如果周圍沒有敵方巡邏的艦船，他們就會將腦袋露出水面。在
接近敵艦時，人魚雷便悄無聲息地潛入艦底部，接著關閉馬達，打開閥門，使
潛水箱的水排出來。操縱手將彈頭卸下，固定在艦底側的龍骨處。打開定時引爆裝置後，引信鐘將按時引爆這500磅重的彈頭。一切佈署就緒後，操縱人員發動馬達，從這艘戰艦底下游出來，按原路返回。

德國潛艇襲擊美國貨船。

貝尼的「豬」率先在前，海水剛沒過他們的頭頂，為

防止被迎面衝來的海水甩出去，他們都拼命抓住把手。貝尼和他的騎手們跟在返航的英艦後面成功地混入了港內，由於航速太快，在貼近「勇敢」號戰艦時，貝尼的兩個助手被甩到水裡。在潛入艦底並卸下魚雷頭後，精疲力竭的貝尼實在無法將500磅的炸彈固定在艦底側的龍骨處，只好把魚雷安放在水底的淤泥上。貝尼將計時器調好後，立刻浮出水面，這時候一束探照燈光柱罩住了他……

　　兩個小時後，貝尼被帶到「勇敢」號的一個艙室裡，艦長摩根上校對他進行了審訊。

　　「請你如實交代，你叫什麼名字？什麼軍銜？到這裡來幹什麼？」

　　摩根艦長都不清楚這是第幾次提問了，可是呆坐在椅子上的貝尼卻一直默不作聲，只是將目光不時地瞥向對面艙壁上一座掛鐘。

　　時間一分一秒地流逝，摩根艦長實在是有些不耐煩了，他想盡快結束這場審問。就在他剛想起身準備走向這個義大利人的時候，俘虜開口說話了。

　　「上校先生，可不可以給我一支菸？」

　　吸過菸之後，他對摩根艦長說：「我是義大利海軍特別行動小組的貝尼上尉。出於人道主義，我希望您立刻將這艘戰艦上的所有士兵撤走，還有20分鐘的時間，這艘軍艦就會爆炸。」

　　摩根艦長聽到後，立刻命人拉響了警笛。20分鐘後，倉促撤走碼頭的摩根上校，和他那些睡眼惺忪的水兵們，親眼目送「勇敢」號軍艦在一聲地動山搖的大爆炸後沉入海底。緊接著，戰艦「伊莉莎白女王」號和大型油船「塞戈納」號也遭此同樣厄運。

　　摩根艦長氣急敗壞地抓住貝尼的衣領，大聲吼道：「這到底是什麼武器？」

　　「上校先生，這就是人魚雷！」

　　……

　　1943年秋，貝尼上尉被釋放並參加了同盟國的作戰行列。不久，他率領突

擊隊乘坐人魚雷潛入德軍拉斯佩西亞港，擊沉了的一艘巡洋艦和一艘潛艇。貝尼再一次名聲大振，義大利報紙紛紛稱讚他為「盟軍的英雄」。

次年3月，義大利皇儲皮埃蒙特來到塔蘭托海軍基地，親自主持貝尼上尉的授勳儀式。當年「勇敢」號艦長摩根上校此時已經升任為將軍，並擔任盟軍海軍駐義大利使團團長，事隔3年多，兩位過去的敵手在這裡又見面了。

「將軍閣下，您認識他嗎？」

「噢……當然，當然。」

摩根將軍巧妙地掩飾過一絲尷尬，雖然他忘記不了那枚使他倒楣的人魚雷。他輕輕跨上一步，笑容得體、不失風度地拉起貝尼上尉的手。隨即，把一枚金質十字勳章別在了他的胸前。

兵家點評

義大利人極為隱祕的「人魚雷」戰，是海戰史上少有的奇特戰術。從1941年至1942年，義大利海軍就這樣用「人魚雷」在直布羅陀海峽一帶從事破壞活動，多次重創英國等盟國艦船。

小知識：

倫德施泰特——帝國軍界第一超強老頭
生卒年：西元1875～1953年。
國籍：德國。
身分：陸軍元帥。
重要功績：第二次世界大戰中，擔當入侵法國的主攻，迅速獲勝；指揮阿登戰役，重創盟軍。

「地毯式轟炸」的始作俑者——
「戴希曼方案」

地毯式轟炸是美軍在越南戰爭中使用的一種戰術轟炸方式，即每間隔50公尺投下1枚炸彈，對目標區進行大面積盲目轟炸，像耕地一樣把目標區的整個土地翻個身，希望能一個不剩地將敵人全部消滅。

第二次大戰爆發後，英國在馬爾他建立了軍事基地，像一把插進義大利「內海」的尖刀，使義大利供給北非德軍的船隻很難通過地中海。海上供給線一斷，在北非孤軍奮戰的隆美爾軍團便陷入「巧婦難為無米之炊」的困境。如果不拿下馬爾他，「沙漠之狐」隆美爾的部隊就將被消滅。

德海軍雷德爾元帥向最高統帥部大聲疾呼：「必須把空軍調回西西里！」希特勒也同樣被馬爾他這個彈丸之地鬧得心緒不寧。他猶豫再三，決定從莫斯科前線調回凱塞林元帥，派他前往西西里。隨後，又將勒爾查將軍的第二航空軍軍部調到墨西拿，集中了352架飛機隨時待命。

1941年11月28日，凱塞林元帥下令轟炸馬爾他。可惜天公不作美，轟炸剛開始就遇上梅雨霏霏的鬼天氣，一直到1942年2月，西西里島才雨

德國元帥戈林在與軍政要人談論空軍問題。

霽雲消。德國人見時來運轉了，就派出轟炸機小股編隊，從每天的拂曉開始，對馬爾他島進行不間斷轟炸。凱塞林元帥認為採取小股飛機轟炸，可以不給英國人喘息之機。殊不知這樣一來，反倒使對方能集中整個防空體系來對付德軍的少數轟炸機。當德國飛機剛一接近目標，英軍的重型高炮便怒吼起來，炮彈在德軍轟炸機的周圍不斷爆炸，強烈的氣浪衝擊著機身。當飛行員調整下降高度，進行俯衝轟炸時，英軍3,000公尺、2,000公尺、1,500公尺的3層防空火力網便同時開火。在密集炮火的阻擊下，德軍的飛機一架接一架地被擊落，能夠返航歸來的也是傷痕纍纍。

德國第二航空軍參謀長戴希曼上校，一開始就不同意這種傷亡甚多的單機或小股機群活動，他主張集中所有轟炸機實施「地毯式」的密集轟炸。1942年3月，在德國空軍無法打開局面的情況下，戴希曼的「方案」被凱塞林元帥採納。正當準備工作即將完成的時候，出現了一個「小插曲」：一個軍官在廢紙袋中偶然發現了攻擊命令的影本，這讓凱塞林元帥十分擔心，如果祕密洩露，英國人就會加強防備。為了慎重起見，將攻擊時間推遲了。直到經過空中仔細偵察，發現馬爾他島上的英軍並沒有異常的舉動，才決定實施這一計畫。

1942年3月20日黃昏，刺耳的空襲警報突然在馬爾他島上響起。按照以往的經驗，此時德國飛機是不會前來轟炸的。聽到警報後，正在海裡洗澡的英軍炮手們，急忙手提著褲子跑進了炮位，剛剛走下飛機的飛行員也匆匆爬進座艙。不久，一陣巨大而沉悶的隆隆聲自遠而近傳來。

「上帝啊！來的一定是德國佬的大機群編隊！」英國士兵們不由得暗暗叫苦。

德軍的轟炸機像一片滾動著的烏雲，一波接一波地掠過馬爾他上空，將一枚枚重磅炸彈鋪天蓋地般投在了塔卡利機場。第二天，德軍又對馬爾他島上其他機場和軍事目標進行了第2輪地毯式轟炸。攻擊過後，馬爾他島滿目瘡痍，英軍的高炮陣地、機場、潛艇基地都遭到沉重打擊，失去了還手的能力。第四

天，德國人圍點打援，將英軍從亞歷山大港口派出補給船隊，在馬爾他附近摧毀。接著，繼續執行對馬爾他第3輪轟炸計畫，重點是瓦萊塔港及其船塢。

截止到4月28日，德國總共投入轟炸機5,807架次、戰鬥機5,667架次、偵察機345架次、投彈6,556噸，使馬爾他機場徹底喪失了海、空基地的作用，碼頭和船塢也變成了瓦礫成山的廢墟。

「沙漠之狐」隆美爾聽到這個消息，真正鬆了一口氣。

兵家點評

戴希曼提出的「地毯式轟炸」使德國人大佔上風。

時至今日，「地毯式轟炸」做為一種戰術進攻方式仍有著獨特的功效：

①地毯式轟炸可以大面積地殺傷對方。

②其次，持續不斷的爆炸聲是威懾敵軍的有效手段。

③大量過時的炸彈如果堆在倉庫裡，需要付出高額的保管費，倒不如扔到敵方的陣地上去。

正因為如此，地毯式轟炸這種看似陳舊的戰術，仍是現代戰爭中的一張王牌，只要有能力打這張牌，戰爭的雙方都會不惜一試的。

小知識：

巴頓——鐵膽將軍

生卒年：西元1885～1945年。

國籍：美國。

身分：陸軍四星上將。

重要功績：1944年，在法萊斯戰役中重創德軍；1945年率軍突破齊格菲防線，強行渡過萊茵河，突入德國腹地。

遠程轟炸東京——
「杜立特空襲」

空襲，從空中用炸彈、導彈、火炮和火箭等對敵地面、水上目標進行的襲擊。現代戰爭通常從空襲開始，具有突然性大；破壞力強；範圍廣泛等特點。

　　珍珠港事件使美國的民心士氣跌到了最低點，為了喚起民眾抗戰的信心，總統羅斯福決定不惜一切代價空襲日本東京。

　　當時美國海軍所有作戰飛機的作戰半徑，都無法達到轟炸東京所需的距離，只好選用陸軍的遠端轟炸機。經過慎重挑選，有「萬能轟炸機」稱譽的北美公司B-25「密切爾」型轟炸機被軍方選中，它的航程可達1,932公里。1942年2月3日，改裝後的兩架B-25B型轟炸機在航空母艦「大黃蜂」號的甲板上起飛成功，初步驗證了這一計畫的可行性。

　　從3月初開始，有24個候選機組先後到達位於佛羅里達州的埃格林機場，為空襲日本做準備，最後有16個機組被選定執行此次任務。負責這次軍事行動的指揮官，就是美國飛行員中的傳奇人物、陸軍航空兵中校詹姆斯·杜立德。當接受率機轟炸東京的任務時，杜立德比任何人都清楚：這是一項即使轟炸成功也未必能生還的任務。

　　1942年4月2日，「大黃蜂」號航空母艦載著16架經過改裝的B-25型轟炸機，在6艘戰艦的護航下，消失在太平洋茫茫的雨霧中。

　　4月5日，另一支以「企業」號航空母艦為核心的艦隊，在海軍中將哈爾西率領下也悄然離開珍珠港，向正北方向駛去。5天後，兩支艦隊在北太平洋上的

指定海域會合，合編為第16特混艦隊，由哈爾西指揮。

4月18日凌晨，哈爾西向飛行員們宣布：「我們此行的目的，就是要將匕首插向日本帝國的心臟——東京！」

隨後，他交給杜立德一枚「日美親善紀念章」，「把這個鬼東西綁在炸彈上還給他們吧！」

幾乎是與此同時，第16特混艦隊的行蹤被日本海軍徵用的漁船「日東丸23號」發現了。船長立刻用明碼向東京發報：「發現美國的航空母艦！」

在接到「日東丸」發來的情報後，幾個月來一直憂心忡忡的山本立刻意識到：「美國人來了！目標一定是東京！」他立即命令駐紮本土的第26航空戰隊的飛機起飛，命令停泊在廣島的第1戰艦艦隊和前一天剛剛返回本土的第2艦隊起錨出航，迎擊美國特混艦隊。

日本巡邏漁船的出現，打亂了哈爾西和杜立德原來的戰略部署。按原定作戰計畫，艦隊距東京500海里處時，轟炸機才起飛。現在距離日本700海里，比

執行轟炸任務的美軍飛行員。

預定的航程多200海里。提前放飛轟炸機，意味著燃油消耗增多，轟炸機組將不得不在白天轟炸日本本土，飛行員生還的機會更是大大減少了。

情況危急，哈爾西中將向「大黃蜂」號發電：「計畫臨時改變，飛機即刻出動！願上帝保佑杜立德中校和他勇敢的中隊。」

「飛行員上機！飛行員上機！」從揚聲器裡傳出急促刺耳的聲音。在「大黃蜂」號的艦首被太平洋上的巨浪抬起的一剎那，最後一架B-25轟炸機升上了天空。

此時，B-25編隊距東京668海里。

12時30分，杜立德率領他的飛機中隊到達目標上空。當飛機掠過漁船桅杆的那一刻，誤認是本國飛機的日本漁民，熱切地向他們揮手歡呼。

機組人員打開了機腹彈艙門，投彈指示燈紅光閃爍，一枚枚重磅炸彈呼嘯而下。

一開始，日本老百姓還以為頭上的大隊飛機是剛才演習的繼續。直到東京北部的工廠區傳來一陣陣劇烈的爆炸聲，濃煙和塵霧籠罩了半個天空，人們才發現，這些飛機的機翼上並不是他們看慣的太陽圖案。

當空襲進行時，日本天皇裕仁正在御花園為前方將士採藥，以示恩澤。當聽到爆炸聲後，他驚慌失措，一把拉起良子皇后的手躲進櫻花林。在轟炸之前，美軍太平洋戰區總司令尼米茲命令編隊只轟炸軍事目標，不准驚動天皇。正是因為有這道命令，美軍飛行員們才強壓心頭怒火，從皇宮上空飛掠而過……

兵家點評

杜立特敢死隊16架B-25轟炸機對東京進行了轟炸。雖然轟炸象徵意義大於實際意義，但卻告訴了全世界，日本並不是不可戰勝，日本本土並不是一塊世

外桃源。參加空襲的敢死隊員在完成轟炸任務後飛向中國，其中有一架轟炸機因燃油不足向北飛去，降落在蘇聯的符拉迪沃斯托克，其機組成員一年後經伊朗回國。其餘的15架飛機也因燃油不足和天黑、大霧等因素，被迫在中國大陸迫降或跳傘。其中三人在迫降時喪生，八人因降落在日佔區被俘。包括杜立德在內的六十四名機組成員在中國抗日軍民的掩護下，平安轉入大後方。

當天晚上，空襲成功的消息，便由在中國獲救的機組人員報告給美國國內。第二天，美國各大報都在頭版以通欄大標題報導：美國飛機轟炸東京，杜立德中校幹得漂亮！

小知識：

莫德爾──元首的消防隊員
生卒年：西元1891～1945年。
國籍：德國。
身分：陸軍元帥。
重要功績：二戰中，在戰況極其危險、兵力極其弱勢的形勢下穩定戰局，敗中取勝；善於捕捉稍縱即逝的戰機給敵軍以出人意料的反擊，數次使德軍避免了可能遭遇的更大損失。

遠征軍浴血滇緬——
仁安羌之戰

遠征軍，離開本土作戰的本國正規軍隊，一般稱之為遠征軍。

　　二戰期間，中國軍隊在東亞戰場上打了一次最艱險的大勝仗，成功擊退敵軍解救了被困的英軍部隊，堪稱為軍事史上的奇蹟，這就是仁安羌之戰。

　　1942年4月14日，英軍第1師在日軍的猛攻下放棄馬格威，退守仁安羌。敵軍得知這一消息，立即調集兩個聯隊潛入英軍後方，佔領仁安羌油田，切斷英軍退路。當時英軍的第1師和戰車營的一部都被敵軍包圍在仁安羌北部一帶。拼牆河北岸的渡口周圍也被敵軍所佔領，救援道路被截斷，這使英軍徹底陷入了孤立無援的境地。英軍在這裡煎熬整整兩個晝夜之後，彈盡糧絕，水源短缺，陷入危急。孫立人將軍接到了史琳姆軍團長的求救後，立即調遣駐紮在巧克柏的新38師113團前去救援。

　　任務緊迫，113團當夜出兵奔赴拼牆河北岸，於次日黃昏時分抵達。他們在離拼牆河大約5英里的地方駐紮，當天晚上雙方就展開了激烈的拼殺。到18日清晨時戰鬥愈演愈烈，孫立人將軍親赴前線指揮，到正午12時左右，掃清了在拼牆河北岸的敵軍。孫立人將軍考慮到河南岸的地形，敵軍居高臨下，我軍極易暴露，而且我軍兵力太少，如果敵軍摸清我軍實力，我軍不僅不可能進行救援，還要陷入危險境地。所以，孫將軍決定暫停進攻，計畫摸清敵情後，晚上偷渡過河，破曉時分內外夾攻。史琳姆將軍心如火焚，他堅持要求孫將軍必須立即渡河攻擊。孫將軍一再向史琳姆將軍解釋這次行動的利害關係，請求史琳姆將軍給斯高特將軍打電話，讓他一定要再堅持一天。同時做出保證：「包括我在內的中國軍隊，即使剩下最後一個人，也一定會把貴師解救出圍！」史

琳姆將軍緊握孫將軍的雙手，感動不已。

中國遠征軍。

18日夜晚，孫將軍在掌握了敵情之後，特派幾十名敢死隊，帶上特殊裝備，悄然摸進了日軍大本營。敵人無論如何也沒想到森林密佈的後山斷崖會有神兵天將現身，敢死隊在解決掉日軍的哨兵之後，開始進行戰鬥部署，直到準備完畢敵軍仍無察覺。到了19日凌晨4時，敵軍還在沉睡中時，營內一顆信號彈直衝雲霄，中國軍隊的攻擊開始了。

破曉時分，左翼部隊佔領敵軍第一陣地後轉戰到山地。敵軍進行強烈的反攻，我軍佔領的陣地，失而復得，反覆多次。在敵軍優勢兵力的壓迫下，我軍必須要用種種方法來防備敵軍對我軍實力的偵查。我軍假設疑兵，製造假象，同時用小股軍隊突擊擾亂，使得敵軍無法探清我軍的實力。在山炮、輕重迫擊炮、輕重機關槍的掩護下，主攻部隊勇猛衝殺，與敵軍進行了多次激烈的肉搏戰。在拼殺中，第3營長張琦不幸犧牲，他在臨倒下之前還在高聲吶喊：「弟兄們，衝啊！」士兵們眼看著營長倒在血泊之中，一種悲痛的力量驅使著他們不顧一切地殺向敵軍。到午後，敵軍第33師團全線撤退。到下午5時，我軍攻取仁安羌油田，槍炮聲漸行漸遠，敵人迅速撤退了。我軍成功解救了被俘的七千多名英軍，還有五百多名的美傳教士和新聞記者等，並替英方奪回被搶走的100多輛汽車。接著我軍掩護著英軍第1師，從拼牆河北岸安全退出。英軍經歷三天的煎熬，顯得有些狼狽，撤退的路上，他們都在對我們的士兵高喊「中國萬歲」、「孫立人將軍萬歲」，並豎起大拇指稱讚；還有一些軍官按捺不住內心的感激，抱起我們的軍官一起歡呼跳躍。

兵家點評

仁安羌之役，在軍事上來說是一個奇蹟，中國軍隊是以少勝多，以客勝主，以寡救眾。這一仗，不但表現了中國軍隊的勇猛頑強，更表現出中國的指揮官的卓越的將才、敏銳的判斷能力、超人的戰術眼光。充分發揚了中國軍人捨己救人和不背盟信的美德，以及對道義的高深教養。

仁安羌的捷報，驚動英倫三島，迅速傳遍世界各地，受到各同盟國的讚譽，孫立人將軍成為中國遠征軍的英雄。孫立人將軍後來得到美國總統羅斯福授予「國會勳章」，在頒發頌詞中寫道：「中國孫立人中將，於1942年緬甸戰役，在艱苦環境中，建立輝煌戰績，仁安羌一役，孫將軍以卓越的指揮殲滅強敵，解救英軍第1師之圍，免被殲滅，後復掩護盟軍轉移，於千辛萬苦之中，轉戰經月，從容殿後，其智勇兼備，將略超人之處，實足為盟軍楷模」。英皇喬治六世授予「豐功勳章」，中國政府獎給「四等雲麾勳章」。

小知識：

孫立人——威震緬甸的遠征軍英雄

生卒年：西元1900～1990年。

國籍：中國。

身分：中華民國陸軍上將。

重要功績：仁安羌之戰贏得了世界聲譽。

納粹密探落網——
密寫信中的間諜線索

間諜，廣義來說，間諜是指從事祕密偵探工作的人，從敵對方或競爭對手那裡刺探機密情報或是進行破壞活動，以此來使其所效力的一方有利。又稱特務、密探。

1942年2月20日夜，美國一名機警的郵件檢查員發現一封寄往葡萄牙的郵件，上面的地址是德國間諜「投遞」情報地址中的一處，這引起了檢查員的懷疑。他從郵件裡取出一個航空信封，信封裡面是一張打字紙，這是一位先生寫給老朋友的信。檢查員把它移交到了美國華盛頓聯邦調查局。

幾小時後，研究結果出來了。在打字空白處有用密寫墨水寫的情報，寫的是紐約港內擔任護航的軍艦和貨船的情況。聯邦調查局明白，必須查出並抓住這個間諜，否則情報遞到敵人手中，美軍就會面臨重大威脅。但是聯邦調查局實驗室只提供一條線索：打出這信件的印表機是「安德伍德」牌三排鍵後提式的。茫茫人海，特工人員就依據這簡單的線索展開了調查，第一步就是檢查紐約所有印表機的出售及租借情況。

此後10天內，又相繼發現了兩封信件，但反間諜人員依然沒有其他線索。

一天夜晚，一名特工又在審查這些信的影印件，他突然發現一處破綻。信的內容很多是虛構的，但有一小部分生活細節好像是來自於現實。比如此人已婚，有房子，還有一隻得過瘟熱病的狗，每天在7點和8點之間離家，最近換了一副眼鏡，他的職業是一個空襲民防隊的隊員。檢查員把這些內容都摘錄下來。聯邦調查局立即根據這些情況，對每個民防隊員展開審查。隨著被截取信件的增多，該人形象更加明顯：他有一個菜園子，還希望再建造一個養雞場

等。雖然這個間諜的影子仍然渺茫，但鎖定範圍畢竟縮小了。

　　4月14日夜間，第12封信被截獲。信裡有一段文字提到他曾去埃斯托利爾海灘度過一段美好的時光。埃斯托利爾！里斯本郊外不遠的海濱避暑勝地，德國間諜經常接頭的地方，聯邦調查局十分知曉。

　　聯邦調查局決議，調查自1941年春天以來，經里斯本進入美國的每個人。因為填報海關行李申報單是每個上岸的人都必須做的，所以聯邦調查局想出用祕密間諜信封上的親筆簽名來核對，雖然名字是假的，但筆跡像指紋一樣很難偽造。第二天，聯邦調查局的手跡專家拿著該人的簽名影印件，開始對上萬張海關申報單進行審查。

　　在6月9日晚上9時，一個特工人員從紐約海關辦事處已查過的申報單中抽出了其中的一張。當他帶著厭倦的情緒把這張紙放在放大鏡下時，不禁大叫一聲，同事們被他的叫聲吸引過來，大家發現，這張申報單的名字和那人的簽名非常相似的地方。比如同樣彎曲的「e」，傾斜度一樣的「s」。隨之，特工專家們進行了更加細緻的研究，最終得出結論：歐納斯特‧弗‧萊密茲就是他們要找的人。

　　這個人生活在紐約斯塔頓島，湯金斯維爾，牛津，123號。很快，就有特工人員趕到目的地，進行嚴密監視。清晨7時15分，一位戴著眼鏡又高又瘦的人，走出門口，這個人頭髮烏黑，大約有五十多歲，特工人員開始跟蹤。被監視人出門不遠，進入了一家餐館。特工人員也隨後若無其事走了進去。這個人換上一件髒衣服後，開始蹲下來擦地板。就在可疑分子毫不知覺的情況下，被跟蹤了16個日夜。特工人員在監視的同時，與同來餐廳的人談論了很多關於那個可疑分子的事情。透過交談，他發現了很多細節與郵件檢查員從間諜信上摘錄的內容驚人的一致。到此時，目標就鎖定在歐納斯特‧弗‧萊密茲身上。

　　從截獲第一封信一年四個月零七天後，歐納斯特‧弗‧萊密茲身分被徹底識破。1908年，他來到美國在德國駐紐約領事館充當辦事員。1938年，經過嚴

格的特工訓練後進入納粹間諜機關任職。1941年春，他回到美國，找到一個固定工作，假扮一般人。被審訊時，他還供出一名間諜歐文‧第斯普萊托，之後被判處有期徒刑三十年。

兵家點評

根據工作目的的不同，間諜大致分為軍事間諜和工業間諜（或稱商業間諜）。為敵對雙方同時服務的，被稱為「雙料間諜」或「雙面間諜」。

密寫是間諜最早的聯絡方法之一。即利用某些有機化合物或無機化合物對紙張的潛隱性能，在紙上寫出眼睛看不見的文字，再透過一定的光、熱、蒸氣和化學的作用顯示出字跡來的一種祕密的通信方法。密寫的具體種類主要有：溶液密寫、複寫密寫、乾寫、壓痕密寫以及潛影密寫等。密寫是間諜最早的聯絡方法之一。

小知識：

坎寧安——二戰中英國第一海戰高手
生卒年：西元1883～1963年。
國籍：英國
身分：海軍元帥、子爵。
重要功績：1940年7月，在卡拉布里亞海戰中擊敗義大利艦隊，11月指揮突襲塔蘭托義大利海軍基地，重創義艦隊。

將計就計設圈套——
羅謝福特破譯密碼立功勳

自然主義戰爭論，這種理論認為，戰爭是社會生活中的一種自然現象，因而認為戰爭是永恆的。

1942年4月和5月間，在美軍珍珠港海軍基地的一間地下室裡，約瑟夫·羅謝福特少校和他領導的情報小組正在緊張的工作。羅謝福特是一位天才的密碼專家。在1940年，他成功破解了日本海軍企圖攻佔莫爾茲比港口的行動代碼JN-25，使美國海軍在第一時間派遣第17特遣艦隊參加了珊瑚海的戰鬥。此時，他正身披一件紅色的、好像被煙薰過的舊夾克，腳上穿著一雙絨毛拖鞋坐在椅子上蹙眉沉思。辦公桌、椅子和地板上都堆滿了文件。在截獲的日軍通訊中，有一個「AF」名稱出現的頻率和次數最近明顯增多，羅謝福特猜測日軍主力部隊近期將要展開行動，可是他絞盡腦汁也無法斷定攻擊的目標到底是在什麼地方。

這時，一個情報小組成員報告說，他們在堆積如山的偵抄電文中找到一份日軍偷襲珍珠港時的電報，電文曾提到「AF」，一架日軍水上飛機曾在「AF」附近的一個小珊瑚島上加油。

羅謝福特聽到這個消息如獲至寶，最終斷定「AF」指的是中途島。自從威克島陷落以來，這個小小的環礁島仍然飄揚著美國的星條旗。

但羅謝福特的一些上司還有些猶豫。在進攻珍珠港之前，日本人嚴禁使用無線電通訊；為什麼現在卻發射大量的信號？如果這次行動選擇在近海區域，日本人可能在尋找一個比中途島更大的目標——阿留申群島。這樣，日本人可以將它做為一個跳板，攻擊阿拉斯加州，甚至還能攻擊加利福尼亞州。

　　羅謝福特建議檢驗一下他的想法。在得到太平洋艦隊新任總司令賈斯特·尼米茲海軍上將的准許之後，駐守在中途島上的美軍，奉命用淺顯的明碼拍發了一份做為誘餌的無線電報，謊稱中途島上的淡水設備發生了故障。兩天後，他們截獲到一份新的日軍報告，說AF缺少淡水。

　　一切都真相大白了。羅奇福特小組以此為突破口，一下子破譯了反映日軍艦隊作戰計畫的所有通訊。這樣，尼米茲不僅清楚掌握了日軍奪取中途島的戰略企圖，而且還查明了其參戰兵力、數量、進攻路線和作戰時間，甚至連對方各艦長的名字都瞭若指掌。

兵家點評

　　美軍在中途島大海戰中擊敗日本艦隊的情報偵察，是技術偵察的典範。美國海軍情報局靠偵聽和破譯日本海軍的密碼，並巧妙地設置情報陷阱確認「AF」就是中途島，進而掌握了戰爭的主動權。此次海戰的英雄斯普魯恩斯少將說：「中途島之戰的勝利，其主要原因首先在於得到了第一流的情報，其次應歸功於尼米茲將軍的判斷和安排。他根據情報充分地發揮了他大膽、果敢、聰明和天賦。」

小知識：
尼米茲——美國海軍的龍頭大哥
生卒年：西元1885～1966年。
國籍：美國。
身分：海軍五星上將。
重要功績：指揮珊瑚海、中途島、所羅門群島、萊特灣等海戰和登陸戰。

太平洋戰場上的歷史性轉折——
中途島海戰

資訊威懾，是以多媒體、網路資訊等手段，把虛擬軍事演習、武器裝備展示等傳遞給敵方，採取虛實相間、若隱若現的方式，保持威懾力度和產生足夠的效應。

中途島是美軍在夏威夷的門戶和前哨陣地。為了佔領該島，日本海軍幾乎傾巢而出，艦隊規模甚至超越後來史上最大海戰萊特灣海戰時的聯合艦隊。負責此次軍事行動的是海軍大將山本五十六，此前他曾策劃指揮偷襲珍珠港戰役。

日本人的這次行動，簡直是自投羅網。美國情報機關早已破譯出了日軍的密碼電報，並弄清了電報中「AF」這個目標指的就是中途島。針對日軍的作戰計畫，美國海軍司令尼米茲決定在中途島東北海面設伏，尋機從側翼對毫無警覺的日軍艦隊實施突擊。同時，他命令中途島上的官兵採取一切措施，加強島上的防務。

1942年6月4日凌晨3時（中途島時間）左右，山本五十六在「大和」號旗艦上發出了「準備戰鬥」的電令。

4時30分，「赤城」、「加賀」、「飛龍」、「蒼龍」4艘航空母艦上的泛光燈突然打開，把飛行甲板照得通亮。

「戰鬥機起飛！」南雲中將的命令從擴音器的喇叭中傳出。

由俯衝轟炸機、水平轟炸機和零式戰鬥機組成的第一攻擊波機群，在永友文市海軍大尉的率領下，108架飛機轟鳴著向東南方向的中途島飛去。緊接著，升降機立刻將第二攻擊波的飛機迅速從機庫提升到飛行甲板上。

　　5時55分，中途島上的美軍雷達發現來襲的日軍機群，立即鳴放警報，所有飛機全部升空。當日機距離中途島還有30英里時，26架「野貓」式戰鬥機和「水牛」式戰鬥組成的攔截隊出現在日本機群前。日本零式戰鬥機立即上前與其展開激戰，美機性能不佳，對抗不利，僅僅十五分鐘，美軍的戰鬥機就有15架被擊落、7架被擊傷。日機毫髮無損，全部飛抵中途島上空。好在美軍早有戒備，機場和跑道上空空如也，日本轟炸機只能對東島機場、桑德島機庫、機場跑道及其他地面設施進行襲擊轟炸。當第一波攻擊任務完成後，日軍只損失了6架飛機。

　　7時整，友永大尉向南雲中將發出了有必要進行第二次轟炸的報告。

　　7時10分，第一批美軍魚雷轟炸機出現在南雲艦隊的上空。在日軍戰鬥機瘋狂的截殺和日艦猛烈的炮火下，10架美機無一命中目標，其中7架被擊落。

　　友永的報告和美機的攻擊，使南雲相信中途島的防禦力量還很強，於是決定把原來準備用於對付美艦的飛機改為對中途島進行第二次轟炸。他下令將甲板上已經裝好魚雷的飛機送下機庫，換裝對地攻擊的高爆炸彈。命令下達後，甲板上頓時一片忙亂。

　　8時10分，日本偵察機給南雲發來了「發現由5艘巡洋艦和5艘驅逐艦組成的美軍艦隊」的報告。幾分鐘後，又發回了一份語意模糊的電文：「敵艦隊中似乎有1艘航空母艦」。聽到有航空母艦出現的消息，南雲立刻下令各艦將已換裝上炸彈的飛機再次送回機庫重新改裝魚雷，收回中途島歸來的第一波飛機，並命令艦隊以30節的航速向北撤離，以避開再來攻擊的美機和取得有利陣位。

　　由於南雲轉向航行，一些美機來到預定海域卻撲了一個空。利用這個稍縱即逝的的機會，南雲完成了戰略部署：102架飛機組成的日軍艦載機攻擊隊已排列就序，整裝待發。美航空母艦眼看將遭到重大打擊。

　　就在美軍敗局將定的時刻，卻出現了戲劇性的轉折。

　　從「企業」號上起飛的33架美軍「無畏」式俯衝轟炸機，在搜索無果準備返航時，卻意外地發現了由4艘航空母艦組成的蔚為壯觀的南雲艦隊。從「約克

美軍戰機從航空母艦上起飛。

城」號航空母艦上起飛的17架「無畏」式俯衝轟炸機也緊隨其後飛抵日航空母艦上空。

　　此時，日艦正處於極易受攻擊的境地，甲板上到處是魚雷、炸彈及剛加好油的飛機，保護航空母艦的戰鬥機正在低空四處追殺美軍魚雷機。

　　「不好，發現美軍轟炸機！」

　　日本海軍瞭望兵話音剛落，只見1架美軍俯衝轟炸機首先穿出雲層，直撲「加賀」號而來，一枚炸彈命中了甲板上的加油車，頃刻之間，「加賀」號變成了一個巨大的火爐，濃煙滾滾，火光沖天，艦長岡四大佐當場被燒死。不久，該艦即自動爆裂沉沒。

　　在「加賀」號挨炸後僅一分鐘，另1架俯衝轟炸機就垂直俯衝下來，炸彈從機翼下飄搖而下。一陣尖厲的嘯聲後，「赤城」號閃起奪目的閃光。大火四處

蔓延，吞沒了甲板上的飛機，並引爆了飛機所裝載的魚雷，整個機庫成了一片火海。

南雲萬般無奈之下，只好轉移到「長良」號巡洋艦上，並忍痛下令炸沉「赤城」號。

10時30分，3枚1,000磅重的高爆炸彈分別命中「蒼龍」號前部飛行甲板和中部升降機，引爆了堆放的彈藥和油庫，頓時整個航空母艦變成了一片火海，至傍晚，「蒼龍」號隨著日落沉入了海底。

為了挽回敗局，山本五十六命令所有的艦隊向他靠近，陰謀誘使美國艦隊西移到他的艦隊猛烈的炮火射程內。但美國人偏偏沒有上當。

6月4日中午，日本只倖存下「飛龍」號航空母艦。雖然它成功地躲過26枚魚雷和大約70枚炸彈，最後在一片大火中被日本艦隊自己的魚雷擊沉。

5日凌晨，日本艦隊聽到山本的命令：「取消中途島行動。」

至此，空前規模的中途島海戰宣告結束。

兵家點評

中途島海戰是海軍史上成敗瞬息萬變的一戰，是美國海軍以少勝多的一個著名戰例。佔有明顯優勢的日軍遭到慘敗，不僅損失了4艘大型航空母艦和322架飛機，更重要的是損失了一大批訓練有素、技術高超、富有經驗的飛行員。此後，飛行員的短缺就成為困擾日本海軍的最大的難題，大大削弱了海軍航空兵的戰鬥力。

在戰術運用上，美軍摒棄了「戰艦至上」的傳統思想，以航空母艦為主來實施作戰。而日本海軍的軍事思想卻因循守舊，在中途島作戰方案中把航母放在第一線來充當誘餌並以此消耗美軍實力，做為戰艦決戰創造條件。山本透過截獲的美軍往來電報，已判斷出中途島附近可能有美軍艦隊活動，卻為了不暴露自己所在戰艦編隊的位置，竟然不向南雲通報這一重要情報，直接導致南雲在毫無準備的情況下受到突然襲擊。南雲指揮上的失誤，則對整個戰役產生了

決定性的影響，他的換彈命令，已成為二戰中的著名錯誤命令。

　　武器裝備上，日軍海軍儘管擁有先進的零式戰鬥機和沒有航跡的氧氣推進魚雷，但由在現代海空戰所必須的電子設備——雷達方面，遠遠落後於美軍。僅有的2套雷達樣機，還安裝在戰艦上，而不是決定海空戰勝負的航母。

　　此外，重視情報偵察，是這次戰役美軍取勝的重要原因。美軍不但透過破譯密碼掌握了日軍的戰役企圖和兵力部署，而對戰術偵察也很重視。

　　以上種種因素，造就了美軍的偉大勝利！

小知識：

山下奉文——盟軍在太平洋戰爭中最難纏的陸戰對手
生卒年：西元1888～1946年。
國籍：日本。
身分：陸軍大將。
重要功績：太平洋戰爭爆發後，他橫掃馬來半島、攻佔新加坡的戰績，是二戰中日本軍隊最大的陸戰勝利，也是英軍史上最大的恥辱。

沙漠獵「狐」——
阿拉曼戰役

槍械，指利用火藥燃氣能量發射彈丸，口徑小於20公釐（大於20公釐定義為「火炮」）的身管射擊武器。以發射槍彈，打擊無防護或弱防護的有生目標為主。

就在史達林格勒戰役進行的同時，一場激烈的拼殺同樣在北非戰場上進行著。為了確保戰爭的勝利，英軍第八集團軍司令蒙哥馬利費了一番心思，他絞盡腦汁，喜得妙策，要將計就計使自己的老對手隆美爾圍於自己精心設計的連環套內。

1942年8月，蒙哥馬利向倫敦監督處中東特派組發出請求，請指揮官克拉克上校發一封電報給隆美爾，要以隆美爾間諜「康多爾小組」的名義發出，電

蒙哥馬利元帥指揮阿拉曼戰役。

　　報大致內容為英軍已經做好了在阿拉曼防線南端的阿拉姆哈勒法山嶺進行抵抗的準備，但是他們的防禦力量極為薄弱，如果在這裡向盟軍發動進攻，突破英軍陣地會很容易。

　　沒過幾天，克拉克又按照蒙哥馬利的指示發出第二封電報給隆美爾，向他報告了英軍的防禦命令。此時，隆美爾已對電報內容深信不疑。蒙哥馬利為進一步迷惑隆美爾，還命人精心為隆美爾繪製了一張作戰圖，在圖上明確標出拉吉爾一帶是一片「硬地」，有利於裝甲部隊的行動，並命德甘岡想法讓此圖「不小心」落入德國人手裡。

　　隆美爾很快就收到了這張假地圖，心中暗自高興，於1942年8月30日夜，向盟軍發動進攻，企圖用突襲的方式攻破英軍防線。令他意外的是，出發不久，就遭遇了英軍佈下的一個新雷區。隆美爾見勢不妙，即刻命工兵排雷，就在此時，英軍飛機突然出現在他們的上空，投下大量照明彈，使隆美爾的軍隊置身於如同白晝的環境中，緊接著就是瘋狂的轟炸。德軍費盡周折，掙扎著越過了雷區。

　　31日凌晨，雙方展開激烈的交戰。戰鬥中，隆美爾突然發現，英軍在這裡部署的不是1個裝甲師而是3個，這是他始料未及的。可是他已別無他路，唯有硬著頭皮向前衝。在前進途中他發現，地圖上的那片「硬地」漸漸變成沙漠。他的數百輛坦克、裝甲車和卡車在這裡東倒西歪地向前緩慢的移動著，而英國空軍的飛機不停息地連續轟炸。隆美爾一份接著一份地接到傷亡報告。

　　這時，他又接到燃油即將耗盡的報告，為他供應油料的3艘大船在橫渡地中海時，被潛伏的英軍擊沉。9月4日凌晨，隆美爾被迫下達總撤退的命令，結束了這場在阿拉姆哈勒法的恐怖戰役。蒙哥馬利一鼓作氣，於1942年10月23日夜，命數千臺美製「謝爾曼」坦克炮彈齊發，最終五萬五千敵軍被殲滅，350輛坦克裝甲車被擊毀。由於蒙哥馬利的指揮過於謹慎，衝鋒不果敢，沒能全殲德意聯軍。即使這樣，此戰仍是第二次世界大戰非洲戰場的轉捩點，戰爭主動

權從此落入英軍手中。

兵家點評

　　阿拉曼之戰的巨大勝利，不僅成為北非戰局轉捩點，而且使盟軍從此掌握戰略主動權，加速了法西斯的滅亡。「阿拉曼戰役後，我們再沒有打過一次敗仗。」英國首相邱吉爾不僅很自豪地說出這句話，而且還把阿拉曼戰役稱為「命運的關鍵」。

　　如果可以忽略戰爭的性質，被稱為「沙漠之鼠」的蒙哥馬利和被稱為「沙漠之狐」的隆美爾，都可做為罕見的軍界帥才而永垂史冊。他們都為各自國家立下了顯赫的功績，並在很大程度上推動了戰爭的進程。但歷史不能假如，經此一戰，成就了蒙哥馬利在歷史上的英雄之名，也讓隆美爾淪為了被人唾棄的亂世梟雄，不是因為別的，只因為他選擇了放棄，這是一條走向黑暗的道路，他最終的服毒自殺也正因為此。這便是歷史上正與邪的較量。

小知識：

隆美爾——世界軍事史上一位極具影響力的超級戰術家
生卒年：西元1891～1944年。
國籍：德國。
身分：陸軍元帥。
重要功績：1940年在法蘭西之戰中進展神速，被譽為「鬼師」；在非洲戰場，善於迅速機動、穿插，突破對方防線，多次以少勝多擊敗英軍，被譽為「沙漠之狐」。

無法攻破的堡壘——
史達林格勒會戰

種族主義戰爭論，把戰爭的真正原因和根源歸結為種族差別與矛盾的理論，認為種族差異和矛盾是導致戰爭的本源。這一理論的主要代表人物法國學者戈賓諾。

1942年7月17日，納粹德國投入了一百五十萬的龐大兵力，向史達林格勒發起了進攻。

9月14日，德軍攻入市區，與蘇第62集團軍展開了激烈的巷戰。城中的每一條街道，每一棟樓房，每一個地下室，都成為守軍和居民同德國法西斯軍隊廝殺的戰場。蘇軍的後備隊冒著敵人猛烈的炮火源源不斷地趕赴城中，前面的倒下了，後面的衝上去，這些紅軍戰士平均存活的時間不超過24個小時。德軍在進攻中常採用各兵種聯合作戰的戰術，步兵在衝鋒時，炮兵和空軍進行遠端攻擊和空中轟炸掩護。為了對抗這種戰術，蘇軍採取了貼身緊逼的策略，盡量與德軍貼近，進行慘烈的肉搏戰。

9月15日，德軍經過一天最殘酷的戰鬥，佔領了城區的的制高點——馬馬耶夫高地。16日，蘇近衛第13師渡過伏爾加河進入史達林格勒，又重新奪回了該高地。9月27日德軍重新佔領了馬馬耶夫高地，但在29日又被蘇軍奪回。兩方軍隊不斷地交替佔領這片高地。蘇軍在一次反攻中，在一天之內竟犧牲了1萬名士兵。德第6集團軍的一位叫漢斯・德爾的軍官，在《進軍史達林格勒》一書中寫道：「敵我雙方為爭奪每一座房屋、廠房、水塔、鐵路路基，甚至為爭奪一面牆、一個地下室和每一堆瓦礫，都展開了激烈的戰鬥。其激烈程度是前所未有的，甚至第一次世界大戰也不能相比。我們早晨攻佔了20公尺，可是一到晚

上，俄國人又奪了回去。」

為了爭奪火車站，雙方進行了拉鋸戰，一週內火車站13次易手。

揚科夫·巴甫洛夫指揮的六人小分隊，在一座公寓樓與德軍持續激戰了五十八個晝夜。他們在大樓附近埋設了太量地雷，並在視窗安設了機槍，為了便於聯絡，還將地下室的隔牆打通。德軍的飛機將樓房炸得面目全非，卻始終未能讓這些勇士屈服。

在一個大倉庫的戰鬥中，兩軍的士兵非常接近，甚至能夠聽到彼此的呼吸聲。

工廠裡的工人一邊反擊敵人，一邊在彈片橫飛的廠房裡堅持生產，坦克往往直接從兵工廠的生產線上開到了戰鬥前線，甚至來不及塗上油漆和安裝射擊瞄準鏡。

建造在著名的馬馬耶夫山崗上，紀念史達林格勒戰役的名為「俄羅斯母親」的大型雕像。為了爭奪這一戰略要地，蘇德兩軍有三十萬人在此喪生。

從9月14日到26日，德軍以每天傷亡三千多人的代價，仍未能佔領全城。一個德國士兵在家信中哀嘆道：「史達林格勒就在我們面前——相距如此之近，卻又像月亮那樣遙遠。」

德軍為了及早結束戰鬥，將裝甲部隊開進了市區。由於城內佈滿了瓦礫堆和廢棄建築物，這些坦克部隊毫無用武之地。即使德軍的坦克能夠前進，也會遭到樓頂上的蘇軍反坦克武器的攻擊。此外，蘇聯的狙擊手也遍佈在市區的各

穿梭於史達林格勒廢墟中的蘇軍，對地形的熟悉成為蘇軍的優勢之一。

個角落，利用廢墟做為掩體，給德軍造成了極大傷亡。在史達林格勒進入巷戰後的第二十八天，英國倫敦廣播電臺播發消息說：「德國人二十八天內佔領了波蘭，在史達林格勒卻只奪取幾座樓房；他們二十八天內佔領了法國，在史達林格勒卻只越過幾條街。」

　　冬季漸漸來到了，德軍陷入了飢寒交迫之中，許多士兵都被凍死，戰鬥力一天天衰弱下去。

　　11月19日，史達林發布了大反攻的命令。四天後，蘇軍把三十三萬德軍困在了包圍圈。德軍司令鮑羅斯向希特勒發出突圍的請求，但得到的回答卻是：死守陣地，不許投降！

　　次年2月2日，蘇軍最終取得了史達林格勒保衛戰的勝利。鮑羅斯夾雜在九萬多名德國官兵的隊伍裡，穿著單衣，緊裹著毛毯，在刺骨的寒風中，一步一拐地走向西伯利亞戰俘營。

兵家點評

　　無論從什麼角度評論，史達林格勒戰役都是二戰中，甚至人類戰爭史上最慘烈的戰役之一。整個戰役持續一百九十九天，戰爭中總傷亡人數估計超過兩百萬人。由於蘇聯政府害怕過高的傷亡統計會影響民眾，因此在當時拒絕提供詳細的傷亡資料。軸心國一方在這場戰役中，損失了東線戰場的四分之一的兵力，並從此一蹶不振。

　　這次會戰的的殘酷性，在世界戰爭史上是非常罕見的。戰後英國出版的《第二次世界大戰史》如此評述德軍對史達林格勒的狂轟濫炸：「這是一次純粹的恐怖襲擊，其目的是盡可能多地屠殺平民，摧毀蘇軍士氣，散佈恐慌氣氛。」一名德軍軍官在日記裡寫道：「史達林格勒不再是一座城市，而是一個殺人爐灶……這裡的街道不再是用公尺來計算，而是用屍體來計算。」

小知識：

瓦杜丁——紅色閃電
生卒年：西元1901～1944年。
國籍：蘇聯。
身分：大將。
重要功績：1943年史達林格勒戰役時，率軍實施「小土星」戰役，擊敗了企圖解救史達林格勒被圍德軍的曼斯坦因部隊。

二戰最出色的矇蔽戰術——
電子干擾製造的大騙局

電子干擾，以電子干擾設備或器材對敵雷達、無線電通信設備、無線電導航設備、制導設備，以及各種光電設備等進行的干擾。

1942年，德國工程師羅森施泰因經過了一系列實驗，證實用德國人稱之為「騙子」的鋁箔來干擾雷達，可以使之失效。可是德國空軍的首腦戈林卻下令嚴禁繼續研究，命令將有關「騙子」的祕密文件全部鎖進了保險櫃，也沒有對這種新的干擾方法採取必要的防範措施。不久，英國專家也得出了相同的結論，把一大批鋁箔薄片撒在空中，雷達顯示器上會產生猶如飛機一樣的形象；如果每隔一段時間撒下一批，雷達就會失靈了。他們將鋁箔稱之為「反射體」，日夜加緊研究，終於使之在戰爭中大顯身手。

1943年7月，英國空軍在轟炸德國漢堡的「罪惡城作戰」行動中，首次運用了這種戰術。英國出動的791架轟炸機在飛往目標途中，每架飛機1分鐘撒下2,000多個鋁箔薄片，每撒一批薄片便在德國雷達螢幕上造成15分鐘的「回波」。這種干擾使德軍束手無策，探照燈光柱毫無目標地掃來掃去，高射炮對空亂射，夜航戰鬥機和機載雷達最後也成了無頭蒼蠅。英國空軍僅以損失12架轟炸機的輕微代價，取得了重大勝利。

1944年6月，盟軍開始實施諾曼第登陸計畫。為了保證登陸成功，必須把在法國瑟堡和德國本土之間的100個德國雷達設施，全部摧毀或使之失靈。

當時，希特勒深信盟軍會在法國的勒阿弗爾或加來海峽登陸。盟軍將計就計，派出18艘英國小型艦船，駛向勒阿弗爾北面的安梯福角。為了便於在敵人雷達螢幕上造成「大批軍艦回波」，每艘船後面都拖著幾個低飛的氣球。盟軍

希特勒在戰場上視察。

還出動了12架飛機低空飛行，每隔1分鐘就撒下一大束鋁箔薄片，造成了一支大型護航艦隊正在徐徐向法國本土前進的假象。類似的活動也在波洛涅的方向進行。

在盟軍真正登陸的地區，也在進行著大規模干擾雷達的活動。24架盟軍飛機載著干擾器，不停地在高空盤旋飛行，對德軍設在瑟堡半島的雷達站進行網路式的干擾。這一矇蔽戰術運用得十分出色，德軍集中各種火力和探照燈保衛自認為威脅最大的勒阿弗爾和波洛涅地區。他們還派出大量魚雷艇衝向海面，去截擊那支完全虛構的巨大護航隊。

6月6日晚上，盟軍從空中和海上聯合進行的大規模干擾活動，使敵人的雷達偵察兵處於混亂不堪的境地。當德國人弄清盟軍艦隊真正的進攻目標之後，他們才意識到這是一場大騙局，但為時已晚。

兵家點評

　　電子干擾是利用電子干擾裝備，在敵方電子設備和系統工作的頻譜範圍內，採取的電磁波擾亂措施。干擾對象是敵方的雷達、無線電通信、無線電導航、無線電遙測、敵我識別、武器制導等設備和系統，也包括各種光電設備。有效的電子干擾，會使敵方電子裝備不能正常工作，造成通信中斷、指揮癱瘓、雷達迷盲、武器失控，處於被動挨打的境地，同時為己方隱蔽行動意圖，提高飛機、艦艇等重要武器系統的生存能力，保證戰役戰鬥的勝利創造有利條件。電子干擾的效果取決於所採取的干擾樣式的技術特性和使用方法，還取決於敵方電子設備和系統所採用的反干擾措施。為了在電子對抗鬥爭中取勝，要求電子干擾的保密性和針對性強，技術不斷更新，反應迅速、手段多樣、出其不意，還要求技術與戰術緊密結合。

小知識：

曼納林——20世紀北歐第一強人

生卒年：西元1867～1951年。

國籍：芬蘭。

身分：元帥、總統。

重要功績：利用防禦工事和特殊環境指揮小國軍隊的才能甚是高超，多次重創蘇軍，創造了20世紀軍事史上以弱勝強、以少勝多的經典戰例。

英國諜報史上的不朽傳奇——
肉餡汗動

戰爭觀，是人們對戰爭問題的總體根本的看法。由於受階級立場、世界觀和人們的認知能力等因素的制約，自古以來，世界上有各式各樣的戰爭觀。

1943年7月10日，盟軍在北非沿海港口集中大批兵力，準備執行代號為「愛斯基摩人」的西西里島登陸作戰計畫。位於地中海的西西里島地處要衝，戰略位置十分重要。在這個面積僅為2.5萬平方公里的小島上，德、意軍隊部署了13個主戰師和1400多架飛機，總兵力多達三十六萬人。為了分散德、意法西斯在西西里島的防守兵力，減少盟軍登陸作戰的傷亡，盟軍最高統帥部命令英國主管「雙重間諜」的決策機構——「雙十字委員會」，採取有效的措施矇蔽德、意軍隊，以配合登陸計畫的實施。

經過細密的分析和討論，「雙十字委員會」最終採納了伊溫·蒙塔古海軍中校提出的方案。於是，代號為「肉餡」的行動計畫正式出籠。

1943年4月30日，英國的「六翼天使」號潛艇在摩爾漁韋瓦附近的西班牙沿海神祕地浮出水面。艙門打開後，一群士兵將一具佩戴少校軍銜的屍體從一個鋁質圓桶中抬出來，並把一個皮質公事包牢牢拴在屍體上，隨即拋入大海。在海浪的席捲下，屍體漂到西班牙沿海一個小鎮，被當地漁民發現並報告了西班牙海軍辦事處。

按照慣例，西班牙軍方立即對死者的衣物和皮包進行檢查，初步認定死者是英國聯合行動司令部的參謀馬丁少校，在搭乘飛機前往盟軍地中海聯合艦隊的途中，因飛機失事而落海身亡。在檢查的過程中，西班牙海軍辦事處人員對

馬丁公事包裡的一份文件大為震驚。文件透露：盟軍進攻西西里島只是一次戰略佯攻，真正的目標是薩丁島和希臘。

當時，西班牙雖然名義上保持中立，暗地裡卻與納粹德國勾結，總參謀部立刻將這份「絕密」情報送給了德國間諜部門。西班牙海軍辦事處和德國間諜誰都沒有想到，這是盟軍佈下的一個陷阱。

如此重要的情報居然「踏破鐵鞋無覓處，得來全不費功夫」，還是讓德國的間

1943年8月9日，在西西里島盟軍一等兵哈威‧瓦維特正在為被榴霰彈擊傷的二等兵羅伊‧亨弗雷輸血。

諜多少有些不相信：這樣的機密怎麼可能會出現在一個少校軍官的身上，上司為什麼會如此信任他？德國人的疑心，英國人早就考慮到了。一封由蒙巴頓將軍寫給地中海艦隊司令、海軍元帥安德魯‧卡寧漢的一封信中說：「馬丁少校是應用登陸艇的專家，是一個不可多得的人才，希望在盟軍成功登陸之後，就立即把他還給我。」信末，蒙巴頓還附了一句：「在他回來的時候，別忘了給我捎回來一些沙丁魚。」沙丁魚是薩丁島的特產，看來英國人選擇在薩丁島上登陸確定無疑了。不僅如此，為了防止德國人對屍體進行解剖，「雙十字委員會」還專門選擇了一具死於肺炎、肺中有積水的男屍。如果屍體被解剖，也會被認定是在海上溺死的。

德國情報局命令潛伏在倫敦的間諜提供馬丁少校更詳盡的細節。派出的間諜很快搞到了4月29日英國海軍公布的陣亡將士名單，威廉‧馬丁少校名列其中。接著，西班牙的德國間諜也向柏林報告：馬丁少校的屍體已按正式軍禮安葬在韋爾瓦。此前，為了進一步迷惑德國人，「雙十字委員會」還安排馬丁在英國的「未婚妻」為葬禮送來一個花圈和一張悲痛欲絕的明信片。

為了辨別這些情報的真偽，西線德軍情報分析科科長馮‧羅恩納上校親自

出馬，也沒有找出一絲破綻，他對文件的真實性深信不疑。就在此時，在薩丁島上一座海濱城市的海灘上，軍方又發現了一個英國突擊隊員的屍體，他屬於一支正在偵察薩丁島的小分隊。其實，這是英國潛水艇的又一「傑作」。

這一切，更堅定了德國情報局的判斷，德國統帥部也開始採取行動。將西西里島駐守的兵力、交通運輸和通信聯絡器材調往希臘，在西西里島僅留下兩個師的守軍。

1943年5月14日，希特勒向墨索里尼透露了馬丁密件的內容，並且胸有成竹地說：「這個情報是真實的！」墨索里尼深表顧慮：「我總有一種預感，覺得盟軍會在西西里島登陸。」希特勒加重語氣說：「直覺並沒有情報重要，我們得到了可靠的情報！情報！」

3個月後，盟軍在西西里島成功登陸。直至這時，希特勒才如夢方醒，大呼上當。

兵家點評

「肉餡行動」計畫實施的始末，一點一滴都透著英國情報機關的精明，他們在欺騙偽裝計畫中滴水不漏，連最細微的技術情節都處理得十分周全。整個計畫的制訂與實施令世人拍案叫絕。難怪歷史學家在評論這場精彩的欺敵活動時說：「德國人為得到『肉餡』而興高采烈，更為『肉餡』的騙局而五臟俱裂。」

小知識：
博克——實力超強卻常被忽視的戰將
生卒年：西元1880～1945年。
國籍：德國。
身分：元帥。
重要功績：世界軍事史上一些頗具影響力的經典戰役——波蘭戰役、法蘭西之戰、莫斯科會戰，他都是主要指揮官。

諾曼第諜戰——
「美男計」戰勝「美女計」

反間計，就是在疑陣中再佈疑陣，使敵內部自生矛盾，我方就可萬無一失。說得更通俗一些，就是巧妙地利用敵人的間諜反過來為我所用。

1944年，第二次世界大戰接近尾聲。德國法西斯自覺來日不多，打算在敗勢中做最後掙扎。3月的一天，駐倫敦的美國情報局的得力部門第2677特勤隊特別情報小組組長斯蒂夫接到德國同事的密報：「德國的美女間諜漢妮‧哈露德突然離開柏林，前往英國。」

精幹的諜報老手斯蒂夫聞之，心中暗自得意：「來得正好。」他為配合盟軍反攻歐洲大陸的大規模行動，將導演一場瞞天過海的好戲。他策劃成立「愛麗斯電影公司」，其任務就是讓德軍誤認為盟軍將在荷蘭登陸，進而把大部兵力集中到荷蘭，以此來減小盟軍真正登陸點的阻力，漢妮的到來恰恰承當了斯蒂夫需要的角色。

4月的一天，一位極為美豔的荷蘭女譯員來到了盟軍某部。她，就是德國女間諜漢妮‧哈露德。

幾日之後，斯蒂夫在一次規模空前的招待會上，巧妙地讓漢妮‧哈露德和英俊的少尉狄恩羅斯兩人結識，但狄恩羅斯並不知曉他的身分是女諜的誘餌，兩人的關係火速升級。漢妮緊盯獵物的同時，也牢牢地上了斯蒂夫的鉤。

不久，「愛麗斯電影公司」悄然開張了，一個特殊的行動也拉開了序幕。狄恩羅斯被任命為「公司」副主管。斯蒂夫命令他去荷蘭執行任務，並叮囑他：「你到荷蘭首先和荷蘭地下工作者取得聯繫，把我們將在荷蘭海岸線登陸

的計畫轉告給他們……」最後，斯蒂夫裝作發愁的樣子說：「現在我們急需會說荷蘭話的人。」狄恩羅斯立刻回應道：「可以讓漢妮當翻譯！」斯蒂夫順勢答應了他。在「公司」內除了斯蒂夫本人和他派來的得力助手霍華外，都誤認為盟軍在準備進攻荷蘭。為使錯覺更深，斯蒂夫在狄恩羅斯與荷蘭地下工作者聯繫上之後，命人從荷蘭偷渡一個叫漢克的荷蘭游擊隊首領到倫敦。斯蒂夫對他說明盟軍進攻荷蘭的計畫，漢妮當翻譯。兩天後，漢克在返回荷蘭的途中被德國特務逮捕。八個多小時的酷刑，終於讓這個荷蘭人開口了，德軍第一次確認盟軍將

漢妮・哈露德是第二次世界大戰中的德國美女間諜。

進攻荷蘭。第四天後，德國又逮捕「愛麗斯電影公司」新返回荷蘭的「客戶」貝克。此後，斯蒂夫的反間諜計畫開始生效。1944年5月16日，德國大量增兵荷蘭。

斯蒂夫還故意製造向荷蘭調集軍隊的假象，讓德軍偵察員拍攝。德國在「愛麗斯電影公司」的頻繁活動後，將陸、空部隊不斷向荷蘭調動，半月之後已有十萬德軍在荷蘭。但狡猾的希特勒對盟軍的行動始終心存疑慮，沒有大規模行動。最後，斯蒂夫決定使出他的殺手鐧──借用漢妮把精心偽造的登陸荷蘭戰略圖轉入德國人手中。

斯蒂夫讓霍華把登陸圖放進「公司」的保險櫃，在下班時藉故把鑰匙交給狄恩羅斯，讓他把鑰匙帶回住所，以方便漢妮行動。斯蒂夫還讓霍華將一枚曲別針套在密件信封的印花上，只要稍微打開信封，它就會脫落。

6月2日下午，霍華請「公司」同事包括狄恩羅斯去飯店共用晚餐，並說好9點鐘左右回「公司」趕寫一批文件。漢妮找到了最佳時機，在他們享受美味之時，她迅速用微型照相機把戰略圖拍了下來。晚上9點鐘大家回到公司，只少漢妮，霍華查看保險櫃，發現曲別針已脫落，漢妮「出色」地完成了斯蒂夫的反

間計畫。

「幫她回國。」斯蒂夫進一步做出指示。

在美英情報員的暗中「保護」下，漢妮順利登上德方應她緊急要求而特派的潛艇。漢妮6月4日回到德國。德軍情報局得到漢妮偷拍的照片後，立即上交給希特勒。第二天，德國大部隊紛紛調往荷蘭。6月6日，盟軍進行了劃時代意義的諾曼第登陸。德方因為收到假情報，終於戰敗。在盟軍人如潮湧登上諾曼第之際，恰是名噪一時的女間諜漢妮·哈露德斃命於柏林之時。

兵家點評

在戰爭中，雙方使用間諜是十分常見的。《孫子兵法》就特別強調間諜的作用，認為將帥打仗必須事先瞭解敵方的情況。要準確掌握敵方的情況，不可靠鬼神，不可靠經驗，「必取於人，知敵之情者也。」這裡的「人」，就是間諜。《孫子兵法》專門有一篇《用間篇》，指出有五種間諜，利用敵方鄉里的一般人做間諜，叫因間；收買敵方官吏做間諜，叫內間；收買或利用敵方派來的間諜為我所用，叫反間；故意製造和洩露假情況給敵方間諜，叫死間；派人去敵方偵察，再回來報告情況，叫生間。唐朝社收解釋反間計特別清楚，他說：「敵有間來窺我，我必先知之，或厚賂誘之，反為我用；或佯為不覺，示以偽情而縱之，則敵人之間，反為我用也。」

小知識：

伏龍芝——蘇軍元帥的老前輩

生卒年：西元1885～1925年。

國籍：蘇聯。

身分：紅軍統帥。

重要功績：1920年指揮彼列科普——瓊加爾戰役，徹底擊敗弗蘭格爾白軍；他的軍事指揮藝術最大的特點就是：「集中主力，攻敵弱部；機動兵力，迂迴包抄」，並準確地預測了未來戰爭中陸海空武器裝備的重要性，對蘇軍影響深遠。

世界上最大的一次海上登陸作戰—— 諾曼第登陸

登陸作戰，又稱兩棲作戰，是指軍隊對據守海島、海岸之敵的渡海進攻行動。目的是奪取敵佔島嶼、海岸等重要目標，或在敵岸建立進攻出發地域，為隨後的作戰行動創造條件。

1941年12月，德國在東線戰場敗局已定，為防止盟軍在西線登陸，德軍決定沿長達5000公里的海岸線，修建一條阻止登陸的防禦工事——大西洋壁壘。大西洋壁壘堪稱二戰史上的建築奇蹟，但這也沒能避免德國的失敗。

盟軍在德軍積極防禦的同時，也在為登陸緊鑼密鼓的準備著。他們為了給希特勒錯覺而集結了一支艦隊，發出大量電訊，造成假象，讓希特勒認為盟軍總部設在英國的肯特郡；又讓美國勇猛的巴頓將軍出現在肯特郡街頭，目的是讓德國情報員認為他是盟軍總司令。在進攻前夕，為了使德軍的海岸雷達上顯示出盟軍的艦隊在開往加來，英國飛機撒下大量的錫箔片。這一切德國情報員都如盟軍的計畫上報給了希特勒，希特勒中計了。盟軍與此同時，祕密地在進行著「霸王行動」，組建了一支龐大的諾曼第登陸軍隊，擁有盟軍陸、海、空三軍兩百八十七萬多人，戰艦6,000多艘，飛機1.3萬多架。並對進攻目標地形偵察得一清二楚，甚至連樹木都在作戰計畫上標了出來。然而這一切，德軍竟絲毫沒有察覺。

到了6月，英吉利海峽和往年一樣狂風大作，惡浪滔天，艦隻很難行駛。德軍在西線的大部分將軍都認為在這種氣候裡，盟軍是不會發動進攻的。盟軍就利用了德軍這個心理，開始了登陸行動。6日凌晨2點左右，駐守在巴黎的德軍總司令部接到報告說，有美英空降師著陸，好像是「大規模行動」。但倫德施

諾曼第登陸。

泰特總司令卻認為這是盟軍聲東擊西的伎倆，沒去理會。接著，西線德國海軍部隊雷達顯示有大量黑點，應該是一支龐大的艦隊正向諾曼第海岸進發。可是德國西線的參謀長卻回答：「在這樣的天氣裡？他們會出動？荒唐！肯定是你們技術出了錯誤，說不定是一群海鷗吧！」等到他看出形勢不好，請求希特勒出動兩個裝甲師去對付盟軍空降師時，希特勒卻堅持認為這只是盟軍牽制性的佯攻，他們一定會在加來地區登陸，堅決禁止動用他的這支戰略預備隊。

　　1944年6月6日凌晨，盟軍順利做好了進攻的準備。黎明時分，英國皇家空軍的1,136架飛機投下了5,853噸炸彈，轟炸德軍海岸的10個重要炮壘。天亮後，美國第八航空隊又出動了1,083架轟炸機，投下了1,763噸炸彈轟炸德軍海岸防禦工事。接著，盟軍各種飛機同時出動，狂轟海岸目標和內陸的炮兵陣

地。5點50分，太陽升起，盟軍的海軍戰艦開始猛轟沿海敵軍陣地。諾曼第海灘地動山搖，化成一片火海。

盟軍選擇法國西北部的諾曼第海灘的寶劍灘、朱諾灘、黃金灘、奧馬哈灘和猶他灘5個灘頭為登陸地點，從東到西全長約50英里。登陸計畫第一批進攻部隊是5個師，每個師佔領一個灘頭。猶他灘的佔領最順利，其他的四個師在經歷了激烈的戰鬥之後也都成功登陸。當天黃昏他們就和空降的第六個兵師會師，並於傍晚時分，在歐洲大陸建立了牢固的立足點。盟軍傷亡人數比預計的少。有將近10個師的部隊連同坦克、大炮及其他武器都上了岸，後續部隊也源源而來，不斷擴大盟軍對德國守軍的優勢。盟軍的諾曼第登陸成功了！8月25日，法國第2裝甲師在艾森豪的指揮下，從巴黎南門和西門進入市中心。當天下午，德軍投降。

兵家點評

諾曼第戰役是目前為止世界上最大的一次海上登陸作戰，牽涉接近三百萬士兵渡過英吉利海峽前往法國。

登陸成功，宣告了盟軍在歐洲大陸第二戰場的開闢，意味著納粹德國陷入兩面作戰，減輕了蘇軍的壓力，迫使法西斯德國提前無條件投降。

小知識：

艾森豪——唯一當上總統的五星上將
生卒年：西元1890～1969年。
國籍：美國。
身分：陸軍五星上將。
重要功績：指揮迄今為止世界上最大的一次海上登陸作戰——諾曼第登陸。

刺殺希特勒──
「女武神計畫」功敗垂成

戰略方針，是指導戰爭全局的方針，是軍事戰略的核心。它是國家、軍隊進行戰爭準備和一切作戰行動的基本依據。

　　1944年7月20日中午，羅騰堡德軍大本營，希特勒正與凱特爾、約德爾等軍事首腦舉行一次重要的軍事會議。天氣比往日更加炎熱，所有的窗戶都打開著。12時30分會議正式開始，首先是陸軍總司令部作戰部長豪辛格將軍彙報蘇德戰場的情況。幾分鐘後，來了一位年輕軍官，當他進入會議室時，希特勒抬頭看了他一眼，並對他的問候做了回應。這個人叫史陶芬堡。他來到希特勒右邊與他相隔3個人的位置，把一個皮包放在了桌子下的地板上，靜靜地坐在那裡。沒幾分鐘，他對旁邊的人說：「我去打個電話，幫我看一下公事包。」說完離開了會議桌，急匆匆走出門外。就在他離開會議室2分鐘左右，只聽「轟隆」一聲巨響，再看會議室已被濃煙籠罩，碎片飛散，一個軍官被氣浪彈到了窗外……這裡頓時混亂起來。爆炸後，第一個從塵煙中衝出來的是警衛長官凱特爾，他大聲的叫喊：「有人行刺！有人行刺！」

　　「衛兵！封鎖所有出口，全面搜查！」他大聲命令道，「炸彈是從那個剛剛離開會場的年輕軍官的公事包中爆炸的，不要讓他跑了。」

　　此時，有衛兵衝進屋子，在令人窒息的煙塵中，呻吟聲此起彼伏。

　　策劃這次行動的是德國陸軍軍官，特別是高級將領們，還有國內駐防軍總司令奧爾布里希特將軍、陸軍統帥部通訊處長菲爾基貝爾和柏林保衛司令哈斯將軍。在大本營會議上需要向希特勒彙報情況的國內駐防軍總司令部上校參謀長史陶芬堡是任務執行者。

　　他看到炸彈爆炸後，急速鑽進備好的汽車，衝出大本營直奔機場，幾分鐘

後，他登上迎接他的飛機向總部——柏林國內駐防軍總司令部飛去。

離會議室不遠的通訊處長菲爾基貝爾將軍，在這次行動中負責傳達行動結果給奧爾布里希特，然後奧爾布里希特再把消息轉告給國內駐防軍司令弗洛姆。如果行動成功，弗洛姆接到電話應該立即向各地駐軍發布密電，宣布希特勒的死訊和陸軍接管政府的消息。

不料，弗洛姆接到奧爾布里希特的消息後，卻沒有立即下達命令。他想親自打電話給大本營確定結果後再做決定。

刺殺希特勒的德國「荊軻」克勞斯·格拉夫·馮·史陶芬堡與妻子合影。

電話那邊傳來大本營的衛隊長的聲音：「元首很安全，只是右肩受了點輕傷……」

國內駐防軍總司令部的人員聽說希特勒沒死，都非常吃驚，就沒有按計畫行動，各個手足無措，不知如何是好。史陶芬堡趕回總部見此情形後，他明白已經沒有退路了。他即使沒親眼看到希特勒嚥氣，也十分確定地說希特勒已經死了，說他沒死純屬謠言。於是大家又按原計畫行動，並軟禁了拒絕合作的弗洛姆。很快，密謀者控制了慕尼克、維也納、巴黎等地的局勢。

柏林警衛營營長雷麥爾接到逮捕戈培爾的命令後，闖入宣傳部辦公室：「元首已死，我奉哈斯將軍之命來把你……」

「胡說！」還未等他說完，戈培爾拿起電話接通了大本營，厲聲說道：「來，你聽聽。」

希特勒獨特的嘶啞聲從話筒中傳出。

雷麥爾一愣，立即為自己辯解，說自己沒參加這次密謀，絕對效忠元首。於是希特勒立即命他聽從戈培爾指揮，逮捕密謀者，還提升他為上校。這讓雷麥爾受寵若驚，於7月20日當天黃昏，率領士兵衝入國內駐防軍總司令部，反叛者束手待擒。

　　弗洛姆也得以釋放，他急於證明自己的清白，立刻將史陶芬堡、奧爾布里希特、哈斯等人逮捕，還鄭重其事地進行了「審訊」，然後把他們及他們的同黨槍斃了。在臨死之前，史陶芬堡喊了聲：「我們神聖的德國萬歲！」年老的貝克將軍請求飲彈自盡，但他顫顫巍巍地連開兩槍，都沒有擊中要害。弗洛姆命令士兵結束了貝克的性命。

　　次日凌晨，希特勒向全國廣播：「親愛的德國公民們，我講話的目的，就是告訴你們我現在確實安然無恙……」他還在講話中宣布，人人有義務逮捕反叛者，違者必殺。

兵家點評

　　希特勒遭到內部人士的刺殺原因何在？當時，希特勒的納粹黨黨徒橫行霸道，特別是在軍事上急躁冒進，這引起了德國陸軍軍官尤其是高級將領的強烈不滿，甚至是厭惡。恰逢1944年，德軍屢吃敗仗，國家形勢極為嚴峻。他們雖然擁護希特勒的侵略政策，但此時國家已陷入困境，不能再盲目擴張。希特勒不僅不聽各大將軍的勸阻，反而更加獨斷專行，於是陸軍一些高級將領決定暗殺希特勒，接管政府，組成以貝克將軍和格德勒博士為首的臨時機構，負責與反法西斯盟國進行談判，簽訂和約，以此來挽救國家。刺殺的失敗，引發了希特勒大規模地搜捕和屠殺，有五千祕密行動的參與者和一些毫無關係的人被殺，還有將近一萬人被關入集中營。

小知識：

圖哈切夫斯基——蘇聯機械化戰爭的鼻祖
生卒年：西元1893～1937年。
國籍：蘇聯。
身分：元帥。
重要功績：二十多歲就擔任軍團司令指揮大規模戰役的名將，在軍事思想上主張突破敵軍防線時，應以機械化步兵和裝甲兵、炮兵和轟炸機配合出擊，然後再發動大規模的坦克進攻——該思想在二次大戰中得到了實現。

最異想天開的「綁架」行動——「格里芬計畫」

「斬首行動」就是透過精準打擊，首先消滅對方的首腦和首腦機關，徹底摧毀對方的抵抗意志。

1944年12月，不甘心失敗的希特勒祕密策劃了一個堪稱是二戰期間最異想天開的「格里芬綁架行動」計畫。

按照該計畫，十名納粹士兵偽裝成美國大兵的模樣，祕密潛入盟軍司令部所在地——巴黎南部楓丹白露鎮，綁架盟軍總司令艾森豪將軍。希特勒認為，如果綁架行動成功，就會在盟軍內部引發的混亂，德軍可以趁此機會在12月中旬發動的阿登反擊戰來挽回敗局。

10月的一天，在納粹空軍某中隊服役的弗里茲·克里斯，和其他九名應徵者一起被送到德國巴伐利亞拜羅伊特市的祕密訓練營，他們都會說一口流利的美式英語並通過了層層篩選。在祕密訓練營裡，他們接受了常人難以忍受的「魔鬼訓練」，一遍又一遍地重複著如何用特製繩索迅速勒死對手，如何用匕首在悄無聲息之間殺了敵人，如何像美軍那樣開槍。他們還有一個「特殊任務」，就是觀看美國電影。從影片中學習美國大兵敬禮的姿勢，軍官在士兵面前應該如何舉動，甚至還要從電影鏡頭中模仿美國人抽雪茄的樣子，以及他們吃肉時的習慣——先把肉切成片並放下餐刀，然後用右手拿叉子叉著吃。此外，還要學習美國人常說的俚語。

12月初，上級部門才將為何要進行這些訓練的「謎底」告訴他們，命令這些人喬裝成美國大兵前往巴黎南部楓丹白露鎮的盟軍司令部，執行代號為「格里芬行動」的絕密任務——綁架盟軍總司令艾森豪將軍。納粹的情報部門事先

盟軍戰士在警戒。

已經得知，艾森豪將軍的住所距離司令部有50多公里，他每天都要乘車往返於兩地之間，車上除了女司機凱‧薩瑪斯貝以外，只有幾名副官伴隨。綁架小組可以在半路中的僻靜處，攔截艾森豪將軍的吉普車，將艾森豪將軍挾持。

克里斯特和他的隊友們聽到後都覺得有些不可思議，因為這是一個幾乎「不可能的任務」——十名德國人，想要混入盟軍重兵把守的楓丹白露鎮已經是難如登天，更何況還要在盟軍部隊的眼前將其總司令綁架走，這簡直就是癡人說夢。無奈軍令難違，必須服從。上級部門發給他們每人一本假護照和身分證件，為了熟悉地形，還發給克里斯特一份底特律市的地圖，命令他在幾天內必須記住這座城市一切著名建築的背景知識。

1944年12月13日，克里斯特和隊友們裝扮成美國大兵，驅車前往德國和比利時邊界的一處森林，準備再從那裡前往法國巴黎。在行動前夜，上級又交給他們每個人一個裝有劇毒氰化鉀的香菸打火機，萬一行動暴露，就要服毒自盡。具有諷刺意味的是，或許是「格里芬行動」的保密工作做得實在太好，或許是小組成員偽裝得太過逼真，這一隊「美國大兵」剛剛出發兩個小時之後，就遭到了數架德軍戰鬥機沒頭沒腦地一陣狂轟亂炸。他們乘坐的汽車被炸得連

翻幾下之後，發出了一聲巨響，冒出滾滾黑煙，九名隊員當場被炸死或燒死，克里斯特跳到路邊的壕溝裡才勉強逃過一劫。「格里芬行動」也就因此而破局。

兵家點評

　　「斬首行動」最先由美國提出，它的本質是基於「先發制人」的戰爭理論。

　　這種戰術實施的條件有：

　　①精確打擊。

　　②內應。要有充分的情報，偵察到敵方的高官和重要的統帥指揮機構。

　　③快速。首先打擊敵人最脆弱的重心───統帥指揮機構和支撐戰爭的經濟目標，以取得決定性效果，並迅速結束戰爭。

　　現代戰爭中的「斬首行動」發端於科索夫戰爭。

小知識：

羅科索夫斯基──蘇軍中最早的也是最年輕的機械化作戰高手
生卒年：西元1896～1968年。
國籍：蘇聯。
身分：元帥。
重要功績：1942年在史達林格勒戰役中圍殲德軍獲勝；1943年在庫爾斯克會戰中重創德軍。

海陸空聯合登陸「破門」——
沖繩島之戰

聯盟戰略，是兩個或兩個以上的國家結成聯盟，籌劃和指導戰爭的
戰略。

　　1945年春，美軍在攻佔硫磺島之後，又將戰火燃燒到了沖繩島。沖繩島被
譽為日本的「國門」，在日本本土防禦中佔有重要的戰略位置。為了保證「國
門」不失，日本大本營派陸軍中將牛島滿率領十萬日軍堅守沖繩，同時準備使
用大量神風特攻飛機、數百艘自殺汽艇和人操魚雷對美軍實施水面和水下的特
攻作戰。而聯合艦隊的殘餘軍艦也集結待命，時刻準備著做最後的決死攻擊。

　　為了一舉將沖繩島拿下，美軍投入了二十八萬餘人的地面作戰部隊和34
艘航空母艦、2,100餘架艦載機、22艘戰艦、320艘其他作戰艦隻和1,000餘艘
輔助艦船，在第五艦隊司令斯普魯恩斯海軍上將的指揮下，展開了代號為「冰
山」的登陸行動。

　　4月1日，天氣晴朗，美軍的登陸終於開始了。上午4時，在軍艦的炮火掩
護下，美軍陸戰2師首先在沖繩島東南海岸登陸，建立了灘頭陣地。8時，陸戰
1師、陸戰6師和陸軍第7師、第96師，在沖繩島西海岸登陸。到了日落時，美
軍已有五萬餘人和大量的火炮、坦克以及軍需物資上岸，建立起正面約14公
里，縱深約5公里的登陸場。島上日軍的抵抗極其微弱，只有少數狙擊兵的輕武
器射擊和迫擊炮零星攻擊。整個登陸的過程超乎尋常地順利，使美軍頗有些莫
名其妙。

　　原來，島上的日軍為了避開美軍海上炮火的轟擊，早就主動放棄灘頭陣
地，準備與美軍在腹地決戰。不久，美軍在沖繩島的南部遭到了日軍主力的頑

強狙擊。日軍充分利用天然山洞和現代化暗堡給美軍造成了極大地傷亡。美軍指揮官霍奇少將說：「沖繩南端山洞裡，躲藏著七萬日本精兵，除了一碼一碼地用炸藥把他們炸出來，沒有別的更好作戰方案。」

　　4月7日，日海軍聯合艦隊與美快速航母艦隊在九州西南海域遭遇，激戰中，日本損失了1艘戰艦、1巡洋艦和4艘驅逐艦，支援沖繩島的計畫宣告失敗。從4月7日至6月22日，日軍先後出動1,500餘架「神風」飛機，發動了10次自殺性的「菊水特攻」，瘋狂地撞擊沖繩海面上的美國艦船，共擊沉美軍艦船34艘，擊傷368艦。但「神風」終究沒能阻止沖繩島的陷落。

二戰中，美軍士兵在浴血奮戰後，在硫磺島豎起美國國旗。

爭奪太平洋上島嶼的戰鬥中，盟軍海軍陸戰隊登陸。

　　4月19日，美軍調來20艘戰艦、27個炮營、324門大炮，對日軍5英里的防線進行了猛烈地轟擊，發射的炮彈多達1.9萬發，仍無法前進半步。緊接著，血腥的消耗戰開始了。美軍登陸兵力超過十八萬人，不斷發動猛攻，損失慘重的日軍被迫退守珊瑚山。

　　6月1日，美軍開始全面清剿。為了爭奪沖繩島上的幾百個山洞，美軍使用了特製的火焰噴射器和凝固汽油彈，還採用了非人道手段的毒氣攻擊，幾萬名日本人為此充當了炮灰。日軍雖然只剩下三萬餘人，大炮也損失過半，彈藥更是所剩無幾，但仍是死戰不退。許多渾身著火的日本兵哇哇喊叫著衝出陣地，抱住美軍士兵同歸於盡，美軍前進每一公尺依然非常艱難。

　　6月18日，美軍巴克納中將親臨前線督戰。當他在陣地視察的時候，被彈片擊中頭部身亡，成了美軍在整個太平洋戰爭中陣亡的最高級別將領。在他到來之前，那裡幾小時都沒有遭到過一次炮擊，令人不可思議的是，日軍第一發炮彈居然就把這位中將集團軍司令炸死了。

　　6月22日，牛島滿等日軍將領自殺。在隨後的清剿中，有七千四百多名日軍放下了武器，這在以前是非常罕見的。

　　7月2日，「冰山」作戰結束。

兵家點評

　　此次戰役，日軍抵抗登陸能力之高，戰鬥意志之頑強令美軍震驚，為日本的本土防禦爭取到了寶貴的備戰時間。

　　美軍在作戰中成功奪取了戰區制空權和制海權，後勤保障工作也功不可沒。參戰部隊總數高達五十餘萬，從飛機、大炮到炸藥和汽油，甚至衛生紙、可口可樂到霜淇淋和口香糖，一切都是從美國本土運來的。

　　沖繩戰役使美軍深刻意識到，在日本本土登陸將會遇到更加激烈和殘酷的戰鬥，促使美國最終決定對日本使用剛研製成功的原子彈，以盡快結束戰爭。

小知識：

斯利姆——出類拔萃的叢林戰專家

生卒年：西元1891～1970年。

國籍：英國。

身分：陸軍元帥、子爵。

重要功績：二戰中屢次擊敗日軍，最終攻克仰光，收復緬甸。

第三帝國的覆滅——
柏林會戰

陣地編成，是防禦戰鬥中各種陣地的組合，是防禦體系的組成部分，目的是把各陣地組成有機聯繫的整體，抗擊敵人的進攻。

1945年4月15日凌晨5時，蘇聯紅軍打響了攻克柏林的戰役。沿奧得河與尼斯河一線，4萬門火炮一起怒吼，使奧得河畔成了一個正在噴發的巨大火山口。在雷霆萬鈞的炮擊中，蘇製BR-18榴彈炮的威力尤為驚人，彈重330公斤，直射時可以摧毀2～2.5公尺的混凝土牆！在交戰的第一晝夜，蘇聯空軍僅轟炸機就出動了6,550架次，在德軍陣地上傾瀉了成千上萬噸炸彈和汽油彈。緊接著，蘇軍陣地前沿的140個大功率探照燈一起打開，在強光的照射下，坦克和步兵像潮水般衝向德軍的陣地。

當蘇軍推進到被稱為「柏林之鎖」的澤洛高地時，碰上了強硬的「釘子」。德軍在澤勞高地配置的火炮和經過偽裝的設伏坦克，以火力封鎖了河上為數不多的幾座橋樑。他們憑藉有利地形，拼死扼守每一條戰壕，每一個散兵坑，打退了蘇軍數次進攻。4月17日，蘇軍集中所有火炮強攻澤勞高地，在一天之內，共發射了123萬發炮彈，約合2,450車皮，98,000噸！戰鬥一直持續到第二天清晨，蘇軍以三萬人的傷亡和大量坦克損毀為代價，終於衝上了澤勞高地。

4月20日，蘇聯紅軍兵臨柏林城下。

這一天，是納粹頭子希特勒五十六歲的生日。中午，他和他的妻子愛娃·布勞恩走出總理府地下深處的暗堡接見集合在花園裡的少年衝鋒隊員。13時50分，蘇軍的地面炮兵群首次向柏林城內轟擊。隆隆的炮聲打斷了希特勒的接

見，他急忙回到暗堡。晚上，愛娃·布勞恩為希特勒舉行了一個生日宴會，戈林、戈培爾、希姆萊等第三帝國的締造者和鄧尼茲、凱特爾和約德爾等尚在柏林的高級將領，悉數出席了這最後的晚餐。此時的希特勒仍存有幻想，他對在座的人斷言：「俄國人在柏林城下將遭到最慘重的失敗！」不過，晚會剛一結束，不少人就開始逃之夭夭。

希特勒和他的妻子愛娃·布勞恩。

4月26日，蘇軍向柏林發起總攻。蘇軍的坦克一輛接一輛地碾過柏林的大街小巷，塗著紅星機徽的強擊機和轟炸機一波又一波地掠過柏林的上空，城中的250萬幢建築幾乎全部化為了瓦礫。德軍黨衛軍部隊在城內每一條街巷都構築起了防禦工事，進行最後的垂死掙扎。越是接近市中心，德軍的抵抗越是頑強。黨衛軍躲在城中廢棄的樓房、隱蔽的地下室、地下鐵道、排水溝壕中，大量射殺暴露在街巷上的蘇軍戰士。因此，蘇軍不得不逐棟樓房爭奪，逐條街道攻取，每前進一步都要付出極大地代價。

4月30日，蘇軍攻入波茨坦廣場，離希特勒藏身的總理府僅隔一條街。下午15時30分，希特勒與結婚才一天的妻子愛娃在地下暗堡的寢室裡雙雙服毒自殺。希特勒在吞入第二粒毒丸後，向自己的太陽穴開了一槍。十分鐘後，侍衛們將希特勒和愛娃的屍體拖出暗堡，放進總理府花園被炸開的一個彈坑中，倒上汽油進行火化。21時50分，蘇軍葉戈羅夫中士和坎塔里亞下士出現在柏林國會大廈被毀的圓屋頂上，歡欣鼓舞地揮動著蘇聯國旗。

5月2日，柏林的戰鬥畫上了休止符。蘇軍毫不憐憫地襲擊和劫掠了放下武

器的德國平民，婦女所遭受的
苦難更是一言難盡，德國人強
加於俄國人的無窮苦難現在被
以最原始的方式加以報復。

兵家點評

　　柏林會戰的勝利，標誌著
法西斯德國的滅亡。

　　從具體的作戰方式來看，
柏林巷戰與史達林格勒保衛戰
具有很大的相似性，都是以小

這張照片是蘇軍攻克柏林最經典的一瞬間，蘇軍戰
士葉戈羅夫中士和坎塔里亞下士將紅旗插上國會大
廈樓頂，結束了盟軍在歐洲戰場的最後一仗。

型戰鬥群圍繞堅固建築物進行攻防作戰，然而，兩者卻有著本質不同，由於史
達林格勒背靠伏爾加河，使德軍無法完全包圍史達林格勒。相較之下，柏林卻
不具備這樣的條件，而且還多了一個沒有後方，西線完全被盟軍控制的弱點，
儘管柏林守軍的頑強抵抗能夠給蘇軍造成重大損失，但遲早要被優勢蘇軍不斷
消耗並最後消滅。從純軍事角度上來講，柏林的失陷是完全不可避免的，如果
沒有奇蹟發生，一切瘋狂抵抗的努力都只是垂死的掙扎。

小知識：

朱可夫──搗毀希特勒老巢的紅色將星

生卒年：西元1896～1974年。

國籍：蘇聯。

身分：元帥。

重要功績：在蘇德戰爭期間指揮的一系列重大戰役，不但拯救了俄羅斯，而且還給
德軍毀滅性打擊；1945年攻克柏林，接受納粹德國投降。

第五章

核兵器時代

廣島上空的蘑菇雲——
世界上第一顆用於戰爭的原子彈

核戰，使用核武器進行的戰爭。它以核武器為主要毀傷手段，其特點是戰爭的規模、突然性和破壞性將比常規戰爭空前增大。

1945年8月6日凌晨2點45分，美國轟炸機王牌飛行員蒂貝茨上校，駕駛著以他母親名字「艾諾拉‧蓋」命名的轟炸機，載著一顆重達4,500公斤，價值數億美元的原子彈，衝出提尼恩島機場的跑道。由於嚴重超載，飛機滑行得異常吃力，當滑行距離已超過跑道長度的4/5時，起飛的速度仍然沒有達到要求。

「危險！快把飛機拉起來！」副駕駛員路易士禁不住喊了起來。

蒂貝茨不動聲色，兩眼死死盯住速度指示儀錶，就在大地即將消失，眼前已是一片茫茫大海的時候，飛機駛向了高空。

進入預定航線後，蒂貝茨長出了一口氣，感到輕鬆了許多。他習慣性地把左手伸進口袋，無意中碰到了裡面的氰化物膠囊。這是為他遇到不測時預備的，其他成員每人也都領到了一份，一旦飛機被擊落，所有機組人員必須殉國。

凌晨3點，「艾諾拉‧蓋」號轟炸機已經升到了5,000英尺的高空。核彈專家帕森斯上校帶著助手傑普森上尉來到彈艙，他從口袋裡摸出1張有11項檢驗項目的清單，讓傑普森舉著電筒，開始逐項進行檢查。一切準備就緒後，他打開原子彈的保險裝置，裝上引爆器。從現在起，用邱吉爾事後的話來說，82號機上裝了一個「憤怒的基督」，再過幾個小時，他就要降臨人世了……

7點20分，日本廣島上空響起了尖厲的防空警報，美國「斯特雷特‧弗盧西」號偵察飛機進入廣島上空，盤旋一周便匆匆離去。

十五分鐘後，蒂貝茨接到基地的指示：廣島上空能見度良好，雲層覆蓋率低於30%，偵察中未遇敵方戰鬥機截擊，高射炮火也很微弱，建議優先轟炸第1目標。

8點剛過，警報再次響起。3架美國B-29轟炸機進入廣島9,600公尺高空，對轟炸早就習以為常的廣島市民，很少有人進入防空洞隱蔽，在此之前，B-29轟炸機已經連續數天飛臨日本領空進行訓練，既沒有投彈也沒有進行掃射。大家都以為這些飛機還會像往常的一樣，「巡視」幾圈便會離去。

但這一次人們想錯了！

當廣島的城市輪廓清晰地映入蒂貝茨的眼簾時，他立刻下令：「各就各位，戴上護目鏡，準備投彈！」

1945年9月，日本廣島。廢墟上的一對母子，母親目光迷茫，孩子驚魂未定。Alfred Eisenstaedt攝。

投彈手菲阿比少校用瞄準鏡很快就選定相生橋做為投彈點，他讓蒂貝茨稍稍調整了一下飛行方向，目標點向著瞄準器十字架飛快地接近。

「對準了！」他報告道。

「投！」

8點15分17秒，隨著蒂貝茨一聲令下，這顆名字叫「小男孩」的特殊「炸彈」落入空中。飛機由於重量突然減輕，猛地向上一躍。蒂貝茨駕駛飛機來了一個60度的俯衝和160度的轉彎，使飛行高度下降了300多公尺。這是一個訓練了多次的動作，是為了讓飛機盡量遠離爆炸地點。

50秒鐘後，原子彈在離地面600多公尺的空中，散發出令人眼花目眩的白色閃光，隨即是震耳欲聾的大爆炸。巨大的衝擊波夾雜著爆炸聲沖得飛機猛的一顫，蒂貝茨感覺彷彿被德軍88公釐高炮打中一樣，緊接著又是一次激烈的震

動。

　　「好了，不會再有了，這次是反射波。」帕森斯上校向大家解釋道。

　　廣島漸漸遠去，機艙尾部的炮手卡倫對著錄音機開始表演他的口才：「圓球騰空而起，下面升起了巨大的煙柱，帕森斯上校說過的那種蘑菇雲出現了……廣島市區一片火海……」

兵家點評

　　這顆名叫「小男孩」的殺人武器，是世界第一顆付諸實戰的原子彈。外型與一般炸彈差不多，但是威力超過2萬噸TNT當量的炸彈。強烈光波，使廣島成千上萬人雙目失明；10億度的高溫，把一切都化為灰燼；放射雨使一些人在以後20年中緩慢地走向死亡；衝擊波形成的狂風，把城市中心12平方公里的建築物全部摧毀。據日本官方統計，死亡和失蹤人數達七萬一千三百七十九人，受傷人數近十萬。8月9日，蘇聯對日宣戰。就在出兵這天的上午11點30分，美國又在日本長崎投下第二顆名為「胖子」的原子彈。「胖子」的爆炸當量比「小男孩」大，但長崎地形三面環山，所以損失小於廣島。

　　8月15日上午，日本宣布投降，第二次世界大戰成為歷史。但廣島上空那可怕的蘑菇雲卻永遠警示著世人。

小知識：
瓦西列夫斯基——世界軍事史上最出色的總參謀長之一
生卒年：西元1895～1977年。
國籍：蘇聯。
身分：元帥。
重要功績：1945年遠東一戰，迫使日本投降，瓦西列夫斯基的軍事統帥生涯達到頂峰。

無法跨越的三八線——
朝鮮戰爭

內戰是指一個國家或者一個民族內部爆發的戰爭。

1950年6月25日，南北朝鮮爆發了大規模內戰。

戰爭開始的第三天，美國總統杜魯門命令麥克阿瑟動用海、空軍，全力支援南朝鮮軍隊作戰。朝鮮人民軍英勇奮戰，在兩個月間進行了5次進攻戰役，到第四次戰役結束，已將美軍和南朝鮮軍逼退到面積不足朝鮮二十分之一的大丘、浦項、釜山三角地區。而第五次戰役，雖突破了敵軍部分地區的前沿防禦，但未能擴張戰果。美軍和南朝鮮軍隊開始轉入戰略反攻。

9月15日，美軍在仁川登陸，並在全線發起總攻。朝鮮人民軍主力被阻斷，腹背受敵，彈少糧缺，經頑強抵抗被迫逐步撤向「三八線」附近。10月1日，麥克阿瑟下令美軍和南朝鮮軍越過「三八線」向北進攻，計畫在感恩節（11月23日）前全殲朝鮮人民軍。朝鮮民主主義人民共和國處於水深火熱之中。

1950年9月30日，針對美國侵略的企圖，中國政府發出嚴重警告：「中國人民絕不能容忍外國的侵略，也不能聽任帝國主義者對自己的鄰人肆行侵略而置之不理。」10月19日晚，中國志願軍跨過鴨綠江，開赴朝鮮，揭開了抗美援朝的序幕。

中國首批人民志願軍進入朝鮮以

美軍在仁川登陸。

後，利用敵軍認為中國不會援助朝鮮、繼續分兵冒進的良機，採取在運動中各個殲滅敵人的作戰方針，毅然發起第一次戰役，將冒進的敵軍壓到清川江以南地區。粉碎了美軍「感恩節」之前結束戰鬥的計畫。之後志願軍迅速隱蔽起來，使美軍誤認為中國參戰兵力不多，又重整兵力於11月24日發起了「耶誕節結束朝鮮戰爭」的總攻勢。志願軍採取「誘敵深入，尋機

朝鮮戰爭中戰火紛飛、硝煙瀰漫的場景。

各個殲敵」的方針，給敵軍以出奇不意的打擊，到12月24日取得第二次戰役勝利。此役，中朝人民軍隊收復了平壤及「三八線」以北廣大地區，美軍和南朝鮮軍被迫轉入防禦，進而扭轉了朝鮮戰局。此戰之後，從1950年除夕至1951年6月10日，又相繼進行了三次戰役，殲敵二十三萬餘人，其中美軍八萬八千餘人，最終將戰線穩定在「三八線」附近。

經過五次戰役的較量後，美軍和南朝鮮軍兵力嚴重不足，而中朝人民軍雖佔有兵力優勢，但技術裝備處於絕對略勢，敵軍掌握著制海和制空權，因此，雙方從1951年6月開始出現相持局面。

在這種情況下，美國和李承晚集團開始與中朝方面進行停戰談判。但他們並不想公平合理地和平解決朝鮮問題，而是仗其海、空優勢要將軍事分界線劃在中朝人民軍隊後方，企圖不戰而攫取1.2萬平方公里土地。這一無理要求遭到拒絕後，他們又於1951年8月中旬至10月下旬，發起夏季攻勢和秋季攻勢，同時，出動空軍發動了「絞殺戰」和「細菌戰」來摧毀朝鮮北部鐵路、公路，切斷中朝人民軍隊運輸補給線。對此，中朝人民軍隊進行了夏秋季防禦作戰，建立了摧不垮、打不爛的交通運輸線，並出動空軍在清川江南北上空打擊敵機，最終取得了反擊戰的勝利。

1952年10月14日，以美軍為首的「聯合國軍」發動了以上甘嶺地區志願軍陣地為主要進攻目標的「金化攻勢」。在歷時四十三天的戰役過程中，上甘嶺

上的土石被打鬆1公尺多深，表面陣地全部被摧毀。志願軍在缺糧、缺彈、缺水、缺氧等極端困難的條件下，依託坑道，堅守陣地。

　　1953年4月26日，雙方再次回到談判桌邊。經過打打停停，7月27日，朝鮮停戰協定在板門店簽字。至此，朝鮮戰爭終告結束。

兵家點評

　　美國在朝鮮戰爭中有三十六萬五千七百人陣亡，而且幾乎與中國和蘇聯兩個共產主義大國爆發全面戰爭。中國的宣傳中經常強調韓戰期間擔任美國參謀首長聯席會議主席的五星上將布萊德雷說的一句話：韓戰是「在錯誤的時間與錯誤的地點，和錯誤的敵人打了一場錯誤的戰爭」，但其話原話應是：假如按照麥克阿瑟的戰略計畫，把在朝鮮的戰爭延伸到轟炸中國滿洲和封鎖中國海岸，那將會是在錯誤的時間與錯誤的地點，和錯誤的敵人打了一場錯誤的戰爭。經歷了越南戰爭洗禮之後的美國人，幾乎已將這場戰爭遺忘，故此朝鮮戰爭又被稱為「被遺忘的戰爭」。朝鮮戰爭也令美國人首次意識到，戰爭的威脅隨時存在。戰爭結束後，美國軍隊人員數量增加了兩倍，軍費開支大幅度上升。特別是在一場常規的運動戰與陣地戰而非游擊戰中，美軍地面部隊不能擊敗積弱百餘年的中國與朝鮮的工人、農民組成的軍隊，這一事實被參議院麥卡錫為首的勢力，歸咎為美國國內共產黨的出賣，麥卡錫主義在某一段時間內獲得了美國政治的主流話語權。

小知識：

林彪——毀譽參半的一代名將
生卒年：西元1907～1971年。
國籍：中國。
身分：元帥。
重要功績：平型關一戰得以揚名；國共內戰時指揮大兵團作戰，幾乎每戰必勝。

山姆大叔深陷戰爭泥沼——
越南戰爭

戰術協同，是各軍兵種和各部隊為遂行共同的戰鬥任務，按照統一
的意圖和計畫協調一致的行動，是形成整體力量，有效地打擊敵
人，奪取戰鬥勝利的基本條件之一。

1961年5月，美國派遣100名代號為「綠色貝雷帽」的特種部隊進入南越。
1962年2月8日，美國在西貢設立軍事司令部，由保羅‧哈金斯將軍指揮，這標
誌著美國直接介入越南戰爭的開始。

4月30日，美國副國務卿喬治‧鮑爾宣布實施「戰略村」的計畫，對各個
村莊進行掃蕩和圍剿，企圖以此來打擊越南南方的游擊隊。而南方游擊隊進行
了反「戰略村」、反掃蕩的戰鬥。到1964年，他們進行了40多次的反掃蕩鬥
爭，解放了南方2/3以上的土地和七百萬人口，使美國軍事介入嚴重受挫。

美軍在南越的軍事受挫，激怒了美國統治集團。於1963年11月1日，在南
越策動軍事政變，殺掉吳廷琰，扶植新傀儡楊文明。此後積極尋找擴大戰爭的
藉口，推行「飽和轟炸」和「焦土政策」，對越南北方進行狂轟濫炸；與此同
時，還不斷增兵越南。至1967年，美軍在越南人數超過五十萬。

美軍和南越軍隊的殘暴行為，激起了更多民眾的反抗。他們挖防炮洞、防
空洞、藏糧洞和藏牛洞，組成游擊隊，成立了佈防森嚴的戰鬥村和戰鬥鄉。從
1964到1965年，越南南方民族解放軍和游擊隊進行了各種游擊戰和反掃蕩戰。
在硝煙所到之處，美軍屍體橫躺豎臥，散發著令人噁心的臭氣。有的無人處理
的美軍屍體流出的血水與周邊的河水交融，使得河面泛著恐怖的黑綠色。在美
軍的戰地搶救部裡，躺在病床上的很多士兵都被炸得肢殘體缺。

1968年，越南南方人民武裝發起「春節攻勢」。激戰四十五天，殲滅美軍十五萬多人，美國的「逐步升級」戰略受到重創。大大削弱了美軍的士氣，而且在國內反戰運動高潮迭起，矛頭直指尼克森。

受傷的美軍士兵。

迫於國內外的巨大壓力，尼克森只好去求助總統國家安全事務助理季辛格，請他幫助美國從越戰泥沼中擺脫。於是季辛格開始積極奔走斡旋。

同時，美國多方進行談判，但進展緩慢，撤軍問題上始終猶豫不決。

1969年5月31日，侵越美軍司令部宣布了美國參戰越南以來所損失的數字，其結果顯示出從尼克森執政四個多月以來，不僅作戰物資損耗巨大，平均每月還會有一千多名美軍被打死。尼克森的猶豫不決終於得到了「回報」。

談判得不到進展，美國只得撤兵，但美國國防部長賴爾德提出：要強化南越的軍隊，讓他們代替美軍繼續戰爭，用越南人的傷亡代替美國人的傷亡。到了1969年6月8日，尼克森政府從越南第一次撤軍，直到8月底，撤出兩萬五千人。

即使到現在，美國仍不放棄，還期待著奇蹟的出現。1969年11月3日，尼克森發表電視演說，提出「邊戰、邊談、邊化（越南化）、邊撤」的方針。沒想到遭到群眾的強烈反對，「結束越戰新動員委員會」還舉辦了十多次「向華盛頓進軍」的大規模抗議活動。

沒有辦法，美國只得加快撤軍速度，但仍沒停止對越南政權的強化。爾後繼續長期的談判，最後於1973年1月27日，與越南民主共和國在《巴黎協定》上簽字，至此美國在越南的軍事行動宣告失敗。美國撤軍後，仍在南越留守了兩萬多軍事顧問和相當規模的海空部隊，支援南越軍隊的作戰。

　　1975年春，越南南方人民武裝和北方軍隊向南越軍隊發動了著名的春季攻勢，擊潰了南越軍隊。1976年7月實現越南南北統一。

關於越南戰爭的照片。

兵家點評

　　越戰是美國歷史上持續時間最長的戰爭，耗費了至少2,500億美元。儘管軍事上美國並未失敗，但它顯示美國冷戰策略上的重大失誤。越戰極大的改變了冷戰的態勢。美國由冷戰中的強勢一方變為弱勢，面對蘇聯咄咄逼人的進攻，美國更積極的與中華人民共和國合作。越戰加劇了美國國內的種族問題、民權問題，使國家處於極度的分裂狀態，給美國人民造成巨大的精神創傷。

小知識：

麥克阿瑟——美國陸軍史上最年輕的西點軍校校長

生卒年：西元1880～1964年。

國籍：美國。

身分：陸軍五星上將。

重要功績：二戰中，指揮西南太平洋盟軍取得巴布亞戰役的勝利，運用「蛙跳」戰術多次實施兩棲登陸，奪取新幾內亞；佔領整個菲律賓群島，執行對日佔領任務。

螞蟻挑戰大象——
鱈魚引發的軍事對抗

國防戰略，是籌劃和指導國防力量建設與運用，保障國家安全的戰略。

冰島在1944年擺脫丹麥統治，獲得獨立。愛國熱情極為高漲的他們，希望將自己的國家建設成繁榮昌盛的現代化強國。而他們發展最有利的資源就是漁業資源，尤其是鱈魚資源。

為了保護已有的鱈魚資源，保護冰島漁民的利益，保證自己國家的發展，冰島政府屢次宣布擴大領海區域，禁止其他國家跨海域捕撈。冰島與英國對鱈魚的爭奪戰就此拉開了序幕。

1958年，冰島政府宣布，領海區域擴展到距海岸12海里。並發布公告，要求其他國家的船隻截至1958年8月30日必須撤離該海域，當時很多國家的漁船都相繼離開了指定區域，唯有英國的拖網漁船不為所動。英國何以如此狂傲，原因就在於他們實力雄厚，那時的英國皇家海軍，擁有豐富的戰鬥經驗，精良的武器裝備。冰島政策一出，英國皇家海軍就立即派遣了37艘艦艇、七千多名士兵為漁船保駕護航。而冰島這個剛剛

暮色下的雷克雅維克港口。

成立的小國，人口總計三十萬，根本就沒有正規海軍與英國相匹敵，毫無作戰經驗的一般百姓和員警就是他們的海軍軍隊；武器裝備也極其落後，他們把漁船改造後來充當戰艦，其戰鬥力是可想而知的。鑑於這種局勢，英國政府認為冰島沒有能力對他們怎麼樣，因此不僅沒有撤出漁船反而增兵保護。而事實並非如英國所想，冰島政府雖然非常清楚自己與英國軍事實力相差懸殊，但為了捍衛國家和人民的利益，他們知難而上，毫無畏懼之感，果斷地將炮火轟向英國漁船。

不過他們也不是莽夫，很講究戰鬥策略，他們發射炮彈不是要與英軍硬碰硬，拼個你死我活，而是為了適當的刺激英國，並沒有去傷及英國的船員。經冰島這番干擾，英國漁船根本無法安然捕撈鱈魚。而這兩個國家都是北大西洋公約成員國，如果英國不顧全局將戰事升級的話，美國等其他北約國家勢必不會袖手旁觀，因此英國怕成為其他國家的眾矢之的，不敢對冰島大動干戈，無奈之下，英國只好和冰島政府談判。1961年，談判結束，英國無奈承認冰島12海里的領海權，第一次鱈魚大戰以此告終。

但是這個結果並沒有讓冰島滿足，他們隨即宣稱還要擴大領海權，並給英國三年的調整期限。到1971年，冰島政府宣布領海權擴展為距海岸線50海里。這種得寸進尺的做法，讓英國氣憤難耐，於是爆發了第二次鱈魚大戰。一年多的時間裡，雙方衝突不止，英國捕撈船的漁網屢次被冰島割斷，還遭到了冰島的炮擊，有69艘英國漁船被損壞，這讓英國忍無可忍，便派出7支主力艦到冰島海域，以此對冰島提出警示。但冰島非常堅定，毫不妥協，而且揚言要和英國斷交。北約組織見勢不妙，對英國進行施壓，英國迫於壓力再次向冰島妥協，第二次鱈魚大戰就此結束。

由於自然的原因和經濟發展的需要，鱈魚的數量依然在急劇下降。冰島政府為了保持國力，必須要進一步擴大海域，便於1975年又一次宣布距海岸線200海里內都為禁漁範圍。英國和冰島衝突又起，英國倚仗自己強大的海軍實

力，派遣海軍戰艦前往禁漁區為自己的漁船保駕護航，但冰島依然毫不示弱，頑強抵抗，衝突持續了五個月，雙方都不退讓。與此同時，歐共體也在積極進行著緊張的調停工作。由於英國的不妥協，讓歐共體失去了耐心，於1976年公開宣布歐洲各國的領海權都在200海里內。英國將自己置於眾叛親離的境地後不得不與冰島簽訂協議，承認其200海里的禁漁區域。第三次鱈魚大戰又以英國妥協告終。

兵家點評

三次鱈魚戰爭，都以英國政府的妥協而告終。

英國和冰島的軍事實力相差懸殊，一方面可以比做大象，另一方面可以比做螞蟻，但螞蟻最終戰勝了大象。除了冰島在道義上的理直氣壯外，北約集團的威懾也是一個重要因素。

在第一次鱈魚戰爭中，英國害怕一旦戰事升級，美國等北約國家勢必干涉；在第二次鱈魚大戰中，北約對英國施加了壓力，導致英國妥協。

冰島所宣布的領海界限，得到了世界大多數國家的承認，多數國家紛紛效仿。

冰島，這個軍事小國，憑藉著自己頑強不屈的抗爭，不但保護了自己的利益，也改變了世界海洋的領土規則，在世界海洋發展史上，寫下了光輝的一頁。

小知識：

蒙哥馬利——二戰英軍頭號巨星
生卒年：西元1887～1976年。
國籍：英國。
身分：陸軍元帥、子爵。
重要功績：在阿拉曼戰役中擊敗隆美爾率領的德意非洲軍團。

大國強權的最後一曲挽歌──
蘇聯入侵阿富汗

主攻，是集中兵力、兵器在主要方向上對敵人實施的攻擊，對作戰全局具有決定性作用。主攻方向通常只能有一個。

1979年10月下旬的一個夜晚，克里姆林宮燈火通明，戒備森嚴，這裡正在召開蘇共中央政治局祕密會議，專門討論如何處置阿明的問題。

蘇聯最高領導人布里茲涅夫清了清嗓子，低沉而威嚴地對其他政治局常委說：「我決定，幹掉他！」

此前，蘇聯駐阿富汗大使布薩諾夫曾設計幫助總書記塔拉基誘捕總理阿明未果，反被阿明藉機奪得了政權。阿明上臺後，不甘心做莫斯科的順民，他不僅公開指責蘇聯玩弄陰謀，還向美國示好。布里茲涅夫當然無法容忍，為了保住阿富汗這塊苦心經營的陣地，才決定實施「斬首」計畫，出兵進行干預。

1979年12月27日，蘇聯的行動開始了。

當天晚上，阿富汗革命委員會主席阿明接到蘇聯駐阿富汗大使布薩諾夫突然打來的電話。電話的那一端義正嚴詞地宣布：「鑑於阿富汗目前混亂的政治局勢，為了避免不必要的流血，莫斯科決定終止您所有職務⋯⋯」

「這是最後通牒嗎？」阿明嘴唇微微抖動著問。

「您可以這樣理解，」布薩諾夫告訴阿明，「為了保護你和你家人的安全撤離，一個小時之後，將有4輛蘇軍裝甲車開進達魯拉曼宮。」

堂堂的一國元首怎麼會甘心讓外國人來擺佈，義憤填膺的阿明立刻打電話命令他的保衛部隊前來救駕，可是蘇聯專家早已先行一步截斷了總統府與外界

蘇聯入侵阿富汗。

的一切電話聯繫，只留下通向蘇聯大使館的一條專線。

　　情急之下，阿明喚來兩名貼身侍衛，交給他們兩封親筆信，命令他們火速趕往卡爾加和普利查吉搬救兵。這兩名倒楣的侍衛偏偏不走運，他們剛翻出達魯拉曼宮高大的院牆，就被蘇聯士兵俘虜了。在嚴刑逼供下，他們不僅供出了阿明的突圍方案，還繪製了達魯拉曼宮內外佈防圖。

　　20時40分，布薩諾夫再次打來了電話。此時，阿明還在做著突圍的美夢，為了拖延時間，他謊稱事發突然，要做手下將領們的工作。

　　布薩諾夫冷笑著打斷了他的話：「親愛的阿明同志，您的將領們已經被伏特加和杜松子酒灌得爛醉如泥了，您還想做誰的工作？」

　　阿明聽到後，一臉絕望。

　　22時20分，蘇聯帕普金中將氣勢洶洶地來到達魯拉曼宮三樓，他要與阿明

進行最後的談判。隨著時間的推移，房間裡的爭吵聲越來越大，最後，阿明忍無可忍，命令衛兵將帕普金中將和他的四名保鏢擊斃在達魯拉曼宮的院子裡。

和談破裂後，布薩諾夫立即以第二行動負責人的身分下達了攻擊命令。貝洛諾夫上校親自率領12輛T-62型坦克、10輛步兵戰車、5輛裝甲運輸車和一百二十名突擊隊員逼近達魯拉曼宮。面對蘇聯的精銳部隊，阿明的衛隊根本不堪一擊，僅僅用了十二分鐘，零星的戰鬥很快就結束了。當貝洛諾夫將蘇聯事先草擬的「阿富汗邀請蘇聯出兵」的「邀請信」送到阿明的手中時，阿明已回天無力，他憤而將信撕得粉碎。一陣槍聲響過之後，阿明和他的四個妻子、二十四名子女倒在了血泊之中。

就在打死阿明的同時，集結在蘇阿邊境上的蘇聯5個師的兵力，在航空兵團的空中支援下分3路大舉入侵阿富汗，並沿預定路線快速開進。1980年1月2日，進行地面主要突擊任務的東路集群第306摩步師一個團，和擔任輔助突擊的西路集群第357摩步師主力，在坎大哈會師，1月3日蘇軍封鎖了霍賈克山口，一週之內，蘇軍控制了阿富汗全國主要城市和交通幹線。至此，蘇軍基本實現對阿富汗的佔領。

兵家點評

蘇聯入侵阿富汗，是一次運用政治外交欺騙達成軍事目的的典型戰例。

早在入侵之前，蘇聯就以「經援」和「軍援」為幌子，在阿富汗境內修建了許多軍事設施。在阿富汗的幾千名蘇聯軍事顧問和技術專家，控制著阿軍一些要害部門和部隊，對阿軍情況比較熟悉。為了進一步掌握阿富汗的全面情況，蘇聯還利用「友好」關係，派出軍事代表團和特工人員到阿進行活動。這些人利用「訪問」的合法身分，全面搜集阿富汗的政治、軍事、地理等各方面的情報，為制訂入侵計畫提供了重要依據。

　　就在蘇聯開始大規模向阿空運部隊的前夕，蘇聯還依舊偽裝「全面支持阿明政府」，聲稱要繼續向其提供「全面無私的援助」。蘇《真理報》還特意闢謠，指責西方關於蘇干涉阿內政的報導是「不折不扣的臆造」。

　　在1979年11月26日入侵計畫正式確定後，蘇聯以幫助阿軍訓練為名向阿富汗派兵，控制了馬扎里沙里夫、巴格蘭、赫拉特等戰略要地；同時以檢查武器為名封存阿政府軍的輕武器，拆除重裝備，使其失去應付突變的能力。隨後，蘇軍在蘇阿邊境的鐵爾梅茲建立前方指揮部。1979年12月中旬，蘇軍進入集結地域；27日入侵阿富汗，佔領阿北部地方。

小知識：

亞歷山大──紳士總司令
生卒年：西元1891～1969年。
國籍：英國。
身分：陸軍元帥、子爵。
重要功績：1944～1945年任地中海盟軍總司令，指揮義大利之戰直至獲勝。

贖罪日無暇「贖罪」——
以軍演繹經典反擊

反擊戰，對進犯之敵採取的主動的有限進攻行動，亦稱自衛反擊作
戰。是達成戰略性目的的一種手段。通常在一個或數個地區或方
向，於一定時間實施。

1973年10月6日，蘇伊士運河兩岸一片寧靜，失去了往日的喧囂。這一天
是猶太教的「贖罪」日，按照教俗的規定，教徒從日出至日落，不吃、不喝、
不吸菸、不進行任何娛樂活動，要絕對靜心地休息——贖罪。駐守在運河東岸
「巴列夫防線」沙壘中的以色列官兵，此時有的在祈禱，有的在沐浴、洗衣，
還有的無精打采地坐等天黑。巧合的是，這一天也是伊斯蘭教的齋月節，運河
西岸的阿拉伯人也在全身心地祈求真主保佑。

下午14時，當秒針在12的數字上定格的瞬間，埃及蛙人在前一天晚間埋入
以色列防禦工事中的兩個炸藥包突然引爆，伴隨著巨響，兩股黑色的煙柱夾帶
著運河的沙粒直沖天空。與此同時，運河西岸的2,000門大炮齊聲轟鳴，炮彈鋪
天蓋地飛往以色列陣地。埃及的戰機也在第一時間出動，在空軍司令胡斯尼·
穆巴拉克將軍的指揮下，240架戰鬥機掠過運河上空，對西奈半島和戈蘭高地
上的以色列軍事目標進行了猛烈的轟炸。僅僅用了20分鐘，以軍在西奈的空軍
指揮部、防空和雷達干擾中心、導彈營、炮臺等軍事設施全部被摧毀，軍事通
訊系統陷於癱瘓。

第四次中東戰爭——「贖罪日之戰」，就這樣拉開了帷幕。

14時15分，埃軍先頭部隊八千人在海、空軍的支援下，乘坐橡皮艇和兩棲
車輛在瀰漫的硝煙中，從幾個方向同時強渡運河。登岸之後，埃及士兵一面用

火力壓制以色列士兵的抵抗，一面用爆破筒在東岸沙堤以軍鐵絲網和地雷區中開闢通道。在埃及工兵高壓水龍頭的沖刷下，以軍沿河岸修建的沙堤很快就被打開了缺口，5個小時過後，埃軍在沙堤上開闢出了60多個通道，架設了10座浮橋和50個門橋渡場。夜幕降臨時，埃及5個完整的裝甲師沿著170公里的河道成功越過

贖罪日戰爭中，埃及軍從以軍擄獲的美製M48坦克。

運河，到達蘇伊士東岸。不可一世的「巴列夫防線」要塞，在猛烈的炮火中，一個一個地落入埃及人手中。到10月7日8時止，渡河戰鬥已經告捷。埃軍總參謀長沙茲科將軍說，防守巴列夫防線的以軍3個裝甲旅和1個步兵旅幾乎全部被殲。以軍的360輛坦克中有300輛被擊毀，數千人被擊斃。埃軍損失了5架飛機和20輛坦克，兩百八十人陣亡，這相當於埃及投入戰鬥的飛機總數的2.5%，坦克的2%，作戰部隊的0.3%。

10月8日，埃軍收復西奈第二大城東坎塔臘。

10月9日，埃軍全殲以色列第190裝甲旅，活捉了旅長。接著，又攻佔富阿德港以南地區、伊斯梅利亞以東地區和陶菲克港灣地區。

10月13日，盤踞在運河東岸最後一個據點的以軍也被迫繳械投降。

至此，埃及第2軍團5個師、1個旅全部過河，在前線北部、中部和南部打開三條通向西奈腹部的通路，控制了西奈半島縱深10至15公里的地區。

為配合正面作戰，埃及空降部隊分乘直升飛機在西奈半島縱深地區大規模降落，破壞交通、通訊和補給。海軍為牽制以軍，封鎖了亞喀巴灣和紅海出口，並在沙姆沙赫地區進行海上登陸作戰，襲擊以軍。

在埃軍向以軍發起進攻的同時，北線敘軍第一梯隊的3個師、1千多輛坦克，在空軍和地空導彈部隊的掩護下，分三路向以軍陣地發起進攻。雙方1,500輛坦克在狹長的平原上激戰了近四十八小時，以軍188裝甲旅幾乎被全殲，僅剩10餘輛坦克。7日晨，敘軍突破1967年停火線約75公里，推進到敘以邊境太巴列湖附

1973年11月11日，埃及和以色列的代表在開羅——蘇伊士城公路101公里處的帳篷裡舉行簽字儀式，聯合國部隊在現場維持秩序。

近。伊拉克、約旦、黎巴嫩等阿拉伯國家和巴勒斯坦游擊隊也紛紛增兵參戰。

以色列在遭受突然襲擊的情況下，一度陷於極為被動的地位。10月10日夜，以色列總參謀部決定進行反攻，並制訂了集中兵力，先北線後西線各個擊破的戰略方針。

以軍首先在北線集中了15個旅和1千輛坦克，在飛機掩護下，分三路向戈蘭高地中北部地方的敘軍反擊，很快就突破了敘軍防線，向敘利亞首都大馬士革方向推進。10月12日，以軍越過1967年停火線，深入敘利亞境內達30公里。隨後，以軍將作戰重心移至西奈半島。

10月14日6時，為了增援敘軍，埃軍集中80架飛機、200門大炮，對以軍陣地進行九十多分鐘的炮擊，隨後出動1千輛坦克向以軍發起進攻。以軍集中3個師，投入大約800輛坦克，進行反擊。經過數小時的激戰，以軍損失坦克50輛，埃軍則損失了250輛，被迫退出陣地。埃軍在此次行動中的失敗，成了西奈戰場的轉捩點。

10月16日，以軍突入運河西岸，摧毀了埃軍的幾個防空導彈基地，在空軍

的支援下，以軍源源不斷地渡過運河。以軍在取得主動權後，不斷襲擊運河沿岸地區，以切斷埃軍第2、3軍團的後路。東岸的以軍也配合發起攻勢，使第3軍團腹部受敵。

10月23日凌晨，以軍沙龍旅向阿塔卡地區發動攻擊，當日晚，以軍基本完成了對埃軍第3軍團大部分的包圍。

10月24日，埃及、敘利亞未盡其功，被迫停戰。

兵家點評

「贖罪日之戰」又稱「十月戰爭」，是中東戰爭中最具科技含量和規模最大的一次戰爭。集中表現了當代戰爭區域性、高科技、時間短等特徵。

在這場戰爭中，以軍充分體現出訓練有素、戰術多變、指揮靈活的特點。在一度陷於極為被動的局面時，準確地捕捉住有利戰機，適時地組織反攻，以快速機動的兵力大膽向運河西岸實施大縱深突擊，最終，從失敗的邊緣上扭轉了戰局。阿拉伯一方則是先主動，後被動；先驚喜，後緊張。在戰爭指導和作戰上失誤，使戰局急轉直下，不得不停戰求和。

小知識：

凱末爾──土耳其國父

生卒年：西元1881～1938年。

國籍：土耳其。

身分：元帥、總統。

重要功績：發動了一場震驚世界的革命風暴，締造了一個現代土耳其。

以「聖戰」的名義同室操戈——
兩伊戰爭

「聖戰」，伊斯蘭教及穆斯林世界常用宗教術語，出自阿拉伯語詞根「jahada」，即「做出一切努力」或「竭力奮爭」之意，字面的意思並非「神聖的戰爭」，較準確的翻譯應該是「鬥爭、爭鬥」或「奮鬥、努力」。

　　伊朗和伊拉克兩國相鄰，共同邊界綿延1,200多公里，歷史遺留的邊境糾紛，經常成為兩國之間武裝衝突的導火線。雖然同屬於伊斯蘭教「兄弟」國家，但雙方所屬教派不同。伊朗是什葉派教徒掌權，而在伊拉克則是遜尼派佔上風。納傑夫和卡爾巴拉位於伊拉克南部，是什葉派的重要聖地，伊朗什葉派的宗教領導人做夢都想得到這一地區。

　　1979年伊朗爆發伊斯蘭革命，伊朗政府強調要向所有伊斯蘭國家「輸出原教旨主義的伊斯蘭革命」，公開號召佔伊拉克人口60%的什葉派「進行伊斯蘭

兩伊戰爭時的宣傳畫。

革命」，推翻伊拉克現政權，建立「伊斯蘭共和國」。伊拉克則支持伊朗境內少數民族如庫爾德族的民族自決要求。

1980年9月22日，伊拉克利用伊朗支持對當時伊拉克外長阿齊茲的刺殺企圖為藉口，抓住機會發動進攻，至此兩伊戰爭就全面爆發了。戰爭開始後，蘇聯給伊拉克提供了外交和軍事上的支援，科威特和沙烏地阿拉伯則向其提供了經濟援助。此外，美國也偏向伊拉克。

戰爭的第一階段在伊朗境內進行。9月23日凌晨，伊拉克出動5個師共七萬人的兵力和1,200輛坦克，分三路發起攻擊。伊朗則出動飛機轟炸伊拉克首都巴格達和石油基地。

9月28日，聯合國安理會透過決議，要求雙方回到談判桌上，遭到了伊朗最高宗教領袖霍梅尼的拒絕。10月4日，在局勢明顯對自己有利的情況下，伊拉克單方面宣布停火，可是伊朗仍不接受，戰事只得繼續發展。到10月下旬，伊拉克軍隊佔領了伊朗南部10餘個城鎮，並完成了對石油港口阿巴丹的包圍。

1981年1月5日，伊朗發起反攻，希望能解阿巴丹之圍。戰鬥十分激烈，雙方共有400輛坦克投入戰場。伊朗雖一度突入敵方前沿陣地，但伊拉克在空中火力的支援下，最終奪回主動權。

雙方進入僵持階段。

同年9月末，伊朗發動阿巴丹戰役，將伊拉克軍隊趕回卡倫河西岸，贏得了開戰一年來的首次勝利。幾天以後，伊朗軍隊又發動布斯坦戰役，收復了阿拉伯河岸的重鎮布斯坦。

1982年3月18日至29日，伊朗軍隊將伊拉克軍隊趕出了胡齊斯坦省。接著，伊朗又發動「聖城」戰役，於5月24日收復了霍拉姆沙赫爾。

至此，伊朗軍隊開始佔上風，戰場形勢出現了明顯的轉折。6月10日，伊拉克再次宣布單方面停火，並開始撤軍。伊朗當然不會放過這難得的良機，他們乘勝追擊，將戰火燃燒到了伊拉克境內。針對伊拉克的主動示弱，伊朗方面則提出了一系列苛刻的條件：伊拉克必須承認自己是侵略者；海珊總統下臺；

賠償伊朗1,500億美元的戰爭損失等。伊拉克自然不會答應，於是戰火再次點燃。由於雙方軍事實力大體相當，戰線基本呈現膠著狀態，誰也沒有佔到太大的便宜。

1988年，伊拉克積蓄了足夠的反攻力量，在7月分基本上收復了全部失地。7月16日，海珊宣布主動撤出伊朗的德赫洛倫地區，再次呼籲伊朗領導人結束戰爭。第二天，霍梅尼突然表示接受停火。

歷時八年的漫長戰爭終告結束。

兩伊戰爭沒有勝者，留下的只有傷痛。

兵家點評

歷時八年的兩伊戰爭，結果兩敗俱傷。兩國軍費開支近2,000億美元，經濟損失達5,400億美元，死亡人數為一百萬人左右，雙方的綜合國力因此受到很大的削弱。

兩伊戰爭，也給現代戰爭中的軍事後勤補給提出了新課題。戰爭初期，伊

拉克本來希望速戰速決，但因作戰物資供應不上，等待補給，進攻態勢被迫減弱。伊朗頂住了伊拉克軍隊的進攻後，也因補給困難而拖長了反攻的時間。轉入反攻後，伊朗多次向伊拉克發動地面攻勢，但兩次戰役之間的間隔比較長，有時竟長達五個月以上。其主要原因是後勤系統混亂，武器裝備等作戰物資供應跟不上，因而續戰能力不強。

由此可見，戰略上的速戰速決，雖然可以取得先機，甚至在一定條件下也能取得戰爭的勝利。但是如果不根據自己的國力、軍力，不分作戰對象，把速戰速決的戰略看成取勝的唯一法寶，而不進行長期作戰的思想、物資準備，則可能會欲速而不達，由主動變被動，甚至在戰爭中失利。

小知識：

劉伯承——當世孫武、一代軍神
生卒年：西元1892～1986年。
國籍：中國。
身分：元帥。
重要功績：挺進大別山，扭轉國共內戰的局勢。在軍事指揮和學術上對中國軍隊正規化的影響最大，白崇禧稱他是「共軍第一號悍將」。

血戰貝魯特——
「小史達林格勒」戰役

火力配系，是對戰役、戰鬥編成內的各種火器做適當配置和分工所構成的火力系統，是防禦體系的組成部分，分為對地（水）面火力配系和防空火力配系。

1982年6月3日晚上，以色列駐英國大使在倫敦遇害身亡，兇手自稱是巴勒斯坦解放組織的人。

這等於向以色列提交了宣戰書。

6月4日清晨，以色列內閣舉行了祕密會議，商討對策。經過兩天反覆的爭論，以國防部長沙龍為首的主戰派意見佔了上風。

以色列總理貝京問沙龍：「你需要用多長的時間來做戰前準備？」

沙龍胸有成竹地回答道：「如果有必要，現在就可以發動進攻！」

為了將黎巴嫩境內的巴勒斯坦解放組織一舉剿滅，沙龍蓄謀已久。他早就在以、黎邊境的加利利群山中集結了大量軍隊，所需要的只是一個開戰的藉口而已。

6月6日，以軍總參謀長埃坦將軍向駐紮在以色列和黎巴嫩邊境的聯合國維持和平部隊司令官卡拉漢少將宣布：「請將軍閣下的軍隊讓開道路，以色列國防軍即將進入黎巴嫩！」

卡拉漢少將高聲抗議道：「我是聯合國軍的司令官，我不允許你們這樣做！」

埃坦冷笑著說：「以色列人做決定，從來不需要看外人的臉色！」

過了不久，以色列的裝甲部隊率先通過維持和平部隊的哨所，緊接著，半

履帶運兵車、通信車、補給車、救護車和射程達130公里的自行火炮，也源源不斷地駛進黎巴嫩。

沙龍神氣十足地坐在吉普車上，不斷地向以色列士兵揮舞著手臂，號召他們向前進攻。

以色列坦克部隊的前鋒到達列坦尼河時，巴解組織的成員沒有抵抗就匆匆撤走了，放在哨所桌子上的咖啡還是溫熱的。

沙龍命令以色列軍隊，能攻克的據點，就迅速攻克；一時不能攻克的，就以少量軍隊包圍、牽制，日後再騰出手來收拾這些孤立的據點。這一戰術使巴解組織精心修築的許多堡壘，隨著腹地的陷落和補給的中斷，不攻自破。同時也使以軍贏得了寶貴的進攻時間。

8月14日，以色列軍隊完成了對貝魯特的包圍，沙龍站在曾經是巴解組織重要基地的波福特古堡的最高處，下達了總攻的命令。

大炮在第一時間怒吼起來，一枚枚炮彈帶著與空氣磨擦發出嗞嗞的怪叫聲，不停地向貝魯特西區傾瀉。飛機也在空中不斷盤旋，時而投下炸彈，時而低空掃射。在猛烈的炮火下，巴解組織並沒有屈服，領導者阿拉法特向他的戰士們、也向全世界宣布：「我們將與以色列戰至最後一人！」最激烈的戰鬥發生在烈士廣場上，巴解戰士面對數倍於己的以色列人，死戰不退。廣場上的雕像被炸得身斷肢殘，四周的建築物被夷為了平地，斷壁殘垣中隨處可見鮮血和屍體。戰鬥中，以色列副總參謀長亞當被手榴彈炸死，成了自1948年中東戰爭爆發以來，被擊斃的軍銜最高的以色列軍官。

由於巴解組織誓死不降，以色列的進攻開始升級了，民房、學校、大使館，甚至是醫院，全部遭到了以色列飛機的轟炸和掃射。貝魯特成了人間地獄，居民死傷慘重。在沙龍的默許下，黎巴嫩基督教民兵組織進入貝魯特附近的巴勒斯坦難民營，屠殺了一千五百名巴難民。這一慘案震驚了世界。

各國紛紛譴責以色列的不人道行為，連美國總統雷根也感到「火藥味太濃了」。

最後，在美國的調停下，以色列同意停火，但要求巴解組織撤出黎巴嫩。

8月下旬，在一個陰沉沉的早晨，阿拉法特在巴解組織總部前的廣場上，向戰士們發表演說：「你們要記住，今天我們是以軍人的身分離開貝魯特的，總有一天還會站在這裡！」

阿拉法特和巴勒斯坦解放組織成員。

兵家點評

黎、以之間的衝突由來以久，以色列的慘無人道被許多國家所指責。然而每一場戰爭，最痛苦的不是最高層的統帥，也不是運籌帷幄的謀士，甚至也不是軍隊──真正最苦的還是老百姓！無論在以色列還是黎巴嫩，無辜的他們都在流血和哭泣。或許，黎、以衝突在歷史上只是一個不那麼「波瀾壯闊」的瞬間，但歷史上太多的「波瀾壯闊」都用千萬人的屍骨堆就，用無辜者的鮮血染成。但願和平能夠重歸以色列和黎巴嫩的大地，讓黎以衝突真的成為一個「短暫的歷史瞬間」。

小知識：

興登堡──愛睡覺的護國之神
生卒年：西元1847～1934年。
國籍：德國。
身分：總統。
重要功績：1915年取得馬祖里湖等戰役的勝利，重創俄軍。1916年負責德軍東西兩線的戰略指揮，並在西線構築了「興登堡防線」（即「齊格非防線」）。

空戰史上最懸殊的比分——
82比0的貝卡谷地大空戰

空戰敵對雙方飛機在空中進行的戰鬥。殲擊機消滅敵機和其他航空器的主要手段，其他飛機進行的空戰多屬自衛性質。

1981年，敘利亞將在黎巴嫩的貝卡谷地部署了大量蘇製薩姆-6導彈，這種導彈威力驚人，連超音速飛機也逃不脫它的打擊。在第四次中東戰爭中，薩姆-6導彈一度讓以色列的空軍吃盡了苦頭，當時阿拉伯國家的孩子都會唱：「蘇聯的薩姆升天，山姆叔飛機落地……」

沙龍做夢都想拔掉貝卡谷地的這些眼中釘，經過周密的計畫，在入侵黎巴嫩的第三天，以色列空軍終於向貝卡谷地射出了復仇之箭。這一次，以色列打破了戰爭史上突然襲擊多在星期天和凌晨進行的慣例，選擇在星期三的下午展開行動。

1982年6月9日14時剛過，貝卡谷地的上空傳來一陣陣嗡嗡的響聲，山頭上出現了許多以色列無人駕駛飛機。貝卡谷地的敘軍指揮部不知是計，立刻命令雷達開機，並拉響了空襲警報。雷達是薩姆-6的眼睛，只要捕捉到目標，敵機休想逃脫。當這些飛機進入敘軍防空區域後，薩姆-6導彈相繼發射，山谷裡紅光閃閃，空中的飛機接二連三地被擊中、墜毀。與此同時，盤旋在地中海上空的以軍E-2C「鷹眼」預警機立即開始工作，在

俄羅斯在蘇聯時代研製的「薩姆-6」防空導彈。

E-2C「鷹眼」艦載預警機。

幾秒鐘內就測出了敘軍指揮雷達的電波頻率。有了這些頻率資料，以色列用雷射制導的空對地導彈和高爆炸彈就能輕而易舉地摧毀薩姆-6導彈基地。敘軍指揮官見墜落下來的飛機竟是用塑膠製成的，才明白中了以色列的詭計，急忙下令關閉雷達。與此同時，在距離貝卡谷地40公里的地方，以色列的一架F-16向貝卡導彈陣地的指令中心發射了兩枚「百舌鳥」導彈，雷達被摧毀，薩姆-6導彈徹底成了瞎子。緊接著，數十架F-15和F-16戰鬥機像惡狼一般向導彈基地猛撲過來，在短短的6分鐘之內，貝卡谷地的19個薩姆-6導彈基地變成了一片廢墟。

敘利亞空軍在得知以色列飛機突襲貝卡谷地的消息後，立刻派遣62架米格-23和米格-21戰機趕來支援。然而，以色列對此早有防範，由F-15、F-16和E-2C組成的混合作戰機群在空中嚴陣以待。敘軍的飛機升空不久，以色列的E-2C「鷹眼」預警機就將敘軍升空飛機的距離、高度、方位、速度等資料，通知了以色列戰鬥機。F-15立刻丟掉副油箱，迅速爬高，搶佔有利位置，準備空中格鬥。

敘軍戰機臨近貝卡谷地上空時，遭到了以軍電子戰飛機的強電磁干擾，機載雷達螢幕上一片雪花，耳機裡也聽不清地面指揮口令，空戰一開始就處於被動地位。雙方的戰機在空中往來穿梭，展開了一場混戰。

作戰中，一架米格-23與一架F-15正面遭遇，由於「米格」戰鬥機上的空對空導彈是尋熱導彈，需要對著敵機的尾噴管發射，敘軍飛行員便猛拉機頭，企

圍繞到以機背後開火。沒想到以色列早已對美製的「響尾蛇」空對空導彈加以改進，能夠迎頭發射，米格-23剛想向上爬升，就見F-15機翼下閃出一串火花。一架F-16在完成轟炸任務後加速返航時，傳感系統發出了警告：有導彈襲來！以色列飛行員立刻發射出一枚紅外干擾火箭，用強大熱流將敘利亞的尋熱導彈吸引了過去，F-16得以安全返航。

在當日的空戰中，以軍擊落了敘軍30架戰鬥機，自己卻毫髮未傷。

6月10日，以色列再次出動92架戰機，將敘軍新佈署在貝卡谷地的4個薩姆-6導彈連和3個薩姆-8導彈連悉數摧毀。期間，敘利亞空軍出動的52架飛機無一倖免，全部被擊落，而以色列戰機再次全身而退。

兵家點評

在為期兩天的空戰中，以色列空軍運用高新技術，以未損傷一架飛機、擊毀敘軍82架飛機的輝煌戰績，在全世界引起極大震撼。以色列空軍的勝利顯示：電子戰已成為現代戰場的主要樣式之一。

小知識：

魯登道夫——總體戰大師
生卒年：西元1865～1937年。
國籍：德國。
身分：上將。
重要功績：「成名曲」是1914年的列日之戰；策劃實行「無限制潛艇戰」；是總體戰理論的創立者，所著的《總體戰》對德軍在二戰中的戰略影響巨大。

制導武器大顯神威——
英阿馬島爭奪戰

精確制導武器，是以微電子、電子電腦和光電轉換技術為核心的，以自動化技術為基礎發展起來的高新技術武器，它是按一定規律控制武器的飛行方向、姿態、高度和速度，引導戰鬥部準確攻擊目標的各類武器的統稱。

1982年4月到6月，為了爭奪馬爾維納斯等群島的歸屬權，阿根廷和英國爆發了一場以海空軍實力較量為主的現代化局部戰爭。

4月2日凌晨，阿軍部隊神不知鬼不覺地登上馬島之後，首先即刻佔領首都斯坦利港的機場，繼而包圍了這裡的英國總督官邸，總督和他的兩百名駐軍都被迫繳械投降。第二天，南喬治亞島又被另一支阿軍佔領，全部駐守英軍被俘。之後，阿根廷繼續向馬島增兵，並成立了南大西洋戰區，任命隆巴多將軍為司令。阿根廷成功奪回了被英殖民主義者佔據一百五十年久的馬島，使舉國上下一片歡騰。

英國在阿佔領馬島後，立即組建戰時內閣，準備反擊。他們調遣佔有海軍總兵力2/3的部隊，成立特混艦隊，以少將伍德沃德為司令，同時還徵用商船前往戰區。4月5

英阿馬島之戰中，鷂式戰鬥機首次參戰執行截擊任務，就在空戰中擊落了對方16架飛機，進而一舉成名。

日，英第一批艦船出航，同時1個
空軍大隊轉戰到阿森松島，7日宣
布馬島禁區範圍在周圍200海里。
12日，英發動4艘核潛艇潛入馬島
海域，進行海上封鎖。22日，特混
艦隊的先頭部隊駛入南喬治亞島海
域。25日，對南喬治亞島進行機降
和登陸兩路作戰，攻破守衛的阿軍
部隊，為奪取馬島搭建了跳板。30
日，特混艦隊成功完成了對馬島的
海空封鎖。

「飛魚」導彈在世界上享有很高威望，被稱為
「海上殺手」。

　　5月1日起，雙方展開了封鎖與反封鎖的戰鬥。英軍的「火神」式中程轟炸
機，從阿森松島起飛和「鷂」式艦載戰鬥機一同對馬島機場進行瘋狂轟炸，同
時用艦炮配合來轟擊擊馬島港岸上的阿軍工事。次日，英國「征服者」號核動
力潛艇發射的一枚魚雷，穩穩地擊沉了阿根廷海軍有「民族英雄」之稱的「貝
爾格拉諾將軍」號巡洋艦，阿艦艇在敵軍的重擊之下只得撤回本國的狹小海
域，英艦隊對馬島的海上封鎖輕而易舉的完成。阿軍主要依靠航空兵力進行反
封鎖，並以潛艇牽制英艦的行動。5月4日，阿軍從法國引進「飛魚」導彈，並
出動「超軍旗」式轟炸機，對馬島附近海域轟炸，一舉將英國最新式的「謝菲
爾德」號驅逐艦擊沉。英特混艦隊在「超軍旗」轟炸機和「飛魚」導彈的威力
下，被嚇得將戰區轉移到阿根廷陸基飛機的航程之外的地方。

　　英軍在做了充分的準備之後，於5月21日成功登陸阿軍守備薄弱的聖卡洛
斯港，激戰六天後，鞏固並擴大了登陸基地。5月27日，登陸的英軍分別從東
部和南部進軍。29日，南下的英軍率先佔領達爾文港和古斯格林機場，隨後，
向東進軍斯坦利港；東進的英軍先攻取了道格拉斯，爾後於6月1日攻佔肯特山
和查傑林山，並在這裡和南路軍會合，從陸上包圍了斯坦利港。同日，英軍後

續部隊成功登陸聖卡洛斯。6月5～8日，英軍又成功了登陸布拉夫灣。13日，各路英軍發起總攻。14日21時，馬島阿守軍投降。

兵家點評

　　英阿馬島戰爭是一場領土主權爭奪戰。在這次戰爭中最引人注目的，是精確制導武器在戰爭中的使用。阿根廷海軍航空兵用「飛魚」導彈擊沉了英國特混艦隊的「謝菲爾德」號導彈驅逐艦，英國海軍潛艇用「虎魚」式魚雷擊沉了阿根廷海軍的「貝爾格拉諾將軍」號巡洋艦。精確制導武器的使用，使傳統海戰「大炮巨艦」的模式發生了變化，過去那種以軍艦的噸位和火力大小做為衡量實力強弱的觀念已經動搖；由於裝有先進的目標探測裝置和先進的射擊指揮與制導系統，精確制導武器可以在看不見的距離上對敵方目標實施準確攻擊，海戰的對抗形式發生了重要變化；由於精確制導武器最富有威脅的發射平臺，是飛機和潛艇，海戰中防空和反潛已具有新的涵義並變得更加突出和激烈，海戰的內容變得更加豐富了。

　　戰爭中，阿軍以航空兵實施反封鎖，高低技術並用的戰術，也值得學習和借鏡。

小知識：
艾倫比——史上最後一次成功的大規模騎兵戰的指揮官
生卒年：西元1861～1936年。
國籍：英國。
身分：陸軍元帥、子爵。
重要功績：1918年連續攻佔大馬士革和阿頗勒等地，迫使土耳其退出戰爭。

現代高技術登上戰爭舞臺—— 波灣戰爭

高科技戰爭，交戰雙方至少有一方大量使用高技術武器和相對的戰略、戰術進行的戰爭，稱為高技術戰爭。

1990年8月2日凌晨1時，在空軍、海軍、兩棲作戰部隊和特種作戰部隊的密切支援和配合下，伊拉克共和國衛隊三個師共十萬大軍越過伊科邊界向科威特發起突然進攻，僅用10小時就佔領了科威特。

突如其來的戰爭，震驚了整個世界，更讓地球另一側的美國感到如坐針氈。在國際社會持續五個月的和平努力終成泡影後，波灣戰爭最終爆發了。

美軍為首的多國部隊首先開始的是「沙漠風暴行動」計畫，對伊拉克發動大規模空襲。1991年1月17日凌晨1時，科迪上校率4架「阿帕契」攻擊直升機和2架「低空鋪路者」特種作戰直升機，在阿爾朱夫基地起飛，前去攻擊伊軍的雷達陣地。在距伊軍雷達陣地13公里時，他們發現了攻擊目標。隨著科迪上校的一聲令下，一枚枚「地獄火」式導彈像長了眼睛似的，逕直

1991年1月1日，海珊在科威特的沙漠中為佔領科威特的伊軍煮湯。

衝向伊軍的雷達，四分鐘後，伊軍的兩個雷達站便不復存在了。

　　幾乎在攻擊伊軍雷達陣地的同一時刻，1架綽號為「夜鷹」的F-117隱形戰鬥轟炸機潛入巴格達上空，將1枚2,000磅的精確制導炸彈投向伊拉克電話電報公司大樓的屋頂。緊接著，由數百架飛機組成的空軍混合轟炸機群呼嘯而至，飛蝗般的炸彈從天而降。頃刻之間，巴格達市籠罩在了一片火光和硝煙之中。戰鬥打響90分鐘後，伊拉克的防空部隊開始做出反應。但是多國部隊的空襲實在是太猛烈了，再加上強烈的電子干擾，伊拉克的防空雷達和地對空導彈很快就被壓制住，只能用高射炮和高射機槍進行阻擊。第一波轟炸過後，伊拉克的總統府、空軍指揮部、巴格達電信電報大樓全被摧毀，有兩個機場陷於癱瘓。與此同時，科威特境內的伊軍部隊也遭到了轟炸，人員傷亡慘重，重武器裝備損失了三分之一。

　　在戰爭開始的當天，伊拉克總統海珊就向全國人民發表電視演講，宣告「聖戰」開始，並威脅說將使用攜有化學武器的導彈襲擊以色列。當天夜裡，伊拉克向以色列發射了8枚「飛毛腿」地對地導彈。

　　1月18日，伊拉克向沙烏地阿拉伯發射了兩枚「飛毛腿」導彈，其中一枚被美軍的「愛國者」導彈擊落。「愛國者」導彈是一種防空導彈，在戰爭中，一度成為了「飛毛腿」導彈的剋星。在此後的十二天空襲中，多國部隊的空中力量摧毀了伊拉克600輛坦克和400門大炮，使300架伊拉克飛機失去了戰鬥力。

　　2月15日，海珊提出了有條件地從科威特撤軍的政治解決方案，美國總統布希拒絕接受。結果，戰鬥依舊繼續，但是伊拉克的反擊力量越來越弱。

　　2月24日凌晨4時，華盛頓五角大樓向全世界宣布：波灣戰爭的「最後決戰」開始了。多國部隊隨即展開了「沙漠軍刀」行動計畫，各個兵種聯合發起地面進攻。多國部首先在戰線中部發起攻擊，以吸引伊軍統帥部注意力。隨後，東西兩端開始行動，以造成西端「關門」，東端「驅趕」之勢。美第七軍

擔負主攻，先向北，隨後向東，追殲伊軍的主力部隊。伊軍被迫向西部和北部敗退，並點燃了科威特境內的大量油井。在此期間，伊拉克軍隊繼續向沙特、以色列和巴林發射導彈，使美軍傷亡百餘人；並在海灣佈設1,167枚水雷，炸傷了美海軍2艘軍艦，但未能扭轉敗局。

2月27日，海珊宣布接受聯合國安理會關於海灣危機的全部決議，歷時四十二天的爭鬥終於偃旗息鼓。

兵家點評

波灣戰爭是一場高科技戰爭，也是各種新式武器的試驗場。

戰爭中，美國動用了12類50多顆各種軍用和商用衛星構成戰略偵察網，為多國部隊提供了70%的戰略情報；多國部隊與伊軍新式飛機數量比為13：1，攻擊直升機數量比為16：1，在空中作戰投擲的8萬多噸彈藥中，精確制導武器僅佔總投彈量的7%，但命中率卻高達90%。

同時，各種新式武器也紛紛亮相，並一展身手。美國的E-3機載預警和控制系統，能夠把整個戰場和單個圖像聯繫起來。這種預警系統能夠在230英里遠的地方，識別低空飛行的目標，並且能夠在更遠的距離看到高空飛行的飛機。AV-8B「海獵鷹」式飛機除了能夠垂直起落外，還能像直升機那樣在空中盤旋。「響尾蛇」式導彈裝有紅外感測器，能夠自尋來自噴氣機引擎的熱信號，其射程在10英里以上。「麻雀」式導彈是由雷達制導的，其射程在30英里以上。兩種導彈都能夠從不同角度進行攻擊。「不死鳥」式導彈，射程達到127英里，其飛行速度是音速的5倍。「愛國者」式防空導彈，過去從未在戰鬥中使用過。它能夠從卡車上發射，其射程在60英里以上，能夠擊落伊拉克的「飛毛腿」式彈道導彈。

這場戰爭改變了以往的作戰模式，顛覆了二戰以來傳統的戰爭觀念：

①空中力量發揮了決定性作用。波灣戰爭開創了以空中力量為主體贏得戰

爭的先例，顯示戰略空襲和反空襲是未來戰爭的主要作戰樣式，有時甚至是唯一的戰爭樣式。

②電子戰成為未來戰爭的核心，對戰爭進程和結果產生重要影響，因此電磁優勢將成為現代戰場雙方激烈爭奪的制高點。

③作戰空域空前擴大，戰場向大縱深、高度立體化方向發展，不存在明顯的前方和後方。

④高技術武器大大提高了作戰能力，使作戰行動向高速度、全天候、全時域發展。

小知識：
崔可夫——擁有外交生涯的勇將
生卒年：西元1900～1982年。
國籍：蘇聯。
身分：元帥。
重要功績：1942年的史達林格勒會戰中，重創德軍。

黑鷹折翼──
摩加迪休街頭夢魘

「單兵作戰系統」包括單兵防護系統、當兵武器系統，是用高科技加強步兵戰鬥力、機動性和防護性的整體系統，通常包括頭盔、防彈衣、生命維持系統、通訊系統、火控系統和單兵電腦，以及先進的武器等。

1993年8月，美國總統柯林頓派出特種兵前往索馬利亞，協助維和部隊捕捉「索馬利亞聯合國會」領導人法拉赫‧艾迪德。

10月2日，執行這次任務的最高指揮官蓋瑞森將軍接到「線人」的情報，說艾迪德手下的軍官於明天下午在沃迪格利的居民點碰頭。這個居民點就在摩加迪休機場附近，房屋外有圍牆，小巷縱橫交錯，至少聚居著五萬名忠於艾迪德的索馬利亞人。

10月3日，經過反覆核實後，美軍開始行動。湯姆‧馬提斯中校負責空中指揮，地面部隊則由蓋瑞‧哈瑞爾中校率領。

下午3時45分，進攻開始。「小鳥」和「黑鷹」直升機率先升空，地面護送車隊也隨即駛出兵營。20分鐘後，先出發的兩架「小鳥」直升機在目標大樓南側狹窄的街道上著陸，「三角洲」隊員從大樓後側的樓梯衝進房間，向裡面投擲了非殺傷性震盪手榴彈，僅幾分鐘就解決了戰鬥。隊員們把24名俘虜押到院子裡。接著，湯姆‧迪托馬索上尉向丹尼‧麥克尼特中校發報，請求接應。丹尼‧麥克尼特中校帶著前頭開路的3輛「悍馬」車，來到了目標大樓。中校命令史楚克軍士指揮3輛「悍馬」車，先護送從直升機上滑下時摔成重傷的布萊克伯恩回營。此時，在院子外面的街頭巷尾，早已聚滿了索馬利亞人，他們在

艾迪德分子的煽動下，向大樓衝了過來，子彈不時地從美國大兵的耳邊呼嘯而過。

送走史楚克一行人之後，丹尼·麥克尼特焦急地等待著後面的接應車隊。過了好長時間，車隊才灰頭土臉地趕到，經過一路的顛簸和阻擊，有幾輛車子的輪胎癟了，發動機在冒煙，還有一輛卡車被炸毀了。突擊隊員把俘虜塞進車廂，這些俘虜不停地詛咒，並不時往美國大兵身上吐口水。

車隊在上路後遇到了前所未有的困境，索馬利亞人潮水般地向他們衝來。穿著鮮豔服裝的婦女在小巷裡穿梭，把AK-47衝鋒槍遞給躲在背後的男人，火箭彈也拖著煙尾在空中飛舞。在各個主要路口，索馬利亞人都堆滿了燃燒的輪胎，設置了路障。

在激戰中，一架擔負支援作戰「超級61」直升機，被RPG-7火箭筒射手擊中。蓋瑞森將軍立刻命令離墜機地點最近的「遊騎兵」迅速前往救援。一架AH-6攻擊直升機很快在街道上降落，駕駛員拿著手槍一邊擊退接近的民眾，一邊衝出來協助墜機的倖存者將傷患運上直升機。美軍唯一的一架搜救直升機「超級68」隨後趕到，可是搜救人員剛將繩索垂降下來，機身就被火箭彈擊中了，帶傷迫降到摩加迪休機場。為了解救倖存的「超級61」直升機人員，後續輸送車隊必須先開到墜機地點搭載。於是，車隊在「超級64」直升機的掩護下一路狂奔，向「超級61」的墜機地點前進。「超級64」機上載有狙擊手，但是為了不傷及婦女和兒童，每次射擊時都必須將飛機降得很低，而這時，對方的子彈就會從下面雨點般地襲來。

十多名索馬利亞武裝民兵沿著與車隊平行的街道奔跑，趕在車隊的前頭尋覓掩蔽處伏擊車隊。其餘的索馬利亞槍手則隱藏在赤手空拳的民眾中，從街道兩旁對著馬路瘋狂射擊。一名槍手甚至利用三名婦女做掩護，趴在地上從婦女的胯下向美軍開火。

行進中，盤旋在空中的「超級64」直升機被索馬利亞人用火箭彈擊中了尾

索馬利亞反政府武裝成員。

翼，駕駛員杜蘭特只好將直升機迫降到地面。高斐納駕駛著「超級62」趕來掩護，狙擊手倫道爾·舒哈特中士和加里·戈登中士剛躍出機艙，「超級62」就被一枚火箭榴彈擊中，被迫飛走。最終，杜蘭特落入了索馬利亞人之手。

夜幕降臨時，擔負首批攻擊任務的大約一百六十名「三角洲」隊員和「遊騎兵」，全被索馬利亞人分割包圍。美軍的「小鳥」直升機到這個時候才有了用武之地，飛行員使用紅外線夜視鏡來搜尋艾迪德武裝，並用輕機槍解決了「超級61」現場附近的索馬利亞人。與此同時，「超級66」直升機趕來為被困的突擊隊員空投了彈藥、飲水、血漿等必需品。

最後，巴基斯坦和馬來西亞維和部隊開著坦克和裝甲車前來支援，清除了游擊隊設置的路障，美軍才總算全部撤離戰場。

此次戰鬥，美軍死十九人，傷七十餘人，兩架直升機被擊落，3架被擊傷，數輛卡車和「悍馬」車被擊毀。這是越戰以來美軍所遭受的最慘重的軍事失敗。

兵家點評

　　摩加迪休之戰體現了職業軍隊的戰鬥力。人數眾多的索馬利亞人在傍晚甚至調來了無後座力炮及迫擊炮，也無法對環形防線中的美軍造成實質性的威脅。這充分說明了武器裝備及訓練的重要性。另外，美軍之所以將一場突襲行動變成了殘酷的巷戰，一個重要的原因是「三角洲」部隊和「悍馬」車隊的通信不暢，延誤了行動時間，也直接增加了直升機被擊落的機會。這也給我們留下了一個重要的啟示：無論什麼時期的戰爭，通訊聯繫的作用都是十分重要的，有時甚至遠遠重於火力防護這樣的一些硬指標。

　　經過這一慘痛的失敗，讓美軍視地面戰為畏途。無論是1998年對伊拉克實施的「沙漠之狐」行動，還是1999年的科索夫戰爭，美軍均採取非接觸作戰方式──空襲戰。這也許是美國人從此戰中得出的教訓。

小知識：

貝當──20世紀最受爭議的法國元帥。

生卒年：西元1856～1951年。

國籍：法國。

身分：元帥。

重要功績：1916年固守凡爾登要塞，挫敗德軍進攻，以「凡爾登英雄」而聞名全國。

俄軍夢斷嗜血之城──
格羅茲尼巷戰

巷戰，一般也被人們稱為「城市戰」，這是因為巷戰是在街巷之間逐街、逐屋進行的爭奪戰，發生的地點通常都是在城市或大型村莊內。

　　車臣首府「格羅茲尼」在當地方言中是「可怕和殘酷」的意思，20世紀90年代以來，這裡爆發了兩次血腥的巷戰，成為了名副其實的「嗜血之城」。

　　格羅茲尼在當初建城時，是按照作戰要塞的要求來設計的，城裡堡壘遍佈，易守難攻。1994年，俄軍第一次進入格羅茲尼就遭到了頑強的阻擊。叛軍在市區逐家逐戶建構了防衛體系，包括火箭火力陣地和反坦克障礙。大樓的屋頂和高層遍佈狙擊手和高射炮的火力陣地，樓房下面的低層建築也設置了火力點。郊區房屋的窗戶和地下室入口、主要幹道沿街和十字路口，全都用沙袋、石頭和磚塊堵塞，只留下一些槍眼用於觀察和開火，交通要衝都佈設了地雷。

攻入城區的俄軍恍若進了迷宮，很難辨別方向，空有優勢武器和裝備也無從發揮，全都變成了叛軍狙擊手的「槍靶子」，一千多名俄軍，最後僅剩1名軍官和十名士兵活著離開。隱蔽在居民區和各企業裡的叛軍炮兵，用火箭炮將26輛俄軍坦克被擊毀了20輛，

車臣戰爭中俄羅斯一線作戰部隊。

120輛裝甲車也損失了102輛。在戰鬥中，叛軍甚至用俄軍士兵的屍體充當沙包，疊在一起築成「人體碉堡」。

1999年，格羅茲尼發生了第二次巷戰，俄羅斯陣亡士兵的屍體再次被污辱。叛軍組成三人小組，每個狙擊手搭配一個機槍手和一個火箭炮手。這樣的組合殺傷力極強、機動靈活，兼具遠—中—近三種距離的火力搭配，簡直就是城市街道戰的黃金組合。在巷戰中，俄軍75%的陣亡士兵死在狙擊手的槍下。這些嗜血的惡魔號稱「一槍一命」，他們兇狠、果斷、對地形瞭若指掌，散佈於整座城市的陰暗處，令人防不勝防。俄軍士官赫爾巴德斯在他的戰地日記裡寫道：「我旁邊的弟兄一個個倒下去，每個人的腦門上都留有小而圓的彈孔……」2000年1月18日，狙擊手甚至射殺了俄軍的格羅茲尼前線總指揮馬婁費耶夫少將——頭部兩槍、背部一槍，槍槍致命。而叛軍花錢雇來的國外傭兵更是要錢不要命，每殺死一百名俄軍，就將得到1萬美元獎金。2000年1月24日，是第二次格羅茲尼巷戰最慘烈的一天。當天滴水成冰，俄軍屍橫遍野，叛軍武裝若無其事地從這些凍僵的屍體上踏過——死去的士兵喪失了最後的尊嚴。

雖然俄軍也調動了大批神槍隊員來應付局面，但是俄軍的死傷實在是太嚴重了。第二次巷戰開始後，雖然官方報告稱俄軍平均每天有八人死亡、十三人受傷，但報紙建議把這些數字擴大10倍才比較接近真實數字。美國人說他們打不起代價如此昂貴的戰爭——以一寸土地兌換一條人命。

最後，俄羅斯總統普京不得不下令轟平了格羅茲尼，才終止了這場慘烈的巷戰。但這塊彈丸小城，卻成了俄羅斯軍人心中永遠的痛。

兵家點評

巷戰具有以下兩個顯著特點：

其一，敵我短兵相接、貼身肉搏，異常殘酷。城市中建築物密集，受地形

所限重武器幾乎沒有用武之地，整個戰鬥幾乎都是以步兵輕火力突擊為主。在巷戰中，部隊的機動性受到嚴重制約；視野侷限，使得觀察、射擊、協同非常不便，很多情況下部隊戰鬥隊形被割裂，只好分散成各個單元獨立作戰。

其二，敵我彼此混雜、犬牙交錯，危險性強。戰鬥中，敵我混雜、敵與平民混雜，形成了你中有我、我中有你的互相膠著狀態。而進攻一方在明處，抵禦一方躲在暗處，則更增加了巷戰這種軍事行動所具有的難度和風險。高大的建築物和構築在地下的掩體，往往是藏匿狙擊手的好地方，出其不意的伏擊與防不勝防的狙擊，常常使進攻者損失慘重。

隨著城市的發展，今後如果發生戰爭，城市巷戰將仍不可避免，並將成為一種重要作戰樣式。在當今資訊化的條件下，城市作戰也凸顯出了新的特點：打擊手段趨於高科技化，如開發「多維監視系統」，利用反狙擊手和機器人技術，使用新型裝甲防護技術，使坦克能夠進入城區有效作戰；打擊方位趨於立體化，從陸、海、空、天四維對目標進行全方位打擊和摧毀；打擊目標趨於精確化，強調攻擊與保護並重的原則。

小知識：

毛澤東——游擊戰的集大成者
生卒年：西元1893～1976年。
國籍：中國。
身分：中共領袖。
重要功績：在抗日戰爭中領導的敵後游擊力量，與正面戰場上的國民軍隊一起取得抗日的勝利。軍事著作以《論持久戰》最為知名。

現代非接觸性戰爭的典範——
空襲科索夫

現代非接觸性戰爭，指的是在作戰行動中，透過使用資訊化的火力，在不與對手直接接觸的狀態下，以各種遠端突擊兵器來殺傷和打敗對手。

1999年3月23日上午，北約祕書長索拉納向來自世界各地的記者發布了一條驚人的消息：「和平解決科索夫危機的所有辦法均未能奏效，現在除了軍事行動外別無選擇。經過北約19個成員國的一致同意，我已經下達了轟炸南聯盟的命令！」他並沒有透露進攻的具體時間，「因為這將由北約盟軍總司令克拉克上將決定」。

3月24日，南斯拉夫當地時間20時，蓄謀已久的北約終於刀劍出鞘，發動了代號為「盟軍行動」的持續性大規模空襲。游弋在亞德里亞海域的「企業」號航空母艦率先發難，隨後，6架B-52戰略轟炸機突然出現在南聯盟上空，發射出了一枚枚「戰斧式」巡航導彈。首次在戰爭中亮相的B-2隱形轟炸機也加入了戰團，將一顆顆精確制導炸彈準確投向目標。導彈和炸彈像雨點一樣傾瀉，火焰在斷壁殘垣上燃燒，嗚咽聲在空襲警報中迴響……

從實力比對上看，這是一場「老鷹」捉小雞的非對稱戰爭。從空襲開始到3月27日，北約出動了飛機500架次，發射了250至300枚導彈，重點襲擊了南聯盟的軍用機場和防空系統。在此期間，南聯盟防空部隊也做了英勇的還擊，在空襲的第二天，擊落了兩架參加空襲行動的北約飛機和6枚巡航導彈。在空襲的第四天，更讓美空軍引以為傲的F-117「隱型」戰鬥機折戟沉沙巴爾幹。但是這些微小的勝利根本無法扭轉大局，只能引來北約更為瘋狂的轟炸。

從3月28日開始，北約將空襲的矛頭指向南聯盟的武裝部隊，特別是地面部隊。到4月1日，空襲範圍進一步擴大，汽車製造廠、無線電通訊設施、軍火庫、橋樑等目標均遭到了轟炸。為了逼迫南聯盟及早就範，後來的空襲竟發展到了「想炸什麼、就炸什麼」地步。工廠、水電系統、醫

科索夫戰爭中戰場上的士兵。

院、外國的使館、村莊甚至連阿爾巴尼亞族難民車隊都被納入其「誤炸」的目標，以致南聯盟阿爾巴尼亞族難民憤憤地說：「我們和塞族居民的關係並不像美國佬說的那麼糟糕！」米洛舍維奇政府為了盡快結束戰爭，同意與阿族領導人魯戈瓦舉行政治磋商並達成協定，還承諾釋放北約戰俘，但北約對此不為所動，轟炸仍在升級。英國首相布萊爾更是一語道破天機：「我們的最終目的是讓米洛舍維奇這個歐洲最頑固的布爾什維克專制獨裁政權徹底垮臺！」

好像是老天故意與北約作對，巴爾幹地區複雜的天氣狀況讓負責空襲的指揮官傷透了腦筋。在頭兩週的空襲中，就有大約20～50%的計畫因氣候原因被取消。在整個科索夫戰爭中，北約一共出動飛機3.5萬架次，只有1萬多架次的飛機順利完成了攻擊任務。在許多情況下，由於受到惡劣氣候的影響，北約的轟炸機未到目標區實施攻擊任務，便中途帶彈返回。

不過，這並沒有使北約知難而退，相反，轟炸愈演愈烈。

3月31日，北約決定對南聯盟進行持續二十四小時不間斷轟炸，揚言要把這個本來就不太富有的巴爾幹國家「炸回到石器時代」。如此高頻率的狂轟濫炸一直持續到6月10日，南聯盟的的軍事和基礎設施幾乎全部癱瘓。人員傷亡也急劇上升，居民紛紛躲進防空洞和地下掩體避難，多瑙河和地中海沿岸國家

的生態環境也遭到了破壞。在這樣的情況下，南聯盟最終軟化了立場，從科索夫撤出軍隊。

兵家點評

科索夫戰爭是現代非接觸性戰爭的典範。它開創了空戰制勝的先例，使空襲成為達到戰爭目的的唯一手段。

非接觸性戰爭，是20世紀90年代以來崛起的一種新的作戰樣式，充分體現了一個簡單而樸素的作戰意圖，即：我打得到你，你打不到我。當代資訊化戰場上的非接觸性作戰，在力量上將是以空、海、天聯合作戰為主，而不是以傳統陸軍為主；在方式上將是中遠端精確打擊，而不是短兵相接的直接拼殺。在整個科索夫戰役中，北約的遠端轟炸和精確打擊主導了戰爭進程。從遊弋在亞得里亞海的航空母艦，到幽靈般掠過長空的隱形戰機，一批又一批高科技武器粉墨登場，將科索夫變成了試驗場。

隨著科技水準的迅猛發展，這種全方位、多層次、立體化的戰爭，將成為未來戰爭的主導形式。

小知識：

蔣百里——中國近代最知名的兵學家
生卒年：西元1882～1938年。
國籍：中國。
身分：陸軍上將。
重要功績：編著的《國防論》成為整個第二次世界大戰中，中國軍隊的戰略指導依據。

數位化戰爭的端倪──
伊拉克戰爭

數位化戰爭，就是數位化部隊在數位化戰場進行的資訊戰。它是以資訊為主要手段，以資訊技術為基礎的戰爭，是資訊戰的一種形式。

2003年春，在古老的幼發拉底河和底格里斯河流域颳起一場慘烈的「沙漠風暴」，以美國為首的多國部隊與伊拉克的戰爭全面爆發，令許多軍事家震驚的是，此次戰爭自始至終僅僅持續二十天，伊拉克首都巴格達就被多國部隊所控制，最終以伊拉克的失敗而告終。伊拉克軍隊為什麼如此不堪一擊？我們不妨把視角轉向實地戰場，去尋找答案。

2003年3月29日夜，伊拉克提前佔領了一片高地做為陣地，在那裡伊軍隱藏了一個幾十輛先進的蘇製T-72坦克組成的坦克營，坦克都由掩體遮蓋，只露出頂端用偽裝網和樹枝、草把覆蓋著的炮塔。在其中的一輛坦克上，坐著坦克營營長，他兩眼敏銳地盯著紅外觀察鏡，不放過每一個可能出現的敵人位置。突然，一聲巨響，美軍穿甲彈擊中了右側一輛坦克，在強大的高溫高壓氣流衝擊下，裡面的3名士兵臉色青黑，衣服和頭髮被全部燒焦，皮膚幾乎都被燒熟，雖然還保持人形，但骨頭已經被統統震碎，其狀慘不堪言。還沒等回過神來，左側一輛坦克又被擊中，巨大的炮塔頂蓋被貧鈾脫殼穿甲彈強烈的衝擊力掀起，摔出5公尺多遠，緊接著後面的一輛也中彈了。此時伊拉克坦克營營長，怒眼圓睜，死盯著觀察鏡，可是根本沒有美國兵的蹤影。而後方又傳來被擊中的聲音，伊拉克坦克營長知道自己的部隊有十足的力量，可是無從還擊，無奈之下他為了避免無辜的犧牲只得下令：「全營官兵放棄坦克，下車舉白旗投

美軍在伊拉克戰場。

降」。那麼美國究竟是用了什麼更先進的武器將伊拉克軍隊置於此種境地呢？

　　原來是美國的M1A1坦克擊毀了伊T-72坦克。其實，美製M1A1坦克和蘇製T-27坦克在性能上並沒多大差距，幾乎是同一代，它們在火力、機動和防護等性能上基本一致，唯有在火力控制系統的觀察瞄準裝置上有一點差距，恰恰是這不起眼的差距，使T-72坦克在相較之下有了致命弱點。T-72坦克是用紅外線瞄準鏡，其有效觀察距離是3公里，而M1A1坦克是用熱成像儀，其有效觀察距離是5公里。如此一來它們之間相差的這2公里就是T-72坦克的盲區，所以美國的M1A1坦克在伊坦克的盲區內實施攻擊，在伊T-72坦克的觀察鏡上是發現不了任何跡象的，因此戰場初期就出現了令人不可思議的一幕。同時，M1A1坦克的熱成像儀，有極高的解析度，它根據不同物質的熱輻射強度來發現目標，即使在地下3公尺處隱蔽的坦克或汽車都能被它輕易定位，因此伊坦克雖然有掩體覆蓋，並進行了周密的偽裝，但在熱成像儀準確的掃瞄下，依然會完全暴露；

另外M1A1坦克配用的貧鈾脫殼穿甲彈，彈頭硬度強，密度大，初始速度快，僅靠彈頭的動能就可輕易的穿透T-72坦克的裝甲，因此在美製M1A1坦克面前蘇製T-72坦克毫無戰鬥力可言。正如美國M1A1坦克兵所說：「擊毀伊拉克坦克，和在訓練場上擊穿塑膠模型靶一樣簡單。」

兵家點評

數位化戰爭以電腦網路為支柱，利用數位通訊進行聯網，把作戰指揮機關與各級作戰部隊乃至武器裝備、單兵有機地連成一體；把語音、文字、圖像等不同類型的戰場資訊、作戰方案和作戰計畫等，採用數位編碼技術的方式，實現無阻礙、快捷、準確的傳遞；坦克、導彈等武器裝備，與天基平臺、作戰飛機和軍艦上的同類數位化系統相連，實現資訊共用，資訊即時傳遞，因而可以在更遠的距離上發現和攻擊敵人，可以充分發揮武器裝備的整體作戰效能，保證諸軍兵種協調一致地作戰。

數位化使每位指戰員都能保持對整個戰場空間清晰的、透明的和精確的可視，並以此來擬訂戰鬥計畫和執行作戰行動。數位化的核心是提供通訊和資訊處理能力，使己方能夠對整個戰場空間的速度、空間和時間維進行控制，使所有參戰人員能夠共用戰情戰況，隨時知道自己所在的位置、友鄰部隊的位置和敵方的位置，進而極大提高部隊的戰鬥指揮能力，以小規模的軍隊取得大的攻擊效率，進而贏得資訊戰的勝利。

小知識：

哈特——間接路線理論的宣導者
生卒年：西元1895～1970年。
國籍：英國。
身分：軍事理論家。
重要功績：《戰略論》自出版以來，曾被世界各國廣為翻譯出版，一直受到西方軍界重視。

國家圖書館出版品預行編目資料

關於軍事學的100個故事／廖文豪編著
－－第一版－－台北市：宇峒文化出版；
紅螞蟻圖書發行，2009.09
面　　　公分－－(Elite；19)
ISBN 978-957-659-732-9 (平裝)

1.軍事 2.武器 3.通俗作品
590　　　　　　　　　　　　　98013856

Elite 19

關於軍事學的100個故事

編　　著／廖文豪
美術構成／Chris'Office
校　　對／周英嬌、鍾佳穎、朱慧蒨
發 行 人／賴秀珍
榮譽總監／張錦基
總 編 輯／何南輝
出　　版／宇峒文化出版有限公司
發　　行／紅螞蟻圖書有限公司
地　　址／台北市內湖區舊宗路二段121巷28號4F
網　　站／www.e-redant.com
郵撥帳號／1604621-1　紅螞蟻圖書有限公司
電　　話／(02)2795-3656 (代表號)
傳　　真／(02)2795-4100
登 記 證／局版北市業字第1446號
數位閱聽／www.onlinebook.com
港澳總經銷／和平圖書有限公司
地　　址／香港柴灣嘉業街12號百樂門大廈17F
電　　話／(852)2804-6687
新馬總經銷／諾文文化事業私人有限公司
新 加 坡／TEL:(65)6462-6141　FAX:(65)6469-4043
馬來西亞／TEL:(603)9179-6333　FAX:(603)9179-6060
法律顧問／許晏賓律師
印 刷 廠／鴻運彩色印刷有限公司
出版日期／2009年 9 月　第一版第一刷

定價 300 元　港幣 100 元

ISBN 978-957-659-732-9　　　　　Printed in Taiwan